高黎贡山中山湿性常绿阔叶林群落及树种特征

Community and Tree Species Characteristics of the Mid-montane Humid Evergreen Broad-leaved Forest in Gaoligong Mountains

柴　勇　李贵祥　孟广涛　主编

中国林業出版社
CFPH China Forestry Publishing House

内容简介

本书系统介绍了云南中山湿性常绿阔叶林的主要类型、特点，重点对高黎贡山中山湿性常绿阔叶林的树种组成特征、群落结构特征、树种分布格局和种间关系、森林循环特征、群落多样性特征及群落动态特征等进行论述，并对95种树种的个体数量、径级结构及空间分布特征也进行了介绍。本书数据翔实、图文并茂，不仅为云南中山湿性常绿阔叶林研究提供了不可多得的基础资料，而且对当地资源保护、自然保护区管理也是一本实用价值较高的工具书，还可为植物学、生态学科研工作者及自然爱好者了解高黎贡山植物、植被提供参考。

图书在版编目(CIP)数据

高黎贡山中山湿性常绿阔叶林群落及树种特征／柴勇，李贵祥，孟广涛主编. —北京：中国林业出版社，2021. 7

ISBN 978-7-5219-1239-5

Ⅰ. ①高…　Ⅱ. ①柴…　②李…　③孟…　Ⅲ. ①常绿阔叶林-研究-保山　Ⅳ. ①S718. 54

中国版本图书馆CIP数据核字(2021)第121209号

责任编辑：于晓文　　　　**电　　话**：(010)83143549

出版发行　中国林业出版社有限公司(100009　北京市西城区刘海胡同7号)
网　　址　http：//www. forestry. gov. cn/lycb. html
印　　刷　北京中科印刷有限公司
版　　次　2021年7月第1版
印　　次　2021年7月第1次
开　　本　787mm×1092mm　1/16
印　　张　16. 25
字　　数　410千字
定　　价　90. 00元

《高黎贡山中山湿性常绿阔叶林群落及树种特征》编委会

主　　编：柴　勇　李贵祥　孟广涛

副 主 编：和丽萍　马赛宇　张正海

编写人员：柴　勇　李贵祥　孟广涛　和丽萍　马赛宇
张正海　毕　波　袁春明　李家华　李品荣
蔡雨新　尹艾萍　杨　倩　杨昌级　赵仕杰
杨宝柱

统　　稿：柴　勇　李贵祥　和丽萍

审　　稿：孟广涛

制　　图：柴　勇　马赛宇　毕　波　袁春明

摄　　影：柴　勇　李贵祥　和丽萍　马赛宇

Preface 前言

高黎贡山北起青藏高原，南达中南半岛，在地质构造上既处于亚洲印度次大陆和青藏高原缝合地带，又处于我国与印度次大陆及中南半岛相衔接之处，区域内各种自然条件都具有强烈的混合性和过渡性，导致高黎贡山成为了具有国际意义的生物资源和生物多样性关键地区之一。2000 年 10 月高黎贡山被联合国教科文组织批准接纳为世界生物圈保护区。2003 年 7 月，高黎贡山作为“三江并流区”重要组成部分，被联合国教科文组织世界遗产委员会列入《世界自然遗产名录》。

根据《高黎贡山植物》记载，高黎贡山主要植被包括 8 个植被型 17 个植被亚型 33 个群系。其中，中山湿性常绿阔叶林是该地区分布面积最广、保存最完整的植被类型，极具复杂性与多样性。高黎贡山地区孕育了不同起源演化历史的古植物区系，堪称东亚植物区系的摇篮，并富含珍稀濒危物种及地区特有种。我国有 16 个东亚特有科，高黎贡山地区就保存有其中 10 科，其中领春木科(Eupteleaceae)、水青树科(Tetracentraceae)、猕猴桃科(Actinidiaceae)、旌节花科(Stachyuraceae)、十齿花科(Dipentodontaceae)、青荚叶科(Helwingiaceae)主要分布在中山湿性常绿阔叶林中。高黎贡山现有国家重点保护野生植物 34 种，其中台湾杉(*Taiwania cryptomerioides*)、长蕊木兰(*Alcimandra cathcartii*)、水青树(*Tetracentron sinense*)、十齿花(*Dipentodon sinicus*)、领春木(*Euptelea pleiosperma*)等都主要分布在中山湿性常绿阔叶林中。高黎贡山特有种子植物 434 种，其中约 90 种分布于海拔 2000~2600m 的中山湿性常绿阔叶林中。不仅如此，高黎贡山中山湿性常绿阔叶林本身还蕴藏着丰富的其他植物种类，具有较高的植物多样性。同时它还为种类繁多的野生动物、微生物提供栖息场所和食物来源，是维持动物、微生物多样性的前提。另外，它对于水土保持、水源涵养、维护生态平衡等亦起着重要作用。可以说，高黎贡山中山湿性常绿阔叶林作为该地区自然生态系统的主体，在科研、经济、生态方面均具有重要的价值。

本团队对高黎贡山中山湿性常绿阔叶林的研究始于 2003 年开展的中荷合作“森林保护和社区发展”项目及其子项目“森林和生物多样性调查、监测和分析”，在高黎贡山开展了中山湿性常绿阔叶林的调查，设置了固定监测样地。更为深入的研究，则是自 2009 年《国家林业局关于云南高黎贡山森林生态系统定位研究站建设项目可行性研究报告的批复》以来，在高黎贡山中山湿性常绿阔叶林区域设置了 4hm^2 的大样地、不同群落的样地以及不同海拔梯度的样地，对该区域内的植被组成、群落结构、土壤养分状况等进行了详细的调查和研究，并相继得到了国家自然科学基金（31860045）、林业公益性行业科研专项经费项目（201304306）、国家重点研发计划项目子专题（2017YFC050500402）等项目的支持，从而得以对高黎贡山中山湿性常绿阔叶林进行了全面系统的研究。

本书是基于高黎贡山中山湿性常绿阔叶 4 个 0. 16hm^{2}监测样地 3 次调查数据及 1 个 4hm^2 监测样地第一次调查数据编撰的，包括总论、高黎贡山自然地理概况、高黎贡山土壤理化性质特征、高黎贡山中山湿性常绿阔叶林监测样地概况、高黎贡山中山湿性常绿阔叶林树种组成特征、群落结构特征、树种分布格局和种间关系、森林循环特征、群落多样性特征、群落动态特征和树种数量及分布特征，旨在为云南中山湿性常绿阔叶林研究提供基础资料，为当地森林资源保护和管理提供理论支持和指导。

本书在编撰过程中得到了中国科学院西双版纳热带植物园、云南高黎贡山国家级自然保护区保山管护局及隆阳分局、腾冲分局的大力支持，尤其在野外调查中得到朱华、施济普、姜明、蔺汝涛、艾怀森、施晓春、杨祥、毕争、李家鸿、王骞、尹学建、杨斌、祁文和等人的支持和帮助。另外，李家鸿提供了封面照片，上官法智提供了 7 个种的部分照片。在此，一并致谢！

由于本书涉及学科面广，编著者水平有限，遗漏和错误之处在所难免，衷心希望专家和读者对本书批评指正，以帮助我们在后续大样地复查、数据整理时对错漏之处进行修改和完善。

编者

2020 年 12 月于昆明

Contents 目录

第1章

总　论

1.1　植物群落学研究概述

1.1.1　植物群落的本质特征

自然界中生长的植物，无论是天然的或是栽培的，既没有一株孤立生长着的个体，也没有一个完全孤立的种群，它们总是和其他植物成群的生长在一起，形成具有一定结构、执行一定功能的植物群落(plant community)。自然界的现象极为复杂，环境条件本身存在着多种多样的变化，这也必然反映在植物群落的组成结构上。开展植物群落结构、种类组成方面的研究，首先必须认清植物群落的本质特征。宋永昌(2001)将植物群落本质特征归纳为植物群落是某一地段上全部植物的综合，它具有一定的种类组成和种间的数量比例、一定的结构和外貌、一定的生境条件，执行着一定的功能，其中植物与植物、植物与环境间存在着一定的相互关系，它们是环境选择的结果，在空间上占有一定的分布区域，在时间上是整个植被发育过程中的某一阶段。可以看出，对植物群落的理解具有具体和抽象两重含义，说它是具体的，是因为在自然界确实很容易找到一个区域或地段，在那里可以观察或研究一个群落的结构和功能；它同时又是一个抽象的概念，指的是符合植物群落定义的所有植物集合体的总称。

1.1.2　有关植物群落性质的讨论

正是由于对“植物群落”一词有着具体和抽象的不同理解，因而对植物群落性质的认识并不完全一致，形成了许多不同的理论观点，其中较具代表性的为整体性观点和独立性观点。

整体性观点把植物群落看成是各个种的有规律的结合，组成群落的种是密切相关、相互依存的，是一个统一的整体，是自然界中确实存在的实体，有它明确的边界和内部的均匀性，并与其他群落不连续存在。这个观点的代表人物是Clements(1905，1916)，他强调组成群落的各个种是高度结合的、相互依存的，一个群落从其先锋阶段到稳定的顶级阶段和有机体一样有其出生、生长、成熟、繁殖和死亡，群落的这种生活史虽然是复杂的，但却是一个真实的过程，在其特征方面和植物个体的生活史是一样的。这种观点把植物群落和有机体相比拟，因此又被称为有机体的观点。然而 Tansley(1920，1935)却认为 Clements 的有机体学说过于强调组成群落的有机体的密切相互关系，虽然在一些种群间确有强烈的依附性，但是某些种群却是孤立的，它们可以在其他群落内很好的发育，群落结构不能和有机体严密结构相比拟。同时他也指出，群落在多方面确实表现出较强的整体性，因此将群落当作拟有机体比较合适。这个观点因此也被称为拟有机体观点。另外，Braun-Blanquet(1928，1933)把植物群落比作一个种，提出了种的系统分类观点。他认为植物群落是植被分类的基本单位，正像种是有机体系统分类中的基本单位一样。

与整体性观点相对应，Gleason(1926，1939)等提出了植物群落的独立性观点，他们认为组成群落的种群具有“独立性”，即各个种都是单独地对外界因素起反应，并作为独立的一员进入群落，它们在不同的群落之间往往互相交织，而以不同的比例出现在不同的群落之中。植物的分布决定于环境的变化，由于环境条件在空间上和时间上都是不断变化的，植物种类组合也将随之不断变化，因此群落不可能有清楚明确的边界，群落划分是人为的。Whittaker(1951，1953)的“梯度理论”则强调，种是按环境梯度分布的，每一个种都有各自的分布范围，没有两个种的分布范围完全相同，由于生态因素的多样性和种群分布的非均匀性，种并不组成明显的集群，因此也认为群落不可能是整齐的、均匀的，而是连续存在的。

以上关于植物群落性质的观点尽管各自都有其理论缺陷，但对植物群落研究的影响都很大。如从有机体观点出发，建立了群落单元演替顶极学说和相应的植物群落研究方法；从拟有机体理论出发，发展了多元演替顶级学说以及生态系统理论，成为现代生态系统研究的理论基石和方法论的基础；从种的系统分类观点出发，构成了法瑞学派植被研究的理论和方法的精髓；从“独立性”观点出发，建立了梯度分析的理论和方法(宋永昌，2001)。

对群落性质认识的不同，也产生了对植物群落“间断性”和“连续性”、“客观性”和“虚构性”的争论。以持植物群落整体性观点为代表的大多数传统生态学家都把群落看成是各个种的有规律的结合，组成群落的种类密切相关、互相依存，在一定的环境条件下，它们之间的竞争可在某种形式下达到平衡。在环境条件相似的地方，可以看到同样植物群落的重复出现。因此，他们认为植物群落是间断的，是客观存在的实体(Odum，1969)。而一些持植物群落独立性观点的生态学家则主张组成群落的种群具有“独立性”，相互间依赖性很小，任何一个地点的植物组合几乎都是现在和过去的环境机会和种对它们可利用性的凑合，而这两方面的因素都是经常变化的，未必有两个或两个以上的生境中存在着相同的种类组合。因此，群落在空间上和时间上都是连续存在的，不可能有清楚整齐的边界。在他们看来，群落是生物学家想象中的虚构，是人为的产物(Whittaker，1962)。对于这两种观点，宋永昌(2001)指出，植物群落既是连续的又是间断的，一方面既要承认群落在空间上、时间上都在不断变化，绝对分明的界线并不经常存在，不能片面地强调群落的种类组成上的完全一致，如果那样必然在自然界中找不到两块相同的群落地段，不认识到这一点，在面对自然界复杂变化的群落现象时就会迷惑不解、束手无策；另一方面，又要承认在植物群落的连续之中也有间断，即时间发展中的阶段性和空间分布上的非匀质性，不承认这一点就不可能在总体上揭示自然界的复杂关系，就会否认群落的客观存在，以至于取消对群落的研究。

1.1.3 植物群落学的研究内容

植物群落学(phytocoenology)是研究有关植物群落的科学(林鹏，1986)，其根本目的是要研究植物群落内种间的相互关系以及群落与环境间的相互关系。在我国，早期关于植物群落的研究又被称为"地植物学(geobotany)"，近些年又常被称为"植被生态学(vegetation ecology)"(姜恕和陈昌笃，1994；王伯荪和彭少麟，1997；宋永昌，2001；毛子军，2006)。植物群落学的研究内容主要包括群落结构、群落生态、群落生理、群落动态、群落分类、群落分布等方面。

1.1.3.1 群落结构

主要研究群落的种类组成、物种多样性、种群特性、外貌、时间结构和空间结构(垂直结构和水平结构)等。群落结构的研究是植物群落学发展的基础，近期相关的文献较多(Barbour & Billings，1988；Rodwell，1991；Leadley *et al.*，1999；Casanova & Brock，2000；Agudo-Santacruz *et al.*，2002；Straede *et al.*，2002；Baer *et al.*，2004)。群落物种多样性(群落在物种组成、结构、功能和动态方面表现出的丰富多彩的差异)是群落结构研究中最为重要的内容之一。我国是世界上物种多样性最丰富的国家之一，物种多样性在我国的研究已经开展了多年，并取得了很多具有重要意义的成果(陈灵芝，1993；马克平，1993；吴征镒，1993；钱迎清等，1994；中国科学院生物多样性委员会，1995；郭辉军等，1998；杨宇明等，2008)。

1.1.3.2 群落生态

主要研究植物群落及其与环境之间的相互关系，如环境条件(光、热、水、土壤、风、火等)对群落形成过程、结构特征、地理分布的影响，以及植物群落对环境的适应与改造等。群落生态学方面的研究自该学科发展以来就获得了迅速发展(Sternberg *et al.*，1999；Piovesan *et al.*，2005；Brose & Tielborger，2005)。

1.1.3.3 群落生理

主要研究群落内各类有机体的作用和相互关系以及它们的生产力等。目前这方面的研究有了很大的发展，已经建立起较完整的实验研究方法，并且陆续出版了许多研究成果(宋永昌，2001)。

1.1.3.4 群落动态

主要研究群落的更新、波动、演替和演化等。变化和发展是植被的基本属性，群落动态一直是植物群落学研究中的核心内容，其中植物群落演替方面的研究更是受到生态学家的关注。自从 Clements(1916)系统地提出演替学说以来，演替的理论和方法得到了迅速发展。国内外的生态学家在群落演替的理论、方法、原因及其内在机制等方面进行了深入研究(Connell & Statyer，1977；Grime，1977，1985；Barbour *et al.*，1980；Horn，1981；Grime *et al.*，1988；Davis *et al.*，2005)，并提出了一些描述演替过程的数学模型(Botkin *et al.*，1972；Horn，1975；MacMahon，1980，1981；Shurgart & Noble，1981；Coffin & Lauenroth，1989，1990；Shugart *et al.*，1992；李兴东等，1993；刘振国等，2005)。

1.1.3.5 群落分类

通过一定的分类系统对群落进行分类，一直是植物群落学研究中最复杂的问题之一。由于植物群落本身的复杂性和植被研究的区域性，迄今为止仍没有一个能为生态学家共同接受的统一的分类系统(宋永昌，2001)。根据分类依据的不同，存在着外貌或生态-外貌的植被分类(Ellenberg & Mueller-Dombois，1967)、结构的植被分类(Dansereau，1957；Kucher，1967；Fosberg，1961，1967)、动态的植被分类(Oosting，1942)、优势度的植被分类(惠特克，1978)、区系特征的植被分类(Braun-Blanquet，1921)等不同的分类系统。各种分类系统的划分依据不同，其中起主导作用的有两大类，即生态外貌和植物区系的植被分类。近年来，运用数学方法来对植被进行分类逐渐普遍，并提出了许多植被的数量分类方法(Willian & Dale，1965；Kershaw & Looney，1985；张金屯，2004)。

1.1.3.6 群落分布

主要研究群落在地球表面的分布规律、植被区系历史等。植物群落的分布与自然地理环境条件有着极为密切的关系，地理环境条件的差异是导致不同植物群落类型及其分布规律的原因，任何地区所分布的不同植物群落都应是植物群落对该地区环境条件的综合反应，是植物群落对该地区环境条件长期适应的历史产物，也是植物群落与该地区环境条件矛盾统一的必然结果(王伯荪，1987)。对群落分布的研究，一直都受到国内外学者的重视，做了许多工作(Neuhausl *et al.*，1985；Jiang *et al.*，2000)。

1.1.4 植物群落学的应用趋势

环境与植物息息相关，而随着全球人口的增长、人类对生物资源不合理利用的增加，人类活动引起的环境问题已成为当今人类面临的全球性重大问题之一。人类面临的许多环境问题都需要应用植物群落学的理论和方法去探索和解决，这就促使植物群落学不断向新的领域扩展。

大气中 CO_2 增加、全球气候变化，是当今人类面临的主要环境问题之一。尽管已有很多学者在这方面进行了一些有意义的探索(Woodwell *et al.*，1978；张洪波等，2001；方精云，2000)，但是目前人们仍不确知大气中的 CO_2 对气候会产生何种影响，

以及生物群落对 CO_2 的富集和气候变化将产生何种反应，更未能对 CO_2 变化引起的全局性影响做出确切的预测，这仍是植物群落学今后研究的主要任务之一(宋永昌，2001)。

在人类不断增多的经济活动影响下，森林正不断地大面积退化或消失，已经直接影响到人类的工农业生产、交通运输及生产生活的各个方面。植被管理、恢复与重建已经成为人类亟需攻克的世界难题。将植物群落学的理论与方法应用于植被恢复与重建的研究一直是人们关注的热点(余作岳，1994；余作岳等，1996；杨洪晓等，2004；刘加珍等，2004；王纪军等，2004；丁圣彦等，2004)。另外，由于植被对环境具有重要的调节作用，反过来环境又影响着植被的变化和发展，因而植被的动态变化在某种程度上可以反映出环境条件的变化。因此，用现代植被状况预测未来的环境变化或根据环境变化推测植被变化的研究等都是未来植物群落学研究的重要内容。

由于人口急剧增长，对生物资源掠夺式的(过度利用，以及环境污染和栖息地的丧失与破碎，地球上的生物多样性正在以前所未有的速度下降(Wilson，1988；陈灵芝等，1993)。生物多样性的研究和保护已成为当前国际社会和各国政府普遍关注的热点问题。保护生物多样性的关键是保护物种多样性，而物种以群落为其存在条件，物种保护只有通过群落保护和生态系统保护才能达到更好的目的(王献溥等，1994)。因此，保护植物群落或生态系统的多样性是保护生物多样性的基础。应用植物群落学的理论和方法，研究掌握某一地区生物多样性的组成、结构、特有性及其与生态环境的关系等特征，建立相关的生物多样性信息数据库，确定应给予优先保护的生物多样性关键地区、生态系统和关键物种，提出生物多样性保护和利用的有效途径，这方面的研究一直都是生态学家们关注的重点。

由于生态系统结构和功能的复杂性与生态过程的长期性特点，往往需要在较大的时间和空间尺度上才能揭示生态系统的演变规律，因此，长期定位的生态研究是植物群落学研究的一个有效方法。长期定位研究由于具有时间的延续性、空间的固定性和扩展性、观测内容和方法的一致性、观测数据的规范性与共享性等特点，可以排除自然和人为干扰的不确定性，对于理解和预测那些较长时期内动态的和周期性的复杂现象和过程，如植被演替、气候变化等，具有重要的意义和作用(吴冬秀，2007)。正因为如此，对植被进行长期定位的研究受到了前所未有的重视，世界上许多国家都相继建立了长期生态研究站和研究网络。到目前为止，由国家、区域、国际组织或重大项目支持的环境与生态系统监测与研究网络有近百个。其中，美国的长期生态研究网络(LTER)、英国的环境变化研究监测网络(ECN)和中国的生态系统研究网络(CERN)并称世界三大国家网络(赵士洞，2001)。中国生态系统研究网络(CERN)于1988年开始组建，目前由16个农田生态系统试验站、11个森林生态系统试验站、3个草地生态系统试验站、3个沙漠生态系统试验站、1个沼泽生态系统试验站、2个湖泊生态系统试验站、3个海洋生态系统试验站、1个城市生态站，以及水分、土壤、大气、生物、水域生态系统5个学科分中心和1个综合研究中心所组成。CERN既是我国生态系统监测和生态环境研究基地，也是全球生态环境变化监测网络的重要组成部分。现阶段CERN的主要研究方向：①我国主要类型生态系统长期监测和演变规律；②我国主要类型生态系统的结构功能及其对全球变化的响应；③典型退化生态系统恢复与重建机理；④生态系统的质量评价和健康诊断；⑤区域资源合理利用与区域可持续发展；⑥生态系统生产力形成机制和有效调控；⑦生态环境综合整治与农业高效开发试验示范（http：//www.cern.ac.cn/）。

1.2 云南常绿阔叶林的类型、特点

常绿阔叶林一般是指以壳斗科、茶科、樟科、木兰科等科的常绿阔叶树种为主组成的森林，但不包括常绿阔叶的热带雨林和常绿阔叶的山地硬叶林。常绿阔叶林主要分布在亚热带较湿润的气候条件下，故又称之为“亚热带常绿阔叶林”。云南的常绿阔叶林因受西南季风及高原地貌的深刻影响，其植被种类组成、生态表现与东部常绿阔叶林有较大的差异（吴征镒等，1987）。主要表现：①群落的乔木层组成中，明显以壳斗科为主，茶科次之，而东部常以樟科、壳斗科和木兰科较多。②植被表现出较耐旱的生态特征，如乔木上层树种的叶子质地较坚硬，叶型较小，叶背多具茸毛，树干稍弯曲，树皮粗厚等。③组成植被的植物区系在北部以中国-喜马拉雅成分为标志，且多见云南（或云贵川）特有种，在南部则与邻近印度、缅甸、泰国的区系成分发生密切的联系。④各地伴生树种差异明显。

云南的常绿阔叶林分布广泛，几乎遍及全省各地，尤以滇中、滇南的山地为主要分布区，分布海拔范围1100~2800m，其南界或海拔下界与热带植被相接，其北界或海拔上界向以铁杉为主的山地针阔混交林过渡。根据南北地域和海拔高度所引起的植被生态特征的差异，云南的常绿阔叶林可以划分出5个互有区别的植被亚型（吴征镒等，1987）：

1.2.1 季风常绿阔叶林

这类森林主要分布于滇中南、滇西南和滇东南一带的低海拔地区，其分布的海拔高度范围为800~1500m。其主林层树种以壳斗科［如红锥（*Castanopsis hystrix*）、印度锥（*Castanopsis indica*）、思茅锥（*Castanopsis ferox*）、蒺藜锥（*Castanopsis tribuloides*）、小果锥（*Castanopsis fleuryi*）、枹丝锥（*Castanopsis calathiformis*）、截果柯（*Lithocarpus truncatus*）、小果柯（*Lithocarpus microspermus*）、泥柯（*Lithocarpus fenestratus*）等］、茶科［如红木荷（*Schima wallichii*）、毛木荷（*Schima villosa*）、茶梨（*Anneslea fragrans*）等］、樟科、木兰科的树种为主组成，并混交部分季雨林的落叶树种。下层乔灌木常见云南银柴（*Aporosa yunnanensis*）、粗叶水锦树（*Wendlandia scabra*）、密花树（*Myrsine seguinii*）、余甘子

(*Phyllanthus emblica*)及其他如茜草科、紫金牛科、大戟科、芸香科等的种类。草本层常以毛果珍珠茅(*Scleria levis*)为标志或优势。在植物区组成上热带成分极其丰富。

1.2.2 半湿润常绿阔叶林

这类森林是干湿季交替明显的亚热带地区的地带性植被，主要分布于高原宽谷盆地四周的低山丘陵，其分布的海拔高度范围为1700~2300m，其下限可达海拔1500m。分布地具有"四季如春、干湿季分明"的季风高原气候。其主林层树种以壳斗科(如滇青冈(*Cyclobalanopsis glaucoides*)、黄毛青冈(*Cyclobalanopsis delavayi*)、元江锥(*Castanopsis orthacantha*)、高山锥(*Castanopsis delavayi*)、白柯(*Lithocarpus dealbatus* 等)为主，而樟科、木兰科等喜湿树种在上层很少。主要大树多具叶小、革质、树皮粗、树干弯曲等偏旱性生态特征。组成本类型的植物种类在区系上主要属于东亚成分中的中国-喜马拉雅成分，并有较多的西南特有种，从而与东部亚热带常绿阔叶林存在明显的地理替代现象。

1.2.3 中山湿性常绿阔叶林

中山湿性常绿阔叶林是云南常绿阔叶林的山地垂直带类型，几乎遍布云南省各地亚热带中山的上部，尤其在滇中高原南北两侧的几条大山脉如无量山(2200~2800m)、哀牢山(2400~2600m)和大雪山(2000~2800m)等的中山地带分布较广，另外在云南西部的高黎贡山(2000~2600m)、碧罗雪山(2000~2700m)，中部和东北部的乌蒙山(2500~2900m)以及滇东南文山、马关一带(1500~2200m)也分布较多。这些分布在南北各地山地的常绿阔叶林，在其群落外貌、层片结构和生境特点上都有一定的相似性，即都以"湿"为特点，十分明显的区别于高原面上低山丘陵分布的"季风常绿阔叶林"和"半湿性常绿阔叶林"。群落常以柯属(*Lithocarpus*)的温凉喜湿种类为优势种或标志种，林内普遍出现苔藓、地衣等附生植物，也有蕨类和种子植物的附生植物，而灌木层中一般都有一个比较明显的竹子层片。在种类组成上普遍以壳斗科、樟科、山茶科、木兰科、五加科、冬青科、金缕梅科、杜鹃花科、杜英科等我国亚热带常见的科属为主组成，只是各大山系大致都有一套自己的植物种类组合，并以各种柯属树种加以区分。例如，滇西高黎贡山、苍山为多变柯(*Lithocarpus variolosus*)，滇西南大雪山为刺壳柯(*Lithocarpus echinotholus*)，滇中无量山为壶壳柯(*Lithocarpus echinophorus*)，哀牢山为木果柯(*Lithocarpus xylocarpus*)，滇东北乌蒙山为包果柯(*Lithocarpus cleistocarpus*)，而其他的伴生种类则是千差万别，无一雷同(吴征镒等，1987)。植物区系组成在属级水平上以热带成分较多(李帅锋等，2007；杨国平等，2010；巩合德等，2011；孟广涛等，2013)，在种级水平上以中国-喜马拉雅成分和中国特有成分较占优势，而热带亚洲成分也占有相当的比例，植物区系表现出由亚热带向温带过渡的性质(吴邦兴等，1990；彭华等，1997；刘恩德等，2007)。

1.2.4 山地苔藓常绿阔叶林

这类森林是在热带中山山地多云雾生境下形成的特殊常绿阔叶林，主要分布在滇东南红河州、文山州南缘较高山体的迎风坡与山顶部位，海拔在2000~2600m。这类森林常年处在云雾蒙蒙的环境中，林冠以下至地表均披上厚厚一层苔藓植物，有些还悬挂在树枝树干上，林内终年一片茵绿。主要种类除樟科、木兰科、茶科、壳斗科外，还有金缕梅科、八角科、五加科、杜英科、芸香科等。树枝和树干上还有不少蕨类和种子植物附生。

1.2.5 山顶苔藓矮林

这类森林主要分布于云南南部热带山地或亚热带南部山地的大小山脊、山顶，是多风多雾生境下的产物，它的分布海拔一般都在2500m以上。由于所在地生境多盛行强风、土壤浅薄，多具树木矮小、树干粗大弯曲、分枝低而多等生态特征。植物种类以杜鹃科[如杜鹃属(*Rhododendron*)、珍珠花属(*Lyonia*)、白珠树属(*Gaultheria*)、马醉木属(*Pieris*)]、越橘科[如越橘属(*Vaccinium*)]的种类为优势或为标志，樟科、壳斗科、茶科的种类常居于次要地位或很少出现。灌木和草本的种类都很少。

1.3 云南中山湿性常绿阔叶林的主要类型

以上五类植被类型中，中山湿性常绿阔叶林几乎遍布云南省亚热带中山山地，是云南常绿阔叶林中分布面积最广泛的类型。该类森林树种繁多，且各山地组成种类各有不同，富含地区特有种，在植物区系上极具古老性和特殊性，因而具有重要的研究价值。

依据《云南植被》(吴征镒等，1987)对群系(formation)、群落(community)的划分标准，根据现有资料及云南各地自然保护区科学考察报告的整理结果，云南中山湿性常绿阔叶林至少包括以下类型(32个群系87个群落)。

1.3.1 白穗柯林(Form. *Lithocarpus craibianus*)

1.3.1.1 白穗柯、青冈群落(*Lithocarpus craibianus*，*Cyclobalanopsis glauca* Comm.)

分布：高黎贡山独龙江。海拔：2200~2500m。

乔木层常见种：白穗柯、青冈、尼泊尔桤木(*Alnus nepalensis*)、长梗润楠(*Machilus duthiei*)、猫儿屎(*Decaisnea insignis*)、光叶珙桐(*Davidia involucrata* var. *vilmoriniana*)、水青树(*Tetracentron sinense*)、水红木(*Viburnum cylindricum*)等。

灌木层常见种：绢毛悬钩子(*Rubus lineatus*)、山莓(*Rubus corchorifolius*)、红泡刺藤(*Rubus niveus*)、水麻(*Debregeasia orientalis*)、裂果漆(*Toxicodendron griffithii*)等。

草本层常见种：顶芽狗脊蕨(*Woodwardia unigemmata*)、落新妇(*Astilbe chinensis*)、蜜蜂花(*Melissa axillaris*)、三脉紫菀(*Aster trinervius* subsp. *ageratoides*)、挖耳草(*Utricularia bifida*)等。

1.3.1.2 白穗柯、红花木莲群落(*Lithocarpus craibianus*, *Manglietia insignis* Comm.)

分布：高黎贡山独龙江。海拔：2200~2500m。

乔木层常见种：白穗柯、红花木莲、尼泊尔桤木、长穗桦(*Betula cylindrostachya*)、水红木等。

灌木层常见种：裂果漆、水麻、皱叶杜茎山(*Maesa rugosa*)、绢毛悬钩子、红泡刺藤、三叶悬钩子(*Rubus delavayi*)等。

草本层常见种：大叶仙茅(*Curculigo capitulata*)、落新妇、贡山蓟(*Cirsium eriophoroides*)、滇紫草(*Onosma paniculatum*)、蜜蜂花、锐齿凤仙花(*Impatiens arguta*)等。

1.3.1.3 白穗柯、壶壳柯、云龙箭竹群落(*Lithocarpus craibianus*, *Lithocarpus echinophorus*, *Fargesia papyrifera* Comm.)

分布：云龙天池。海拔：2400~3100m。

乔木层常见种：白穗柯、壶壳柯、云南铁杉(*Tsuga dumosa*)、华山松(*Pinus armandii*)、云南松(*Pinus yunnanensis*)、毛脉高山栎(*Quercus rehderiana*)、马缨杜鹃(*Rhododendron delavayi*)、五裂槭(*Acer oliverianum*)等。

灌木层常见种：云龙箭竹(*Fargesia papyrifera*)、露珠杜鹃(*Rhododendron irroratum*)、腋花杜鹃(*Rhododendron racemosum*)、芳香白珠(*Gaultheria fragrantissima*)、针齿铁仔(*Myrsine semiserrata*)、水红木、匍匐悬钩子(*Rubus pectinarioides*)、粉叶小檗(*Berberis pruinosa*)、细齿叶柃(*Eurya nitida*)等。

草本层常见种：黑鳞鳞毛蕨(*Dryopteris lepidopoda*)、云南兔儿风(*Ainsliaea yunnanensis*)、野青茅(*Deyeuxia pyramidalis*)、细柄草(*Capillipedium parviflorum*)、沿阶草(*Ophiopogon bodinieri*)、西南委陵菜(*Potentilla lineata*)、尼泊尔香青(*Anaphalis nepalensis*)等。

1.3.1.4 白穗柯、硬斗柯、红花木莲群落（*Lithocarpus craibianus*, *Lithocarpus hancei*, *Manglietia insignis* Comm.)

分布：文山老君山。海拔：2200~2500m。

乔木层常见种：白穗柯、硬斗柯、红花木莲、多花含笑(*Michelia floribunda*)、柴桂(*Cinnamomum tamala*)、华南蓝果树(*Nyssa javanica*)、青冈(*Cyclobalanopsis glauca*)、马蹄荷(*Exbucklandia populnea*)、穗序鹅掌柴(*Schefflera delavayi*)、黄丹木姜子(*Litsca elongata*)、长蕊木兰(*Alcimandra cathcartii*)等。

灌木层常见种：方竹(*Chimonobambusa sp.*)、五叶悬钩子(*Rubus quinquefoliolatus*)、川梨(*Pyrus pashia*)、大白杜鹃(*Rhododendron decorum*)、尖子木(*Oxyspora paniculata*)、云南连蕊茶(*Camellia forrestii*)、野八角(*Illicium simonsii*)、檀梨(*Pyrularia edulis*)、珍珠

花(*Lyonia ovalifolia*)等。

草本层常见种：沿阶草、细齿冷水花(*Pilea scripta*)、华山姜(*Alpinia oblongifolia*)、竹叶吉祥草(*Spatholirion longifolium*)、铜锤玉带草(*Lobelia nummularia*)、长序缬草(*Valeriana hardwickii*)等。

1.3.1.5 白穗柯、元江锥、滇青冈群落(*Lithocarpus craibianus*, *Castanopsis orthacantha*, *Cyclobalanopsis glaucoides* Comm.)

分布：乌蒙山。海拔：2500~2900m。

乔木层常见种：白穗柯、元江锥、滇青冈、银木荷(*Schima argentea*)、杈叶槭(*Acer ceriferum*)、灰背栎(*Quercus senescens*)、刺叶高山栎(*Quercus spinosa*)、长毛楠(*Phoebe forrestii*)、穗序鹅掌柴、野八角、亮叶桦(*Betula luminifera*)、云南冬青(*Ilex yunnanensis*)、厚皮香(*Ternstroemia gymnanthera*)、青榨槭(*Acer davidii*)等。

灌木层常见种：梁王茶(*Metapanax delavayi*)、蠔猪刺(*Berberis julianae*)、锈叶杜鹃(*Rhododendron siderophyllum*)、大白杜鹃、水红木、阿里山十大功劳(*Mahonia oiwakensis*)、西南山茶(*Camellia pitardii*)、喜湿箭竹(*Fargesia hygrophila*)、马缨杜鹃(*Rhododendron delavayi*)、管花木樨(*Osmanthus delavayi*)、紫药女贞(*Ligustrum delavayanum*)、细齿叶柃等。

草本层常见种：沿阶草、黄金凤(*Impatiens siculifer*)、黑鳞耳蕨(*Polystichum makinoi*)、凤尾蕨(*Pteris cretica*)、荫地冷水花(*Pilea pumila* var. *hamaoi*)、露珠草(*Circaea cordata*)、亚高山长穗兔儿风(*Ainsliaea henryi var. subalpina*)、吉祥草(*Reineckea carnea*)、密鳞耳蕨(*Polystichum squarrosum*)、茜草(*Rubia cordifolia*)、山珠半夏(*Arisaema yunnanense*)、滇黄精(*Polygonatum kingianum*)、心叶兔儿风(*Ainsliaea bonatii*)等。

1.3.1.6 白穗柯、三脉水丝梨、黄花杜鹃群落(*Lithocarpus craibianus*, *Sycopsis triplinervia*, *Rhododendron lutescens* Comm.)

分布：大关三江口。海拔：2100~2400m。

乔木层常见种：白穗柯、三脉水丝梨、铁杉(*Tsuga chinensis*)、巴东栎(*Quercus engleriana*)、钝齿木荷(*Schima crenata*)、五裂槭、冠萼花楸(*Sorbus coronata*)、吴茱萸叶五加(*Gamblea ciliata* var. *evodiifolia*)等。

灌木层常见种：薄叶山矾(*Symplocos anomala*)、黄花杜鹃(*Rhododendron lutescens*)、绒毛杜鹃(*Rhododendron pachytrichum*)、黄丹木姜子(*Litsea elongata*)、乔木茵芋(*Skimmia arborescens*)等。

草本层常见种：长穗兔儿风(*Ainsliaea henryi*)、岩匙(*Berneuxia thibetica*)、锦香草(*Phyllagathis cavaleriei*)、石菖蒲(*Acorus gramineus*)、黄水枝(*Tiarella polyphylla*)、峨眉瘤足蕨(*Plagiogyria assurgens*)、虎克耳蕨(*Polystichum hookerianum*)等。

1.3.1.7 白穗柯、白皮柯、元江锥群落（*Lithocarpus craibianus*，*Lithocarpus dealbatus*，*Castanopsis orthacantha* Comm.）

分布：嵩明果冬老鸦山。海拔：2300~2500m。

乔木层常见种：白穗柯、白皮柯、元江锥、青榨槭、灰背栎(*Quercus senescens*)、珍珠花、厚皮香、爆杖花(*Rhododendron spinuliferum*)、华山松等。

灌木层常见种：珍珠花、美丽马醉木(*Pieris formosa*)、云南杨梅(*Myrica nana*)、细齿叶柃、三叶悬钩子、锈叶杜鹃、女贞叶忍冬(*Lonicera ligustrina*)、露珠杜鹃等。

草本层常见种：糯米团(*Gonostegia hirta*)、沿阶草、凤尾蕨、黄金凤、金剑草(*Rubia alata*)、宽穗兔儿风(*Ainsliaea latifolia* var. *platyphylla*)、千里光(*Senecio scandens*)、粗齿冷水花(*Pilea sinofasciata*)、云南兔儿风、板凳果(*Pachysandra axillaris*)等。

1.3.1.8 白穗柯、毛脉高山栎、铁仔群落（*Lithocarpus craibianus*，*Quercus rehderiana*，*Myrsine africana* Comm.）

分布：安宁六乡。海拔：2100~2400m。

乔木层常见种：白穗柯、毛脉高山栎、水红木、薄叶鼠李(*Rhamnus leptophylla*)、光叶柯(*Lithocarpus mairei*)、山玉兰(*Lirianthe delavayi*)等。

灌木层常见种：白穗柯、毛脉高山栎、小梾木(*Cornus quinquenervis*)、薄叶鼠李、铁仔、马桑(*Coriaria nepalensis*)、毛杭子哨(*Campylotropis hirtella*)、象鼻藤(*Dalbergia mimosoides*)、小叶栒子(*Cotoneaster microphyllus*)、鬼吹箫(*Leycesteria formosa*)等。

草本层常见种：浆果苔草(*Carex baccans*)、西南宿苞豆(*Shuteria vestita*)、栗柄金粉蕨(*Onychium japonicum* var. *lucidum*)、千针万线草(*Stellaria yunnanensis*)、刚莠竹(*Microstegium ciliatum*)、四脉金茅(*Eulalia quadrinervis*)、刺芒野古草(*Arundinella setosa*)、白茅(*Imperata cylindrica* var. *major*)、过路黄(*Lysimachia christiniae*)、千里光等。

1.3.1.9 白穗柯、马缨杜鹃、滇青冈群落（*Lithocarpus craibianus*，*Rhododendron delavayi*，*Cyclobalanopsis glaucoides* Comm.）

分布：嵩明梁王山。海拔：2500~2800m。

乔木层常见种：白穗柯、马缨杜鹃、滇青冈、华山松、灰背栎、滇润楠(*Machilus yunnanensis*)、云南松、长叶女贞(*Ligustrum compactum*)、圆叶杨(*Populus rotundifolia*)等。

灌木层常见种：喜湿箭竹、珍珠花、野八角、爆杖花、长穗越橘(*Vaccinium dunnianum*)、昆明小檗(*Berberis kunmingensis*)、乌鸦果(*Vaccinium fragile*)、细齿叶柃等。

草本层常见种：云南兔儿风、吉祥草、粗齿鳞毛蕨(*Dryopteris juxtaposita*)、浆果苔草、紫柄假瘤蕨(*Selliguea crenatopinnata*)、鹿衔草(*Pyrola decorata*)、羊齿天门冬(*Asparagus filicinus*)等。

1.3.2 刺壳柯林(Form. *Lithocarpus echinotholus*)

1.3.2.1 刺壳柯、滇青冈、南洋木荷群落(*Lithocarpus echinotholus*, *Cyclobalanopsis glaucoides*, *Schima noronhae* Comm.)

分布：镇康大雪山。海拔：2000~2600m。

乔木层常见种：刺壳柯、滇青冈、南洋木荷、滇印杜英(*Elaeocarpus varunua*)、瑞丽润楠(*Machilus shweliensis*)、马蹄荷、森林榕(*Ficus neriifolia*)、硬斗柯、多花含笑、红花木莲等。

灌木层常见种：针齿铁仔、百两金(*Ardisia crispa*)、虎刺(*Damnacanthus indicus*)、扁担藤(*Tetrastigma planicaule*)、鬼吹箫(*Leycesteria formosa*)等。

草本层常见种：鱼鳞蕨(*Acrophorus stipellatus*)、山一笼鸡(*Strobilanthes aprica*)、大沿阶草(*Ophiopogon grandis*)、节茎石仙桃(*Pholidota articulata*)、少花万寿竹(*Disporum uniflorum*)等。

1.3.2.2 山玉兰、锡金槭、刺壳柯群落(*Lirianthe delavayi*, *Acer sikkimense*, *Lithocarpus echinotholus* Comm.)

分布：镇康大雪山。海拔：2100~2350m。

乔木层常见种：山玉兰、锡金槭、刺壳柯、野八角、黄心树(*Machilus gamblei*)、云南柃(*Eurya yunnanensis*)等。

灌木层常见种：文竹(*Asparagus setaceus*)、苦竹(*Pleioblastus amarus*)、卫矛(*Euonymus sp.*)等。

草本层常见种：蕨类、禾本科、莎草科及百合科的植物较多。

1.3.3 多变柯林(Form. *Lithocarpus variolosus*)

1.3.3.1 多变柯、硬斗柯、露珠杜鹃群落(*Lithocarpus variolosus*, *Lithocarpus hancei*, *Rhododendron irroratum* Comm.)

分布：永德大雪山。海拔：2500~2800m。

乔木层常见种：多变柯、硬斗柯、褐叶青冈(*Cyclobalanopsis stewardiana*)、云南铁杉、多花含笑、中缅木莲(*Manglietia hookeri*)、水青树、露珠杜鹃等。

灌木层常见种：薄壁箭竹(*Fargesia tenuilignea*)、雪山箭竹(*Fargesia lincangensis*)、露珠杜鹃、薄叶山矾(*Symplocos anomala*)、多脉冬青(*Ilex polyneura*)等。

草本层常见种：沿阶草、浆果薹草、粉背瘤足蕨(*Plagiogyria glauca*)、薄叶卷柏(*Selaginella delicatula*)、草玉梅(*Anemone rivularis*)、云雾薹草(*Carex nubigena*)等。

1.3.3.2 多变柯、光叶柯、光叶山矾群落(*Lithocarpus variolosus*, *Lithocarpus mairei*, *Symplocos lancifolia* Comm.)

分布：龙陵小黑山。海拔：2550~2700m。

乔木层常见种：多变柯、水青树、扇叶槭(*Acer flabellatum*)、薄片青冈(*Cyclobalanopsis lamellosa*)等。

灌木层常见种：宁南方竹(*Chimonobambusa ningnanica*)、滑竹(*Yushania polytricha*)、针齿铁仔、乔木茵芋(*Skimmia arborescens*)、光叶山矾等。

草本层常见种：紫茎泽兰(*Ageratina adenophora*)、竹叶吉祥草、小鱼眼草(*Dichrocephala benthamii*)、耳草(*Hedyotis auricularia*)、沿阶草、印度独活(*Heracleum barmanicum*)等。

1.3.3.3 多变柯、壶壳柯、腋花杜鹃群落(*Lithocarpus variolosus*, *Lithocarpus echinophorus*, *Rhododendron racemosum* Comm.)

分布：云龙天池。海拔：2400~3100m。

乔木层常见种：多变柯、壶壳柯、云南松、华山松、康藏花楸(*Sorbus thibetica*)、青榨槭、白柯(*Lithocarpus dealbatus*)、毛脉高山栎等。

灌木层常见种：腋花杜鹃、大白杜鹃、马缨杜鹃、露珠杜鹃、水红木、帽斗栎(*Quercus guyavifolia*)、细齿叶柃等。

草本层常见种：黑鳞鳞毛蕨、云南兔儿风、华北剪股颖(*Agrostis clavata*)、沿阶草、藏黄花茅(*Anthoxanthum hookeri*)、凤尾蕨、细柄草、尼泊尔芒(*Miscanthus nepalensis*)、黄腺香青(*Anaphalis aureopunctata*)、碎米莎草(*Cyperus iria*)、黄毛草莓(*Fragaria nilgerrensis*)等。

1.3.3.4 多变柯、元江锥群落(*Lithocarpus variolosus*, *Castanopsis orthacantha* Comm.)

分布：滇西苍山。海拔：2500~2800m。

乔木层常见种：多变柯、元江锥、银木荷、滇蜡瓣花(*Corylopsis yunnanensis*)、乔木茵芋等。

灌木层常见种：尾叶白珠(*Gaultheria griffithiana*)、针齿铁仔、梁王茶(*Metapanax delavayi*)、白瑞香(*Daphne papyracea*)等。

草本层常见种：菊科、百合科、荨麻科及多种蕨类植物等。

1.3.3.5 多变柯、露珠杜鹃、美丽马醉木群落(*Lithocarpus variolosus*, *Rhododendron irroratum*, *Pieris formosa* Comm.)

分布：澜沧江自然保护区。海拔：2900~3100m。

乔木层常见种：多变柯、露珠杜鹃等。

灌木层常见种：美丽马醉木、细齿叶柃、云南铁杉、多变柯等。

草本层常见种：沿阶草、头花龙胆(*Gentiana cephalantha*)、扁枝石松(*Lycopodium complanatum*)等。

1.3.3.6 多变柯、露珠杜鹃、云上杜鹃群落(*Lithocarpus variolosus*, *Rhododendron irroratum*, *Rhododendron pachypodum* Comm.)

分布：澜沧江自然保护区。海拔：2800~3000m。

乔木层常见种：多变柯、露珠杜鹃、香花木樨（*Osmanthus suavis*）、云上杜鹃（*Rhododendron pachypodum*）、滇四角柃（*Eurya paratetragonoclada*）、吴茱萸叶五加、云南铁杉、弯尾冬青（*Ilex cyrtura*）等。

灌木层常见种：薄壁箭竹、雪山箭竹、光亮山矾（*Symplocos lucida*）、尖瓣瑞香（*Daphne acutiloba*）、粗糙菝葜（*Smilax lebrunii*）、美丽马醉木、三股筋香（*Lindera thomsonii*）等。

草本层常见种：密叶瘤足蕨（*Plagiogyria pycnophylla*）、粉背瘤足蕨（*Plagiogyria glauca*）、沿阶草、平卧蓼（*Polygonum strindbergii*）、凉山悬钩子（*Rubus fockeanus*）、柄花茜草（*Rubia podantha*）、开口箭（*Campylandra chinensis*）、短蕊万寿竹（*Disporum bodinieri*）、长柄兔儿风（*Ainsliaea reflexa*）等。

1.3.3.7 多变柯、弯尾冬青、珍珠花群落（*Lithocarpus variolosus*, *Ilex cyrtura*, *Lyonia ovalifolia* Comm.）

分布：澜沧江自然保护区。海拔：2800~3000m。

乔木层常见种：多变柯、弯尾冬青、绒毛山胡椒（*Lindera nacusua*）、三股筋香、硬斗柯、印度木荷（*Schima khasiana*）、纸叶虎皮楠（*Daphniphyllum chartaceum*）、乔木茵芋、珍珠花等。

灌木层常见种：光亮玉山竹（*Yushania levigata*）、南烛（*Vaccinium bracteatum*）、长托菝葜（*Smilax ferox*）、贵州花椒（*Zanthoxylum esquirolii*）、紫药女贞等。

草本层常见种：沿阶草、柄花茜草（*Rubia podantha*）、钝叶楼梯草（*Elatostema obtusum*）、宽叶兔儿风（*Ainsliaea latifolia*）、黄花斑鸠菊（*Distephanus henryi*）、锡金堇菜（*Viola sikkimensis*）、长蕊珍珠菜（*Lysimachia lobelioides*）、华重楼（*Paris polyphylla* var. *chinensis*）等。

1.3.4 光叶柯林（Form. *Lithocarpus mairei*）

1.3.4.1 光叶柯、龙陵锥、瑞丽山龙眼群落（*Lithocarpus mairei*, *Castanopsis rockii*, *Helicia shweliensis* Comm.）

分布：龙陵小黑山。海拔：2100~2500m。

乔木层常见种：光叶柯、瑞丽山龙眼、龙陵锥（*Castanopsis rockii*）、红锥（*Castanopsis hystrix*）、水红木、翅柄紫茎（*Stewartia pteropetiolata*）、珍珠花、银木荷等。

灌木层常见种：针齿铁仔、森林榕、宁南方竹、大白杜鹃、芳香白珠（*Gaultheria fragrantissima*）、水红木等。

草本层常见种：条叶崖爬藤（*Tetrastigma lineare*）、紫茎泽兰（*Ageratina adenophora*）、小鱼眼草、兔耳兰（*Cymbidium lancifolium*）、仙茅（*Curculigo orchioides*）等。

1.3.4.2 光叶柯、瑞丽山龙眼、木姜子群落(*Lithocarpus mairei*, *Helicia shweliensis*, *Litsea sp*. Comm.)

分布：龙陵小黑山。海拔：2300~2500m。

乔木层常见种：光叶柯、瑞丽山龙眼、多变柯、木果柯、翅柄紫茎等。

灌木层常见种：针齿铁仔、红花木莲、宁南方竹、假虎刺(*Carissa spinarum*)、荷包山桂花(*Polygala arillata*)等。

草本层常见种：紫茎泽兰、黄毛草莓、平叶酸藤子(*Embelia undulata*)、多花素馨(*Jasminum polyanthum*)、八月瓜(*Holboellia latifolia*)、豆瓣绿(*Peperomia tetraphylla*)、沿阶草等。

1.3.4.3 光叶柯、针齿铁仔、翅柄紫茎群落(*Lithocarpus mairei*, *Myrsine semiserrata*, *Stewartia pteropetiolata* Comm.)

分布：龙陵小黑山。海拔：2200~2600m。

乔木层常见种：光叶柯、针齿铁仔、女贞(*Ligustrum lucidum*)、翅柄紫茎、刺桐(*Erythrina variegata*)、大八角(*Illicium majus*)等。

灌木层常见种：野扇花(*Sarcococca ruscifolia*)、瑞丽山龙眼、山黄麻(*Trema tomentosa*)、匍匐悬钩子、竹叶椒(*Zanthoxylum armatum*)等。

草本层常见种：大叶繁缕(*Stellaria delavayi*)、狭叶獐牙菜(*Swertia angustifolia*)、沿阶草、斑龙芋(*Sauromatum venosum*)、紫茎泽兰、山酢浆草(*Oxalis griffithii*)等。

1.3.4.4 光叶柯、红锥群落(*Lithocarpus mairei*, *Castanopsis hystrix* Comm.)

分布：龙陵小黑山。海拔：2200~2600m。

乔木层常见种：光叶柯、红锥、印度木荷、贵州木瓜红(*Rehderodendron kweichowense*)、红花木莲、檀梨、针齿铁仔等。

灌木层常见种：森林榕、匍匐悬钩子、多花素馨、针齿铁仔、宁南方竹等。

草本层常见种：紫茎泽兰、芒毛苣苔(*Aeschynanthus acuminatus*)、下田菊(*Adenostemma lavenia*)、刺蕊草(*Pogostemon glaber*)、铜锤玉带草(*Lobelia nummularia*)、对叶茜草(*Rubia siamensis*)、毛柱铁线莲(*Clematis meyeniana*)等。

1.3.5 厚叶柯林(Form. *Lithocarpus pachyphyllus*)

1.3.5.1 厚叶柯、粗枝杜鹃群落(*Lithocarpus pachyphyllus*, *Rhododendron basilicum* Comm.)

分布：高黎贡山独龙江。海拔：2600~2800m。

乔木层常见种：厚叶柯、粗枝杜鹃、水青树、凸尖杜鹃(*Rhododendron sinogrande*)、穗序鹅掌柴、乔木茵芋、三股筋香、杨叶木姜子(*Litsea populifolia*)等。

灌木层常见种：高山八角枫(*Alangium alpinum*)、弩箭竹(*Fargesia praecipua*)、长穗桦、长蒴杜鹃(*Rhododendron mackenzianum*)、长梗润楠等。

草本层常见种：浆果苔草、黄小枝、大羽鳞毛蕨(*Dryopteris wallichiana*)、钝叶楼梯草(*Elatostema obtusum*)、短蕊万寿竹(*Disporum bodinieri*)等。

1.3.6 壶壳柯林(Form. *Lithocarpus echinophorus*)

1.3.6.1 壶壳柯、红花木莲、团香果群落(*Lithocarpus echinophorus*, *Manglietia insignis*, *Lindera latifolia* Comm.)

分布：无量山。海拔：2100~2500m。

乔木层常见种：壶壳柯、红花木莲、团香果、钝齿木荷(*Schima crenata*)、绒叶含笑(*Michelia velutina*)、翅柄紫茎、瓦山安息香(*Styrax perkinsiae*)、多花含笑、厚皮香等。

灌木层常见种：大白杜鹃、毛绵杜鹃(*Rhododendron moulmainense*)、山青木(*Meliosma kirkii*)、小叶青冈(*Cyclobalanopsis myrsinifolia*)、薄叶马银花(*Rhododendron leptothrium*)、长尾钓樟(*Lindera thomsonii* var. *velutina*)、针齿铁仔、瑞丽紫金牛(*Ardisia shweliensis*)等。

草本层常见种：密叶瘤足蕨(*Plagiogyria pycnophylla*)、南亚鳞毛蕨(*Dryopteris pseudocaenopteris*)、书带蕨(*Haplopteris flexuosa*)、蕗蕨(*Hymenophyllum badium*)等。

1.3.7 截果柯林(Form. *Lithocarpus truncatus*)

1.3.7.1 截果柯、小果锥、樟叶泡花树群落(*Lithocarpus truncatus*, *Castanopsis fleuryi*, *Meliosma squamulata* Comm.)

分布：红河阿姆山。海拔：2100~2300m。

乔木层常见种：截果柯、小果锥、樟叶泡花树、瑞丽蓝果树(*Nyssa shweliensis*)、红木荷(*Schima wallichii*)、金平桦(*Betula jinpingensis*)、金叶含笑(*Michelia foveolata*)、蜡叶杜鹃(*Rhododendron lukiangense*)、多花含笑、密果槭(*Acer kuomeii*)、窄叶柯(*Lithocarpus confinis*)、楠叶冬青(*Ilex machilifolia*)等。

灌木层常见种：华西箭竹(*Fargesia nitida*)、罗浮粗叶木(*Lasianthus fordii*)、小花粗叶木(*Lasianthus micranthus*)、疏花卫矛(*Euonymus laxiflorus*)、云桂虎刺(*Damnacanthus henryi*)、密花远志(*Polygala karensium*)等。

草本层常见种：具柄重楼(*Paris fargesii* var. *petiolata*)、八蕊花(*Sporoxeia sciadophila*)、篦齿双盖蕨(*Diplazium hirsutipes*)、刚毛秋海棠(*Begonia setifolia*)等。

1.3.7.2 截果柯、金叶含笑、青冈群落(*Lithocarpus truncatus*, *Michelia foveolata*, *Cyclobalanopsis glauca* Comm.)

分布：古林箐。海拔：1700~1900m。

乔木层常见种：截果柯、金叶含笑、青冈、红花木莲、多花含笑、窄叶柯(*Lithocarpus confinis*)、水青冈(*Fagus longipetiolata*)、树参(*Dendropanax dentiger*)等。

灌木层常见种：方竹、西域青荚叶（*Helwingia himalaica*）、冠盖绣球（*Hydrangea anomala*）、白檀（*Symplocos paniculata* ）、伞形紫金牛（*Ardisia corymbifera*）、小叶杜茎山（*Maesa parvifolia*）、红毛悬钩子（*Rubus wallichianus*）等。

草本层常见种：芽胞蹄盖蕨（*Athyrium clarkei*）、鱼鳞蕨（*Acrophorus stipellatus*）、中越鳞毛蕨（Dryopteris annamensis）、稀子蕨（*Monachosorum henryi*）、头花龙胆（*Gentiana cephalantha*）、珠光香青（*Anaphalis margaritacea*）等。

1.3.7.3 截果柯、小果锥、米心水青冈群落（*Lithocarpus truncatus*, *Castanopsis fleuryi*, *Fagus engleriana* Comm.）

分布：红河阿姆山。海拔：2000～2250m。

乔木层常见种：截果柯、小果锥、米心水青冈、瑞丽蓝果树、华南蓝果树（*Nyssa javanica*）、灯台树（*Cornus controversa*）、老挝杜英（*Elaeocarpus laoticus*）、文山润楠（*Machilus wenshanensis*）、滇桂木莲（*Manglietia forrestii*）、沼楠（*Phoebe angustifolia*）、短梗新木姜子（*Neolitsea brevipes*）、粗壮琼楠（*Beilschmiedia robusta*）、长圆臀果木（*Pygeum oblongum*）、岗柃（*Eurya groffii*）等。

灌木层常见种：绿春玉山竹（*Yushania brevis*）、疏花卫矛、包疮叶（*Maesa indica*）、云桂虎刺（*Damnacanthus henryi*）、云南连蕊茶（*Camellia forrestii*）、金叶细枝柃（*Eurya loquaiana* var. *aureopunctata*）等。

草本层常见种：毛鳞蕨（*Tricholepidium normale*）、篦齿双盖蕨（*Diplazium hirsutipes*）、具柄重楼（*Paris fargesii* var. *petiolata*）、舞花姜（*Globba racemosa*）、蛇根草（*Ophiorrhiza mungos*）、刚毛秋海棠（*Begonia setifolia*）、斑叶唇柱苣苔（*Chirita pumila*）等。

1.3.7.4 截果柯、印度木荷、银木荷群落（*Lithocarpus truncatus*, *Schima khasiana*, *Schima argentea* Comm.）

分布：红河阿姆山。海拔：2000～2250m。

乔木层常见种：截果柯、印度木荷、银木荷、西南桦（*Betula alnoides*）、硬斗柯、马蹄荷、红花木莲等。

灌木层常见种：针齿铁仔、岗柃、云南金叶子（*Craibiodendron yunnanense*）、荷包山桂花、胡颓子（*Elaeagnus pungens*）等。

草本层常见种：狭鳞鳞毛蕨（*Dryopteris stenolepis*）、翠云草（*Selaginella uncinata*）、豆瓣绿、上树蜈蚣（*Rhaphidophora lancifolia*）等。

1.3.8 老挝柯林（Form. *Lithocarpus laoticus*）

1.3.8.1 老挝柯、截果柯、红花木莲群落（*Lithocarpus laoticus*, *Lithocarpus truncatus*, *Manglietia insignis* Comm.）

分布：红河阿姆山。海拔：2000～2350m。

乔木层常见种：老挝柯、截果柯、红花木莲、红锥（*Castanopsis hystrix*）、华南蓝果树、红木荷、西畴润楠(*Machilus sichourensis*)、老挝杜英、腺柄山矾(*Symplocos adenopus*)、尼泊尔桤木(*Alnus nepalensis*)、杜英(*Elaeocarpus decipiens*)、马关黄肉楠(*Actinodaphne tsaii*)、黄丹木姜子(*Litsea elongata*)、偏心叶柃(*Eurya inaequalis*)、刀把木(*Cinnamomum pittosporoides*)、绿春安息香(*Styrax macranthus*)、狭叶罗伞(*Brassaiopsis angustifolia*)等。

灌木层常见种：宁南方竹(*Chimonobambusa ningnanica*)、东方古柯(*Erythroxylum sinense*)、西藏钓樟(*Lindera pulcherrima*)、网叶山胡椒(*Lindera metcalfiana* var. *dictyophylla*)、柔毛山矾(*Symplocos pilosa*)等。

草本层常见种：滇耳蕨(*Polystichum chingiae*)、毛柄双盖蕨(*Diplazium dilatatum*)、假镰羽短肠蕨(*Diplazium petrii*)、刚毛秋海棠、距花万寿竹(*Disporum calcaratum*)、蕨状薹草(*Carex filicina*)、滇黄精(*Polygonatum kingianum*)、云南紫菊(*Notoseris yunnanensis*)、心叶兔儿风(*Ainsliaea bonatii*)等。

1.3.9 木果柯林(Form. *Lithocarpus xylocarpus*)

1.3.9.1 木果柯、中缅木莲、印度木荷群落(*Lithocarpus xylocarpus*, *Manglietia hookeri*, *Schima khasiana* Comm.)

分布：永德大雪山。海拔：2000~2600m。

乔木层常见种：木果柯、中缅木莲、印度木荷、长蕊木兰、红花木莲、多花含笑、毛尖树(*Actinodaphne forrestii*)、黄心树(*Machilus gamblei*)、锡金槭(*Acer sikkimense*)等。

灌木层常见种：雪山箭竹、薄叶山矾、大理茶(*Camellia taliensis*)、肖樱叶柃(*Eurya pseudocerasifera*)、珠砂根(*Ardisia crenata*)等。

草本层常见种：粉背瘤足蕨、异叶楼梯草(*Elatostema monandrum*)、翅苞楼梯草(*Elatostema aliferum*)、粗齿冷水花等。

1.3.9.2 木果柯、变色锥、南洋木荷群落(*Lithocarpus xylocarpus*, *Castanopsis wattii*, *Schima noronhae* Comm.)

分布：哀牢山。海拔：2200~2600m。

乔木层常见种：变色锥、木果柯、南洋木荷、硬斗柯、珍珠花、红花木莲、绿叶润楠(*Machilus viridis*)、云南连蕊茶、多花山矾(*Symplocos ramosissima*)、翅柄紫茎、云南柃、南亚枇杷(*Eriobotrya bengalensis*)等。

灌木层常见种：珠砂根(*Ardisia crenata*)、乔木茵芋、水红木、华西箭竹(*Fargesia nitida*)、白瑞香、长柱十大功劳(*Mahonia duclouxiana*)等。

草本层常见种：密叶瘤足蕨、长柱头薹草(*Carex teinogyna*)、四回毛枝蕨(*Arachniodes quadripinnata*)、间型沿阶草(*Ophiopogon intermedius*)、盘托楼梯草(*Elatostema dissectum*)、粗齿冷水花、长穗兔儿风(*Ainsliaea henryi*)等。

1.3.9.3 木果柯、杜英、红花木莲群落(*Lithocarpus xylocarpus*, *Elaeocarpus decipiens*, *Manglietia insignis* Comm.)

分布：龙陵小黑山。海拔：2000~2500m。

乔木层常见种：木果柯、红花木莲、密脉柯(*Lithocarpus fordianus*)、薄片青冈、针齿铁仔等。

灌木层常见种：羊脆木(*Pittosporum kerrii*)、厚皮香、羽叶参(*Pentapanax fragrans*)、针齿铁仔等。

草本层常见种：火炭母(*Polygonum chinense*)、爬树龙(*Rhaphidophora decursiva*)、豆瓣绿等。

1.3.9.4 木果柯、瑞丽山龙眼、短刺锥群落(*Lithocarpus xylocarpus*, *Helicia shweliensis*, *Castanopsis echinocarpa* Comm.)

分布：龙陵小黑山。海拔：2000~2500m。

乔木层常见种：木果柯、瑞丽山龙眼、短刺锥(*Castanopsis echinocarpa*)、针齿铁仔、重齿藏南枫(*Acer campbellii* var. *serratifolium*)、檀梨、马蹄荷等。

灌木层常见种：红锥、散生女贞(*Ligustrum confusum*)、珠砂根等。

草本层常见种：过路黄、奇异南星(*Arisaema decipiens*)、鳞毛蕨等。

1.3.9.5 木果柯、香芙木、薄片青冈群落(*Lithocarpus xylocarpus*, *Schoepfia fragrans*, *Cyclobalanopsis lamellosa* Comm.)

分布：龙陵小黑山。海拔：2200~2400m。

乔木层常见种：香芙木、木果柯、长蕊木兰、薄片青冈、绒叶含笑(*Michelia velutina*)、独龙枫(*Acer pectinatum* subsp. *taronense*)、红花木莲、楠叶枫(*Acer pinnatinervium*)、黄药大头茶(*Polyspora chrysandra*)等。

灌木层常见种：针齿铁仔、八角枫(*Alangium chinense*)、尖子木(*Oxyspora paniculata*)等。

草本层常见种：火炭母(*Polygonum chinense*)、爬树龙、豆瓣绿、平叶酸藤子(*Embelia undulata*)等。

1.3.9.6 木果柯、银木荷、硬斗柯群落(*Lithocarpus xylocarpus*, *Schima argentea*, *Lithocarpus hancei* Comm.)

分布：无量山。海拔：2000~2500m。

乔木层常见种：木果柯、银木荷、硬斗柯、变色锥、壶壳柯(*Lithocarpus echinophorus*)、厚皮香、红梗润楠(*Machilus rufipes*)、红花木莲等。

灌木层常见种：云南柃、厚皮香、露珠杜鹃、景东十大功劳(*Mahonia paucijuga*)、白瑞香等。

草本层常见种：沿阶草、腋花兔儿风(*Ainsliaea pertyoides*)、云南兔儿风、华重楼、羊齿天门冬等。

1.3.9.7 木果柯、薄片青冈、红梗润楠群落(*Lithocarpus xylocarpus*, *Cyclobalanopsis lamellosa*, *Machilus rufipes* Comm.)

分布：无量山。海拔：2000~2500m。

乔木层常见种：木果柯、薄片青冈、红梗润楠、硬斗柯、毛叶樟(*Cinnamomum mollifolium*)、红花木莲等。

灌木层常见种：箭竹(*Fargesia sp.*)、珍珠花、长柱十大功劳等。

草本层常见种：沿阶草、西南沿阶草(*Ophiopogon mairei*)、牛膝(*Achyranthes bidentata*)、黄金凤(*Impatiens siculifer*)、长托菝葜(*Smilax ferox*)等。

1.3.9.8 木果柯、硬斗柯、变色锥群落(*Lithocarpus xylocarpus*, *Lithocarpus hancei*, *Castanopsis wattii* Comm.)

分布：哀牢山。海拔：2000~2500m。

乔木层常见种：木果柯、硬斗柯、变色锥、南洋木荷、红花木莲、翅柄紫茎、多花含笑、褐叶青冈(*Cyclobalanopsis stewardiana*)、瑞丽鹅掌柴(*Schefflera shweliensis*)、多果新木姜子(*Neolitsea polycarpa*)等。

灌木层常见种：华西箭竹、白瑞香、长柱十大功劳、珠砂根、尖叶花椒(Zanthoxylum oxyphyllum)、须弥桃叶珊瑚(*Aucuba himalaica*)、偏瓣花(*Plagiopetalum esquirolii*)等。

草本层常见种：长柱头薹草、间型沿阶草(*Ophiopogon intermedius*)、密叶瘤足蕨、弯蕊开口箭(*Campylandra wattii*)、吉祥草、粗齿冷水花、盘托楼梯草、山酢浆草(*Oxalis griffithii*)等。

1.3.10 水仙柯林(Form. *Lithocarpus naiadarum*)

1.3.10.1 水仙柯、大果萸叶五加、水青冈群落(*Lithocarpus naiadarum*, *Gamblea pseudoevodiifolia*, *Fagus longipetiolata* Comm.)

分布：西畴草果山。海拔：1500~1850m。

乔木层常见种：水仙柯、大果萸叶五加、水青冈、云南拟单性木兰(*Parakmeria yunnanensis*)、截果柯、扁果青冈(*Cyclobalanopsis chapensis*)、毛木荷(*Schima villosa*)、红锥等。

灌木层常见种：方竹、云广粗叶木(*Lasianthus japonicus* subsp. *longicaudus*)、尖苞罗伞(*Brassaiopsis producta*)、柳叶紫金牛(*Ardisia hypargyrea*)、蒙自卫矛(*Euonymus mengtseanus*)等。

草本层常见种：江南双盖蕨(*Diplazium mettenianum*)、密叶瘤足蕨(*Plagiogyria pycnophylla*)、毛脚金星蕨(*Parathelypteris hirsutipes*)、沿阶草、四蕊熊巴掌(*Phyllagathis tetrandra*)、海南草珊瑚(*Sarcandra glabra* subsp. *brachystachys*)、华山姜等。

1.3.11 硬斗柯林(Form. *Lithocarpus hancei*)

1.3.11.1 显脉红花荷、硬斗柯、长蕊木兰群落(*Rhodoleia henryi*, *Lithocarpus hancei*, *Alcimandra cathcartii* Comm.)

分布：金平分水岭西隆山林区。海拔：2550~2700m。

乔木层常见种：显脉红花荷、硬斗柯、长蕊木兰、木果柯、露珠杜鹃、华木荷(*Schima sinensis*)、厚皮香、红果树(*Stranvaesia davidiana*)、木瓜红(*Rehderodendron macrocarpum*)等。

灌木层常见种：越南吊钟花(*Enkianthus ruber*)、坚木山矾(*Symplocos dryophila*)、疏花卫矛、少果八角(*Illicium petelotii*)等。

草本层常见种：间型沿阶草(*Ophiopogon intermedius*)、剑叶开口箭(*Campylandra ensifolia*)、瘤足蕨、弯蕊开口箭等。

1.3.11.2 硬斗柯、薄片青冈、印度木荷群落(*Lithocarpus hancei*, *Cyclobalanopsis lamellosa*, *Schima khasiana* Comm.)

分布：高黎贡山独龙江。海拔：2000~2450m。

乔木层常见种：硬斗柯、薄片青冈、印度木荷、长柄杜英(*Elaeocarpus petiolatus*)、三股筋香、曼青冈(*Cyclobalanopsis oxyodon*)、瑞丽鹅掌柴(*Schefflera shweliensis*)等。

灌木层常见种：山木瓜(*Garcinia esculenta*)、针齿铁仔、长穗桦、荷包山桂花、水红木、西域青荚叶等。

草本层常见种：沿阶草、雾水葛(*Pouzolzia zeylanica*)、兖州卷柏(*Selaginella involvens*)、密叶瘤足蕨等。

1.3.11.3 硬斗柯、显脉虎皮楠群落(*Lithocarpus hancei*, *Daphniphyllum paxianum* Comm.)

分布：高黎贡山。海拔：2300~2400m。

乔木层常见种：硬斗柯、显脉虎皮楠、毛尖树、瑞丽润楠、红木荷、红花木莲、多沟杜英(*Elaeocarpus lacunosus*)、黄花大头茶、康藏花楸(*Sorbus thibetica*)等。

灌木层常见种：阿里山十大功劳、针齿铁仔、虎刺、纽子果(*Ardisia virens*)、带鞘箭竹(*Fargesia contracta*)、宁南方竹等。

草本层常见种：乌蔹莓(*Cayratia japonica*)、沿阶草、格脉黄精(*Polygonatum tessellatum*)、腋花扭柄花(*Streptopus simplex*)、齿瓣开口箭(*Campylandra fimbriata*)、狭叶兔儿风(*Ainsliaea angustifolia*)、柄花茜草(*Rubia podantha*)等。

1.3.11.4 硬斗柯、窄叶枇杷、江南越橘群落(*Lithocarpus hancei*, *Eriobotrya henryi*, *Vaccinium mandarinorum* Comm.)

分布：澜沧江自然保护区。海拔：2400~2700m。

乔木层常见种：硬斗柯、窄叶枇杷、江南越橘、翅柄紫茎、针齿铁仔、小花八角

(*Illicium micranthum*)、纸叶虎皮楠(*Daphniphyllum chartaceum*)、团花新木姜子(*Neolitsea homilantha*)、小叶青冈(*Cyclobalanopsis myrsinifolia*)等。

灌木层常见种：光亮玉山竹、云南连蕊茶、坚木山矾、细齿叶柃、阿里山十大功劳、厚皮香、白瑞香、怒江柃(*Eurya tsaii*)等。

草本层常见种：粉背瘤足蕨、长蕊珍珠菜、密叶瘤足蕨(*Plagiogyria pycnophylla*)、沿阶草、山酢浆草、钝叶楼梯草(*Elatostema obtusum*)、酸模叶蓼(*Polygonum lapathifolium*)、紫花地丁(*Viola philippica*)、柄花茜草等。

1.3.11.5 硬斗柯、须弥红豆杉、露珠杜鹃群落(*Lithocarpus hancei*, *Taxus wallichiana*, *Rhododendron irroratum* Comm.)

分布：临沧邦东大雪山。海拔：2600~2900m。

乔木层常见种：硬斗柯、须弥红豆杉、假香冬青(*Ilex wattii*)、圆叶珍珠花(*Lyonia doyonensis*)、多变柯、瑞丽鹅掌柴、吴茱萸叶五加、细齿叶柃等。

灌木层常见种：光亮玉山竹、壮刺小檗(*Berberis deinacantha*)、小叶菝葜(*Smilax microphylla*)、尖叶菝葜(*Smilax arisanensis*)、紫药女贞、针齿铁仔、坚木山矾等。

草本层常见种：狭叶兔儿风、拉拉藤(*Galium aparine*)、凉山悬钩子(*Rubus fockeanus*)、粉背瘤足蕨、钝叶楼梯草、沿阶草、平卧蓼(*Polygonum strindbergii*)等。

1.3.12 硬叶柯林(Form. *Lithocarpus crassifolius*)

1.3.12.1 硬叶柯、云南铁杉、革叶杜鹃群落(*Lithocarpus crassifolius*, *Tsuga dumosa*, *Rhododendron coriaceum* Comm.)

分布：哀牢山。海拔：2600~2800m。

乔木层常见种：硬叶柯、云南铁杉、吴茱萸叶五加、珍珠花(*Lyonia ovalifolia*)、革叶杜鹃等。

灌木层常见种：革叶杜鹃、粗状琼楠(*Beilschmiedia robusta*)、石灰花楸(*Sorbus folgneri*)、华南毛柃(*Eurya ciliata*)、美丽马醉木等。

草本层常见种：间型沿阶草(*Ophiopogon intermedius*)、吉祥草、五月瓜藤(*Holboellia angustifolia*)、地果(*Ficus tikoua*)等。

1.3.13 窄叶柯林(Form. *Lithocarpus confinis*)

1.3.13.1 窄叶柯、滇青冈、喜湿箭竹群落(*Lithocarpus confinis*, *Cyclobalanopsis glaucoides*, *Fargesia hygrophila* Comm.)

分布：嵩明阿子营。海拔：2100~2550m。

乔木层常见种：窄叶柯、滇青冈、球花石楠(*Photinia glomerata*)、香叶树(*Lindera communis*)、刺叶栎(*Quercus spinosa*)、云南木樨榄(*Olea tsoongii*)、云南泡花树(*Meliosma yunnanensis*)、山玉兰、灰背栎、长圆叶梾木(*Cornus oblonga*)、云南山楂(*Crataegus *scabrifolia*)等。

灌木层常见种：厚皮香、喜湿箭竹、贵州花椒(*Zanthoxylum esquirolii*)、长叶女贞(*Ligustrum compactum*)、细齿叶柃、梁王茶、臭荚蒾(*Viburnum foetidum*)、茅梅(*Rubus parvifolius*)、西南金丝桃(*Hypericum pseudohenryi*)等。

草本层常见种：凤尾蕨、羊齿天门冬、宽叶兔耳风(*Ainsliaea latifolia* var. *platyphylla*)、密花合耳菊(*Synotis cappa*)、昆明合耳菊(*Synotis cavaleriei*)、金剑草(*Rubia alata*)等。

1.3.14 薄片青冈林(Form. *Cyclobalanopsis lamellosa*)

1.3.14.1 薄片青冈、印度木荷群落(*Cyclobalanopsis lamellosa*, *Schima khasiana* Comm.)

分布：高黎贡山独龙江。海拔：1600~2200m。

乔木层常见种：薄片青冈、印度木荷、曼青冈、水石榕(*Elaeocarpus hainanensis*)、杨叶木姜子(*Litsea populifolia*)、密花山矾(*Symplocos congesta*)、球花石楠(*Photinia glomerata*)、水青树等。

灌木层常见种：密花山矾、多花山矾(*Symplocos ramosissima*)、多花勾儿茶(*Berchemia floribunda*)、绢毛悬钩子(*Rubus lineatus*)、黑毛冬青(*Ilex melanotricha*)等。

草本层常见种：大叶鳞毛蕨(*Dryopteris grandifrons*)、黄龙尾(*Agrimonia pilosa* var. *nepalensis*)、钟花蓼(*Polygonum campanulatum*)、大车前(*Plantago major*)、尼泊尔酸模(*Rumex nepalensis*)等。

1.3.14.2 薄片青冈、红河鹅掌柴群落(*Cyclobalanopsis lamellosa*, *Schefflera hoi* Comm.)

分布：高黎贡山独龙江。海拔：1600~2200m。

乔木层常见种：薄片青冈、红河鹅掌柴、穗序鹅掌柴、水东哥(*Saurauia tristyla*)等。

灌木层常见种：鬼吹箫、线尾榕(*Ficus filicauda*)、老鸦糊(*Callicarpa giraldii*)、尖子木、皱叶杜茎山(*Maesa rugosa*)等。

草本层常见种：类芦(*Neyraudia reynaudiana*)、大叶鳞毛蕨、雾水葛、密毛蕨(*Pteridium revolutum*)、大车前、铜锤玉带草、火碳母等。

1.3.14.3 薄片青冈、秃杉群落(*Cyclobalanopsis lamellosa*, *Taiwania cryptomerioides* Comm.)

分布：高黎贡山独龙江。海拔：1600~2200m。

乔木层常见种：薄片青冈、秃杉、长梗润楠、银木荷、长蒴杜鹃(*Rhododendron mackenzianum*)、贡山猴欢喜(*Sloanea sterculiacea*)、角柄厚皮香(*Ternstroemia biangulipes*)、水红木等。

灌木层常见种：针齿铁仔、尼泊尔野桐（*Mallotus nepalensis*）、缅甸方竹（*Chimonobambusa armata*）、梗花粗叶木（*Lasianthus biermannii*）等。

草本层常见种：大叶鳞毛蕨、雾水葛、象南星（*Arisaema elephas*）、宽叶兔耳风（*Ainsliaea latifolia*）等。

1.3.14.4 薄片青冈、硬斗柯、南亚含笑群落（*Cyclobalanopsis lamellosa*，*Lithocarpus hancei*，*Michelia doltsopa* Comm.）

分布：高黎贡山。海拔：2000~2400m。

乔木层常见种：薄片青冈、硬斗柯、南亚含笑、滇西冬青（*Ilex forrestii*）、银木荷、多变柯、贡山木荷（*Schima sericans*）、俅江青冈（*Cyclobalanopsis kiukiangensis*）等。

灌木层常见种：针齿铁仔、独龙柃（*Eurya taronensis*）、水红木、显脉荚蒾（*Viburnum nervosum*）、云南绣线梅（*Neillia serratisepala*）、尖子木、尼泊尔水东哥（*Saurauia napaulensis*）等。

草本层常见种：乌毛蕨（*Blechnum orientale*）、宽叶楼梯草（*Elatostema platyphyllum*）、橙花开口箭（*Campylandra aurantiaca*）、延龄草（*Trillium tschonoskii*）等。

1.3.15 滇西青冈林（Form. *Cyclobalanopsis lobbii*）

1.3.15.1 滇西青冈、长梗润楠群落（*Cyclobalanopsis lobbii*，*Machilus duthiei* Comm.）

分布：高黎贡山独龙江。海拔：1500~1700m。

乔木层常见种：滇西青冈、长梗润楠、红花木莲、西藏山茉莉（*Huodendron tibeticum*）、贡山猴欢喜、云南鹅耳枥（*Carpinus monbeigiana*）、硬斗柯、针齿铁仔、领春木（*Euptelea pleiosperma*）等。

灌木层常见种：针齿铁仔、滇西青冈、金珠柳（*Maesa montana* ）、西域青荚叶、老鸦糊等。

草本层常见种：顶芽狗脊蕨（*Woodwardia unigemmata*）、山蒟（*Piper hancei*）、软雀花（*Sanicula elata*）、竹叶草（*Oplismenus compositus*）等。

1.3.16 曼青冈林（Form. *Cyclobalanopsis oxyodon*）

1.3.16.1 曼青冈、贡山木莲群落（*Cyclobalanopsis oxyodon*，*Manglietia kungshanenis* Comm.）

分布：高黎贡山独龙江。海拔：2300~2500m。

乔木层常见种：曼青冈、贡山木莲、长梗润楠、印度木荷、光叶拟单性木兰（*Parakmeria nitida*）、三椏乌药（*Lindera obtusiloba*）、穗序鹅掌柴、西藏山茉莉等。

灌木层常见种：领春木、乔木茵芋、凸尖杜鹃（*Rhododendron sinogrande*）、云南山梅花（*Philadelphus delavayi*）、毛叶木姜子（*Litsea mollis*）等。

草本层常见种：钝叶楼梯草、板凳果（*Pachysandra axillaris*）、倒挂铁角蕨（*Aspleni-*

um normale)等。

1.3.16.2 油麦吊云杉、曼青冈群落(*Picea brachytyla* var. *complanata*, *Cyclobalanopsis oxyodon* Comm.)

分布：高黎贡山独龙江。海拔：2300~2500m。

乔木层常见种：油麦吊云杉、曼青冈、刺叶冬青(*Ilex bioritsensis*)、苦树(*Picrasma quassioides*)、小果朴(*Celtis cerasifera*)、高山三尖杉(*Cephalotaxus fortunei* var. *alpina*)等。

灌木层常见种：羽脉野扇花(*Sarcococca hookeriana*)、蓝黑果荚蒾(*Viburnum atrocyaneum*)、苦树、梁王茶等。

草本层常见种：沿阶草、疏晶楼梯草(*Elatostema hookerianum*)、毛轴对囊蕨(*Deparia hirtirachis*)、一把伞南星(*Arisaema erubescens*)等。

1.3.16.3 曼青冈、高山三尖杉群落(*Cyclobalanopsis oxyodon*, *Cephalotaxus fortunei* var. *alpina* Comm.)

分布：高黎贡山。海拔：2400~2600m。

乔木层常见种：曼青冈、高山三尖杉、油麦吊云杉、华山松、云南黄果冷杉(*Abies ernestii* var. *salouenensis*)、亮叶桦(*Betula luminifera*)、水青树、尼泊尔桤木、领春木等。

灌木层常见种：水红木、针齿铁仔、异叶梁王茶(*Metapanax davidii*)、中华青荚叶(*Helwingia chinensis*)等。

草本层常见种：粉背瘤足蕨、大羽鳞毛蕨、顶芽狗脊蕨等。

1.3.16.4 曼青冈、红花木莲群落(*Cyclobalanopsis oxyodon*, *Manglietia insignis* Comm.)

分布：高黎贡山。海拔：2200~2500m。

乔木层常见种：曼青冈、红花木莲、团花新木姜子、长梗润楠、绒毛红花荷(*Rhodoleia forrestii*)、长尾冬青(*Ilex longecaudata*)、泡花树(*Meliosma cuneifolia*)、薄叶山矾(*Symplocos anomala*)、薄叶马银花等。

灌木层常见种：百两金(*Ardisia crispa*)、针齿铁仔、带鞘箭竹、红花木莲、团花新木姜子等。

草本层常见种：粉背瘤足蕨、大羽鳞毛蕨、顶芽狗脊蕨等。

1.3.16.5 曼青冈、多变柯群落(*Cyclobalanopsis oxyodon*, *Lithocarpus variolosus* Comm.)

分布：高黎贡山。海拔：2500~2800m。

乔木层常见种：曼青冈、多变柯、银木荷、硬斗柯、泥柯(*Lithocarpus fenestratus*)、水红木、长尾冬青等。

灌木层常见种：羽脉野扇花(*Sarcococca hookeriana*)、疏花卫矛(*Euonymus laxiflorus*)、滇瑞香(*Daphne feddei*)、常春木(*Merrilliopanax listeri*)等。

草本层常见种：毛轴蕨、密叶瘤足蕨、大叶鳞毛蕨、细裂耳蕨(*Polystichum wattii*)、大里白(*Diplopterygium giganteum*)等。

1.3.17 青冈林(Form. *Cyclobalanopsis glauca*)

1.3.17.1 青冈、瑞丽蓝果树、小果锥群落(*Cyclobalanopsis glauca*, *Nyssa shweliensis*, *Castanopsis fleuryi* Comm.)

分布：红河阿姆山。海拔：1950~2150m。

乔木层常见种：青冈、瑞丽蓝果树、小果锥、思茅锥(*Castanopsis ferox*)、红木荷(*Schima wallichii*)、思茅厚皮香(*Ternstroemia simaoensis*)、白穗柯(*Lithocarpus craibianus*)、假鹊肾树(*Streblus indicus*)、云南紫茎(*Stewartia calcicola*)、蒙自桂花(*Osmanthus henryi*)、树参(*Dendropanax dentiger*)、厚皮香、多花含笑等。

灌木层常见种：金平玉山竹(*Yushania bojieiana*)、三花假卫矛(*Microtropis triflora*)、朱砂根(*Ardisia crenata*)、腺柄山矾(*Symplocos adenopus*)、针齿铁仔、疏花卫矛等。

草本层常见种：沿阶草、南亚鳞毛蕨(*Dryopteris pseudocaenopteris*)、四回毛枝蕨(*Arachniodes quadripinnata*)、弯蕊开口箭(*Campylandra wattii*)、距花万寿竹(*Disporum calcaratum*)、浆果薹草(*Carex baccans*)、疏羽耳蕨(*Polystichum disjunctum*)等。

1.3.17.2 青冈、印度木荷群落(*Cyclobalanopsis glauca*, *Schima khasiana* Comm.)

分布：高黎贡山独龙江。海拔：2100~2400m。

乔木层常见种：青冈、印度木荷、薄片青冈、俅江青冈、长穗桦(*Betula cylindrostachya*)、青榨槭(*Acer davidii*)等。

灌木层常见种：光蕊杜鹃(*Rhododendron coryanum*)、独龙江玉山竹(*Yushania farcticaulis*)、尼泊尔桤木、长梗润楠、多花山矾、珍珠花、杨叶木姜子等。

草本层常见种：粉背瘤足蕨(*Plagiogyria glauca*)、烟管头草(*Carpesium cernuum*)、大花蔓龙胆(*Crawfurdia angustata*)、宽穗兔耳风、火碳母、竹叶草(*Oplismenus compositus*)、夏枯草(*Prunella vulgaris*)、石松(*Lycopodium japonicum*)等。

1.3.17.3 青冈、秃杉群落(*Cyclobalanopsis glauca*, *Taiwania cryptomerioides* Comm.)

分布：高黎贡山独龙江。海拔：2100~2400m。

乔木层常见种：秃杉、青冈、光叶拟单性木兰(*Parakmeria nitida*)、白穗柯、滇润楠(*Machilus yunnanensis*)等。

灌木层常见种：常春木(*Merrilliopanax listeri*)、珂南树(*Meliosma alba*)、尼泊尔十大功劳(*Mahonia napaulensis*)、西域青荚叶(*Helwingia himalaica*)、针齿铁仔等。

草本层常见种：粉背瘤足蕨(*Plagiogyria glauca*)、密叶瘤足蕨、沿阶草、倒挂铁角蕨(*Asplenium normale*)、锐齿凤仙花(*Impatiens arguta*)等。

1.3.17.4 青冈、硬斗柯群落(*Cyclobalanopsis glauca*, *Lithocarpus hancei* Comm.)

分布：高黎贡山。海拔：2100~2600m。

乔木层常见种：青冈、硬斗柯、银木荷、绿叶润楠(*Machilus viridis*)、柴桂(*Cinnamomum tamala*)、多变柯、泥柯(*Lithocarpus fenestratus*)、龙陵新木姜子(*Neolitsea lunglingensis*)等。

灌木层常见种：针齿铁仔、厚皮香、贡山润楠(*Machilus gongshanensis*)、马蹄荷、乔木茵芋、团花新木姜子、枝花流苏树(*Chionanthus ramiflorus*)等。

草本层常见种：密叶瘤足蕨、长叶兰(*Cymbidium erythraeum*)、南亚鳞毛蕨(*Dryopteris pseudocaenopteris*)、花南星(*Arisaema lobatum*)等。

1.3.17.5 青冈、多变柯、银木荷群落(*Cyclobalanopsis glauca*, *Lithocarpus variolosus*, *Schima argentea* Comm.)

分布：高黎贡山。海拔：2500~2800m。

乔木层常见种：青冈、多变柯、银木荷、水红木、绿叶润楠、薄叶马银花(*Rhododendron leptothrium*)、尼泊尔桤木等。

灌木层常见种：针齿铁仔、箭竹(*Fargesia sp.*)、野扇花(*Sarcococca ruscifolia*)、山鸡椒(*Litsea cubeba*)等。

草本层常见种：欧洲凤尾蕨(*Pteris cretica*)、粉背瘤足蕨(*Plagiogyria media*)、球果假水晶兰(*Monotropastrum humile*)、鳞轴小膜盖蕨(*Araiostegia perdurans*)等。

1.3.17.6 青冈、银木荷、红花木莲群落(*Cyclobalanopsis glauca*, *Schima argentea*, *Manglietia insignis* Comm.)

分布：高黎贡山。海拔：1900~2300m。

乔木层常见种：青冈、银木荷、红木花莲、细毛润楠(*Machilus tenuipilis*)、红淡比(*Cleyera japonica*)、绒毛红花荷(*Rhodoleia forrestii*)、硬斗柯、野八角、多沟杜英、常春木等。

灌木层常见种：带鞘箭竹、针齿铁仔、窄叶杜鹃(*Rhododendron araiophyllum*)、厚皮香、虎刺等。

草本层常见种：瘤足蕨、沿阶草、耳蕨等。

1.3.18 俅江青冈林(Form. *Cyclobalanopsis kiukiangensis*)

1.3.18.1 俅江青冈、细毛润楠群落(*Cyclobalanopsis kiukiangensis*, *Machilus tenuipilis* Comm.)

分布：高黎贡山独龙江。海拔：1400~2000m。

乔木层常见种：俅江青冈、细毛润楠、毛曼青冈(*Cyclobalanopsis gambleana*)、红花木莲、印度木荷、马蹄荷、西藏山茉莉(*Huodendron tibeticum*)等。

灌木层常见种：针齿铁仔、坚木山矾、偏瓣花(*Plagiopetalum esquirolii*)、乌饭叶菝菝(*Smilax myrtillus*)、虎刺、白瑞香、常春木(*Merrilliopanax listeri*)等。

草本层常见种：铁角蕨(*Asplenium trichomanes*)、食用观音座莲(*Angiopteris esculenta*)、舞花姜(*Globba racemosa*)、大里白、南亚鳞毛蕨(*Dryopteris pseudocaenopteris*)、沿阶草等。

1.3.18.2 俅江青冈、毛曼青冈群落(*Cyclobalanopsis kiukiangensis*, *Cyclobalanopsis gambleana* Comm.)

分布：高黎贡山。海拔：1600~2000m。

乔木层常见种：俅江青冈、毛曼青冈、细毛润楠、贡山润楠(*Machilus gongshanensis*)、长梗润楠、印度木荷、马蹄荷、绒毛红花荷(*Rhodoleia forrestii*)、西藏山茉莉(*Huodendron tibeticum*)等。

灌木层常见种：偏瓣花、纽子果(*Ardisia virens*)、乌饭叶菝葜、美果九节(*Psychotria calocarpa*)、虎刺、常春木、空心箭竹(*Fargesia edulis*)等。

草本层常见种：铁角蕨、里白(*Diplopterygium glaucum*)、食用莲座蕨(*Angiopteris esculenta*)、南亚鳞毛蕨(*Dryopteris pseudocaenopteris*)、密叶瘤足蕨、兖州卷柏等。

1.3.19 龙迈青冈林(Form. *Cyclobalanopsis lungmaiensis*)

1.3.19.1 龙迈青冈、长梗润楠群落(*Cyclobalanopsis lungmaiensis*, *Machilus duthiei* Comm.)

分布：高黎贡山独龙江。海拔：1700~1900m。

乔木层常见种：龙迈青冈、长梗润楠、三股筋香、厚叶柯(*Lithocarpus pachyphyllus*)、尼泊尔桤木等。

灌木层常见种：多脉水东哥(*Saurauia polyneura*)、西南绣球(*Hydrangea davidii*)、猫儿屎(*Decaisnea insignis*)、小铁仔(*Myrsine africana*)、云南金叶子(*Craibiodendron yunnanense*)等。

草本层常见种：臭节草(*Boenninghausenia albiflora*)、蛇莓(*Duchesnea indica*)、卷叶黄精(*Polygonatum cirrhifolium*)、金荞麦(*Fagopyrum dibotrys*)、粗齿冷水花、糯米团(*Gonostegia hirta*)、大车前(*Plantago major*)等。

1.3.20 扁刺锥林(Form. *Castanopsis platyacantha*)

1.3.20.1 扁刺锥、钝齿木荷、短柱柃群落(*Castanopsis platyacantha*, *Schima crenata*, *Eurya brevistyla* Comm.)

分布：滇东北。海拔：1600~2000m。

乔木层常见种：扁刺锥、钝齿木荷、短柱柃、米心水青冈(*Fagus engleriana*)、小叶青冈、川滇木莲(*Manglietia duclouxii*)、粗壮琼楠(*Beilschmiedia robusta*)、红桦(*Betula albosinensis*)等。

灌木层常见种：筇竹（*Chimonobambusa tumidissinoda*）、西藏钓樟（*Lindera pulcherrima*）、黄丹木姜子、西南绣球（*Hydrangea davidii*）、珠砂根、西域青荚叶、薄叶山矾（*Symplocos anomala*）等。

草本层常见种：连药沿阶草（*Ophiopogon bockianus*）、华中瘤足蕨（*Plagiogyria euphlebia*）、鳞轴双盖蕨（*Diplazium hirtipes*）、吉祥草（*Reineckea carnea*）、星果草（*Asteropyrum peltatum*）、黄水枝（*Tiarella polyphylla*）、肉穗草（*Sarcopyramis bodinieri*）等。

1.3.20.2 扁刺锥、米心水青冈、鸭公树群落（*Castanopsis platyacantha*, *Fagus engleriana*, *Neolitsea chui* Comm.）

分布：滇东北。海拔：1600~1800m。

乔木层常见种：扁刺锥、米心水青冈、鸭公树（*Neolitsea chui*）、五裂槭（*Acer oliverianum*）、光叶珙桐（*Davidia involucrata* var. *vilmoriniana*）、白檀（*Symplocos paniculata*）、短柱柃（*Eurya brevistyla*）、木瓜红（*Rehderodendron macrocarpum*）、硬斗柯等。

灌木层常见种：筇竹、展枝玉叶金花（*Mussaenda divaricata*）、三叶荚蒾（*Viburnum ternatum*）等。

草本层常见种：鳞轴双盖蕨、翅轴蹄盖蕨（*Athyrium delavayi*）、耳形瘤足蕨（*Plagiogyria stenoptera*）、碗蕨（*Dennstaedtia scabra*）、黄金凤、锦香草（*Phyllagathis cavaleriei*）等。

1.3.20.3 扁刺锥、包果柯、三脉水丝梨群落（*Castanopsis platyacanth*, *Lithocarpus cleistocarpus*, *Sycopsis triplinervia* Comm.）

分布：滇东北。海拔：1600~1800m。

乔木层常见种：扁刺锥、包果柯、三脉水丝梨、五裂槭、钝齿木荷、吴茱萸叶五加、红桦、付萼花楸（*Sorbus coronata*）、木瓜红等。

灌木层常见种：筇竹、桃叶珊瑚（*Aucuba chinensis*）、野八角（*Illicium simonsii*）、黄丹木姜子、西南绣球、云南冬青（*Ilex yunnanensis*）、黄花杜鹃（*Rhododendron lutescens*）、显脉荚蒾（*Viburnum nervosum*）等。

草本层常见种：山酢浆草、心叶双蝴蝶（*Tripterospermum cordifolioides*）、鳞轴双盖蕨、开口箭、窄瓣鹿药（*Maianthemum tatsienense*）、小叶楼梯草（*Elatostema parvum*）等。

1.3.21 疏齿锥林（Form. *Castanopsis remotidenticulata*）

1.3.21.1 疏齿锥、硬斗柯、中缅木莲群落（*Castanopsis remotidenticulata*, *Lithocarpus hancei*, *Manglietia hookeri* Comm.）

分布：红河阿姆山。海拔：2350~2400m。

乔木层常见种：疏齿锥、硬斗柯、中缅木莲、红花木莲、西畴润楠（*Machilus sichourensis*）、小果冬青（*Ilex micrococca*）、光叶柯（*Lithocarpus mairei*）、杜鹃（*Rhododendron simsii*）、厚皮香、五室连蕊茶（*Camellia stuartiana*）、圆叶珍珠花、云南木樨榄（*O-*

lea tsoongii）、老挝杜英、短梗新木姜子（*Neolitsea brevipes*）等。

灌木层常见种：东方古柯（*Erythroxylum sinense*）、腺柄山矾（*Symplocos adenopus*）、樟叶泡花树（*Meliosma squamulata*）、乔木茵芋（*Skimmia arborescens*）、云南含笑（*Michelia yunnanensis*）、托柄菝葜（*Smilax discotis*）、马甲菝葜（*Smilax lanceifolia*）等。

草本层常见种：中越蹄盖蕨（*Athyrium christensenii*）、羊齿天门冬（*Asparagus filicinus*）、弯蕊开门箭（*Campylandra wattii*）、浆果薹草、白木通（*Akebia trifoliata* subsp. *australis*）、扶芳藤（*Euonymus fortunei*）等。

1.3.21.2　疏齿锥、木果柯、厚叶柯群落（*Castanopsis remotidenticulata*，*Lithocarpus xylocarpus*，*Lithocarpus pachyphyllus* Comm.）

分布：哀牢山。海拔：2400~2600m。

乔木层常见种：疏齿锥、木果柯、厚叶柯、翅柄紫茎、绿叶润楠、连蕊茶（*Camellia cuspidata*）、厚皮香、红花木莲等。

灌木层常见种：刺通草（*Trevesia palmata*）、乔木茵芋、朱砂根、尼泊尔十大功劳（*Mahonia napaulensis*）等。

草本层常见种：密叶瘤足蕨、四回毛枝蕨（*Arachniodes quadripinnata*）、欧洲凤尾蕨、毛轴蕨等。

1.3.21.3　疏齿锥、银木荷、木果柯群落（*Castanopsis remotidenticulata*，*Schima argentea*，*Lithocarpus xylocarpus* Comm.）

分布：哀牢山。海拔：2200~2600m。

乔木层常见种：疏齿锥、银木荷、木果柯、硬斗柯、吴茱萸叶五加、截果柯（*Lithocarpus truncatus*）等。

灌木层常见种：箭竹（*Fargesia sp.*）、清香木姜子（*Litsea mollis*）、尖子木、长苞十大功劳（*Mahonia longibracteata*）、云南木樨榄（*Olea tsoongii*）等。

草本层常见种：密叶瘤足蕨、南亚鳞毛蕨（*Dryopteris pseudocaenopteris*）、大叶角蕨（*Cornopteris major*）、欧洲凤尾蕨、骤尖楼梯草（*Elatostema cuspidatum*）等。

1.3.21.4　疏齿锥、硬斗柯、银木荷群落（*Castanopsis remotidenticulata*，*Lithocarpus hancei*，*Schima argentea* Comm.）

分布：哀牢山。海拔：2200~2600m。

乔木层常见种：疏齿锥、硬斗柯、银木荷、木果柯、绿叶润楠、红花木莲、圆叶珍珠花（*Lyonia doyonensis*）等。

灌木层常见种：箭竹（*Fargesia sp.*）、乔木茵芋、华南毛柃（*Eurya ciliata*）、长苞十大功劳（*Mahonia longibracteata*）、青荚叶（*Helwingia japonica*）、细齿桃叶珊瑚（*Aucuba chlorascens*）等。

草本层常见种：欧洲凤尾蕨、密叶瘤足蕨、沿阶草、毛轴蕨、白接骨（*Asystasia neesiana*）、羊齿天门冬（*Asparagus filicinus*）等。

1.3.21.5 疏齿锥、柳叶润楠、长梗润楠群落(*Castanopsis remotidenticulata*, *Machilus salicina*, *Machilus duthiei* Comm.)

分布：哀牢山。海拔：2200~2600m。

乔木层常见种：疏齿锥、柳叶润楠、长梗润楠、尖叶桂英(*Laurocerasus undulata*)、毛花槭(*Acer erianthum*)、红花木莲、大八角(*Illicium majus*)等。

灌木层常见种：尖子木、云南木姜子(*Litsea yunnanensis*)、长毛楠(*Phoebe forrestii*)、滇山茶(*Camellia reticulata*)、华南毛柃、珠砂根、箭竹(*Fargesia sp.*)等。

草本层常见种：大叶冷水花(*Pilea martini*)、密叶瘤足蕨、骤尖楼梯草等。

1.3.21.6 疏齿锥、小果锥、显脉红花荷群落(*Castanopsis remotidenticulata*, *Castanopsis fleuryi*, *Rhodoleia henryi* Comm.)

分布：金平分水岭西隆山林区。海拔：2300~2700m。

乔木层常见种：疏齿锥、小果锥、显脉红花荷、假楠叶冬青(*Ilex pseudomachilifolia*)、柴桂、截果柯、多花含笑、中缅八角(*Illicium burmanicum*)、锈叶杜鹃(*Rhododendron siderophyllum*)等。

灌木层常见种：茶梨(*Anneslea fragrans*)、越南吊钟花(*Enkianthus ruber*)、粗毛杨桐(*Adinandra hirta*)、鹅掌柴(*Schefflera heptaphylla*)、方茎假卫矛(*Microtropis tetragona*)等。

草本层常见种：沿阶草、南亚鳞毛蕨(*Dryopteris pseudocaenopteris*)、日本狗脊蕨(*Woodwardia japonica*)等。

1.3.22 变色锥林(Form. *Castanopsis wattii*)

1.3.22.1 变色锥、木果柯、小花红花荷群落(*Castanopsis wattii*, *Lithocarpus xylocarpus*, *Rhodoleia parvipetala* Comm.)

分布：金平分水岭西隆山林区。海拔：2400~2500m。

乔木层常见种：变色锥、木果柯、小花红花荷、刀把木(*Cinnamomum pittosporoides*)、华木荷(*Schima sinensis*)、吴茱萸叶五加、野八角等。

灌木层常见种：尖瓣瑞香(*Daphne acutiloba*)、柄果海桐(*Pittosporum podocarpum*)、檀梨、腺柄山矾(*Symplocos adenopus*)、疏花卫矛等。

草本层常见种：间型沿阶草(*Ophiopogon intermedius*)、剑叶开口箭、密叶瘤足蕨(*Plagiogyria pycnophylla*)、越南异形木(*Allomorphia baviensis*)等。

1.3.23 银叶锥林(Form. *Castanopsis argyrophylla*)

1.3.23.1 银叶锥、银木荷、珍珠花群落(*Castanopsis argyrophylla*, *Schima argentea*, *Lyonia ovalifolia* Comm.)

分布：龙陵小黑山。海拔：1900~2300m。

乔木层常见种：银叶锥、银木荷、珍珠花、毛杨梅(*Myrica esculenta*)、厚皮香等。

灌木层常见种：光叶柯(*Lithocarpus mairei*)、云南松、云南金叶子、美丽马醉木(*Pieris formosa*)、南烛(*Vaccinium bracteatum*)、滇白珠(*Gaultheria leucocarpa* var. *yunnanensis*)、岗柃(*Eurya groffii*)等。

草本层常见种：白茅(*Imperata cylindrica* var. *major*)、星毛金锦香(*Osbeckia stellata*)、獐牙菜(*Swertia bimaculata*)、毛轴蕨等。

1.3.23.2 银叶锥、厚皮香、南烛群落(*Castanopsis argyrophylla*, *Ternstroemia gymnanthera*, *Vaccinium bracteatum* Comm.)

分布：龙陵小黑山。海拔：1900~2300m。

乔木层常见种：银叶锥、厚皮香、木果柯(*Lithocarpus xylocarpus*)、南烛等。

灌木层常见种：云南金叶子、美丽马醉木、光叶柯(*Lithocarpus mairei*)、云南松、江南越橘(*Vaccinium mandarinorum*)、滇白珠、岗柃等。

草本层常见种：鳞毛蕨、过路黄(*Lysimachia christiniae*)、白茅、星毛金锦香、獐牙菜、毛轴蕨等。

1.3.24 巴东栎林(Form. *Quercus engleriana*)

1.3.24.1 巴东栎、光叶珙桐群落(*Quercus engleriana*, *Davidia involucrata* var. *vilmoriniana* Comm.)

分布：高黎贡山独龙江。海拔：2000~2500m。

乔木层常见种：巴东栎、光叶珙桐、亚东杨(*Populus yatungensis*)、红柴枝(*Meliosma oldhamii*)、中国苦树、刺叶冬青(*Ilex bioritsensis*)、长梗润楠(*Machilus duthiei*)、小叶山梅花(*Philadelphus kunmingensis* var. *parvifolius*)等。

灌木层常见种：城口马蓝(*Strobilanthes flexa*)、野扇花、冷地卫矛(*Euonymus frigidus*)、刺叶冬青、长梗润楠等。

草本层常见种：疏晶楼梯草(*Elatostema hookerianum*)、沿阶草、大羽鳞毛蕨(*Dryopteris wallichiana*)、粗齿冷水花(*Pilea sinofasciata*)等。

1.3.24.2 巴东栎、喜马拉雅红豆杉群落(*Quercus engleriana*, *Taxus wallichiana* Comm.)

分布：高黎贡山独龙江。海拔：2000~2500m。

乔木层常见种：巴东栎、喜马拉雅红豆杉、曼青冈、滇藏玉兰(*Yulania campbellii*)等。

灌木层常见种：三股筋香、城口马蓝、独龙十大功劳(*Mahonia taronensis*)、多花山矾(*Symplocos ramosissima*)、野扇花等。

草本层常见种：粉背瘤足蕨、顶果鳞毛蕨(*Dryopteris apiciflora*)、假楼梯草(*Lecanthus peduncularis*)、美丽南星(*Arisaema speciosum*)、钟花蓼(*Polygonum campanulatum*)、

黄花油点草(*Tricyrtis pilosa*)等。

1.3.25 红花木莲林(Form. *Manglietia insignis*)

1.3.25.1 红花木莲、多花含笑、银木荷群落(*Manglietia insignis*, *Michelia floribunda*, *Schima argentea* Comm.)

分布：古林箐。海拔：1700~1900m。

乔木层常见种：红花木莲、多花含笑、银木荷、长蕊木兰(*Alcimandra cathcartii*)、马蹄荷(*Exbucklandia populnea*)、厚皮香、凹脉柃(*Eurya impressinervis*)等。

灌木层常见种：方竹、卵叶珍珠花、美丽马醉木、荷包山桂花、野牡丹(*Melastoma malabathricum*)、珠砂根、尖子木等。

草本层常见种：碗蕨(*Dennstaedtia scabra*)、姬蕨(*Hypolepis punctata*)、栗蕨(*Histiopteris incisa*)、假镰羽双盖蕨(*Diplazium petrii*)、篦齿双盖蕨(*Diplazium hirsutipes*)等。

1.3.26 野八角林(Form. *Illicium simonsii*)

1.3.26.1 野八角、长尖叶蔷薇群落(*Illicium simonsii*, *Rosa longicuspis* Comm.)

分布：轿子雪山。海拔：2500~2900m。

乔木层常见种：野八角等。

灌木层常见种：斑鞘玉山竹(*Yushania maculata*)、长尖叶蔷薇、大白杜鹃、毛株(*Cornus walteri*)、多变柯、山鸡椒、光叶泡花树(*Meliosma cuneifolia* var. *glabriuscula*)、光亮山矾(*Symplocos lucida*)等。

草本层常见种：黄毛草莓、大锥剪股颖(*Agrostis brachiata*)、头花蓼(*Polygonum capitatum*)、黑足金粉蕨(*Onychium cryptogrammoides*)、食用双盖蕨(*Diplazium esculentum*)、百脉根(*Lotus corniculatus*)、紫雀花(*Parochetus communis*)等。

1.3.27 尾叶琼楠林(Form. *Beilschmiedia longicaudata*)

1.3.27.1 尾叶琼楠、针齿铁仔、团花新木姜子群落(*Beilschmiedia longicaudata*, *Myrsine semiserrata*, *Neolitsea homilantha* Comm.)

分布：临沧邦东大雪山。海拔：2500~2700m。

乔木层常见种：尾叶琼楠、针齿铁仔、团花新木姜子、多沟杜英、假香冬青(*Ilex wattii*)、红花木莲、小花八角(*Illicium micranthum*)、云南连蕊茶、长梗润楠等。

灌木层常见种：光亮玉山竹(*Yushania levigata*)、乔木茵芋、江南越橘、窄叶枇杷(*Eriobotrya henryi*)、小花八角、多花山矾、瑞丽鹅掌柴、细齿叶柃、西域青荚叶等。

草本层常见种：粉背瘤足蕨、稀子蕨(*Monachosorum henryi*)、沿阶草、弯蕊开口箭、鱼鳞蕨(*Acrophorus stipellatus*)、黄金凤、匍匐酸藤子(*Embelia procumbens*)、平卧蓼(*Polygonum strindbergii*)等。

1.3.28 银木荷林(Form. *Schima argentea*)

1.3.28.1 银木荷、木果柯、南烛群落(*Schima argentea*, *Lithocarpus xylocarpus*, *Vaccinium bracteatum* Comm.)

分布：龙陵小黑山。海拔：2000~2100m。

乔木层常见种：银木荷、木果柯、南烛、西南桦(*Betula alnoides*)、水锦树(*Wendlandia uvariifolia*)、毛银柴(*Aporosa villosa*)、茶梨、森林榕(*Ficus neriifolia*)、香桂(*Cinnamomum subavenium*)、双核枸骨(*Ilex dipyrena*)等。

灌木层常见种：光叶柯、毛杨梅(*Myrica esculenta*)、水红木、柳叶金叶子(*Craibiodendron henryi*)、岗柃等。

草本层常见种：里白(*Diplopterygium glaucum*)、爬树龙(*Rhaphidophora decursiva*)、狼杷草(*Bidens tripartita*)、石松等。

1.3.28.2 银木荷、硬斗柯、壶壳柯群落(*Schima argentea*, *Lithocarpus hancei*, *Lithocarpus echinophorus* Comm.)

分布：无量山。海拔：2000~2500m。

乔木层常见种：银木荷、硬头柯、壶壳柯、八角枫(*Alangium chinense*)、多花含笑、尼泊尔桤木等。

灌木层常见种：针齿铁仔、瑞丽紫金牛(*Ardisia shweliensis*)、薄叶马银花(*Rhododendron leptothrium*)、长柱十大功劳(*Mahonia duclouxiana*)等。

草本层常见种：密叶瘤足蕨(*Plagiogyria pycnophylla*)、南亚鳞毛蕨(*Dryopteris pseudocaenopteris*)、书带蕨(*Haplopteris flexuosa*)、蕗蕨(*Hymenophyllum badium*)等。

1.3.29 马蹄荷林(Form. *Exbucklandia populnea*)

1.3.29.1 马蹄荷、长梗润楠群落(*Exbucklandia populnea*, *Machilus duthiei* Comm.)

分布：高黎贡山独龙江。海拔：1700~1900m。

乔木层常见种：马蹄荷、长梗润楠、裂果漆(*Toxicodendron griffithii*)、三股筋香、猫儿屎、多脉水东哥、领春木、印度木荷等。

灌木层常见种：马桑绣球(*Hydrangea aspera*)、瓦山安息香(*Styrax perkinsiae*)、长叶水麻(*Debregeasia longifolia*)、箭竹(*Fargesia sp.*)等。

草本层常见种：宽叶荨麻(*Urtica laetevirens*)、独龙江雪胆(*Hemsleya dulongjiangensis*)、大蝎子草(*Girardinia diversifolia*)、竹叶草、大车前、大苞鸭跖草(*Commelina paludosa*)、尼泊尔老鹳草(*Geranium nepalense*)、土牛膝(*Achyranthes aspera*)、羽叶蓼(*Polygonum runcinatum*)、稀子蕨等。

1.3.30 水青树林(Form. *Tetracentron sinense*)

1.3.30.1 水青树、红花木莲、尾叶琼楠群落(*Tetracentron sinense*, *Manglietia insignis*, *Beilschmiedia longicaudata* Comm.)

分布：临沧邦东大雪山。海拔：2400~2700m。

乔木层常见种：水青树、红花木莲、尾叶琼楠、硬斗柯、木果柯、印度木荷、齿叶枇杷(*Eriobotrya serrata*)、细齿稠李(*Padus obtusata*)、纸叶虎皮楠、团花新木姜子等。

灌木层常见种：狭叶桃叶珊瑚(*Aucuba chinensis* var. *angusta*)、盘叶罗伞(*Brassaiopsis fatsioides*)、怒江山茶(*Camellia saluenensis*)、阿里山十大功劳、梨叶悬钩子(*Rubus pirifolius*)、针齿铁仔等。

草本层常见种：石菖蒲(*Acorus gramineus*)、宽叶兔儿风、溪畔落新妇(*Astilbe rivularis*)、横脉万寿竹(*Disporum trabeculatum*)、山一笼鸡(*Strobilanthes aprica*)、多岐楼梯草(*Elatostema polystachyoides*)、绞股蓝(*Gynostemma pentaphyllum*)等。

1.3.31 秃杉林(Form. *Taiwania cryptomerioides*)

1.3.31.1 秃杉、西藏山茉莉、青冈群落(*Taiwania cryptomerioides*, *Huodendron tibeticum*, *Cyclobalanopsis glauca* Comm.)

分布：高黎贡山。海拔：1800~2500m。

乔木层常见种：秃杉、西藏山茉莉、青冈、马蹄荷、银木荷、泥柯、硬斗柯、红锥、贡山润楠(*Machilus gongshanensis*)等。

灌木层常见种：盘叶罗伞(*Brassaiopsis fatsioides*)、针齿铁仔、珠砂根等。

草本层常见种：板凳果、密果耳蕨(*Polystichum pycnopterum*)、欧洲凤尾蕨、弯蕊开口箭(*Campylandra wattii*)、竹叶草(*Oplismenus compositus*)等。

1.3.32 贡山棕榈林(Form. *Trachycarpus princeps*)

1.3.32.1 贡山棕榈群落(*Trachycarpus princeps* Comm.)

分布：高黎贡山。海拔：1600~1800m。

乔木层常见种：贡山棕榈、华中樱桃(*Cerasus conradinae*)、云南松等。

灌木层常见种：花楸(*Sorbus* sp.)、栒子(*Cotoneaster* sp.)、绣线菊(*Spiraea* sp.)等。

草本层常见种：拟金茅(*Eulaliopsis binata*)、小草砂蚕(*Tripogon filiformis*)、蜈蚣蕨(*Pteris vittata*)、宽叶金茅(*Eulalia siamensis* var. *latifolia*)、旱茅(*Schizachyrium delavayi*)等。

1.4 高黎贡山中山湿性常绿阔叶林的特征及保护生物学意义

中山湿性常绿阔叶林在高黎贡山常连片分布于海拔2000~2600m范围的高山狭谷

中，范围广、面积大，是构成中山山地植被景观的主体，其生境温凉湿润、空气湿度大。林下土壤主要为黄棕壤，其次为棕壤和黄红壤。其分布区大都地势陡峭，人为干扰少，多为保存较完整的原始林。林内树种组成以喜温凉、湿润的柯属［如多变柯（*Lithocarpus variolosus*）、硬斗柯（*Lithocarpus hancei*）］、青冈属［如青冈（*Cyclobalanopsis glauca*）、曼青冈（*Cyclobalanopsis oxyodon*）、薄片青冈（*Cyclobalanopsis lamellosa*）、俅江青冈（*Cyclobalanopsis kiukiangensis*）等］种类为优势，同时还有樟科的多种润楠属（*Machilus*）、新木姜子属（*Neolitsea*）、樟属（*Cinnamomum*）、山胡椒属（*Lindera*）、木姜子属（*Litsea*），木兰科的木莲属（*Manglietia*）、含笑属（*Michelia*）、长蕊木兰属（*Alcimandra*），茶科的木荷属（*Schima*）、山茶属（*Camellia*）等混生。林内苔藓、地衣及各种木本附生植物发达，一般从树基至树梢，甚至叶片上都长满了附生植物。另一方面，由于山体高大山系狭长且地面起伏剧烈，气候、土壤垂直变化明显，不同海拔带的植被又存在结构与组成等方面的差异，森林类型极具复杂性与多样性。

根据不同的优势树种及生境条件，高黎贡山中山湿性常绿阔叶林至少可划分出 8 个群系，其中以青冈、润楠林分布最广、面积最大。青冈、润楠林林冠整齐而浓绿，上层乔木高大茂密，优势种明显，混生种类也较多，林下箭竹密生。附生植物除丰富的苔藓植物外，兰科、苦苣苔科和蕨类植物也十分丰富。群落层次结构，大体可分为乔木上层、乔木下层、灌木层和草本层。乔木上层高 20～25m，层盖度 80%～85%，树种以青冈为主，还包括银木荷（*Schima argentea*）、红花木莲（*Manglietia insignis*）、细毛润楠（*Machilus tenuipilis*）、红淡比（*Cleyera japonica*）、硬斗柯等，植株都较高大挺拔。乔木下层平均高 8～12m，层盖度 30%～50%，主要有青冈、细毛润楠、硬斗柯等上层乔木幼树及多沟杜英（*Elaeocarpus lacunosus*）、常春木（*Merrilliopanax listeri*）及各种杜鹃（*Rhododendron* spp.）、山矾（*Symplocos* spp.）等数量较多。灌木层高 2～3m，层盖度 60%～70%，常以带鞘箭竹（*Fargesia contracta*）为绝对优势，其他混生较多细毛润楠、青冈、针齿铁仔（*Myrsine semiserrata*）等的实生幼苗，真正灌木种类有阔叶厚皮香（*Ternstroemia gymnanthera* var. *wightii*）、虎刺（*Damnacanthus indicus*）等。草本层稀疏，层盖度一般不超过 30%，局部地段可达 70%，以各种蕨类植物比较常见。藤本植物极少见，但附生及半附生植物较多，除苔藓外，常见有长柄露蕨（*Hymenophyllum polyanthos*）、纸质石韦（*Pyrrosia heteractis*）、黄花吊石苣苔（*Lysionotus sulphureus*）、书带蕨（*Haplopteris flexuosa*）及上树蜈蚣（*Rhaphidophora lancifolia*）等（李恒等，2000）。可见，与其他中山湿性常绿阔叶林相比较，高黎贡山中山湿性常绿阔叶林在群落外貌、结构及生境特点方面有其共同性，但在组成种类上差别较大。

高黎贡山中山湿性常绿阔叶林分布面积大、保存完整，是维持该地区生态系统稳定最重要的植被，具有重要的保护生物学意义。首先，高黎贡山地区在地史上位于不同纬度地带的不同古陆的交汇地带，在起源上孕育了不同起源演化历史的古植物区系，成为东亚植物区系的摇篮，并富含珍稀濒危物种及地区特有种。我国有 16 个东亚特有科，高黎贡山地区就保存有其中10科，其中领春木科(Eupteleaceae)、水青树科(Tetracentraceae)、猕猴桃科(Actinidiaceae)、旌节花科(Stachyuraceae)、十齿花科(Dipentodontaceae)、青荚叶科(Helwingiaceae)主要分布在中山湿性常绿阔叶林中。高黎贡山现有国家级保护植物34种，其中台湾杉(*Taiwania cryptomerioides*)、长蕊木兰(*Alcimandra cathcartii*)、水青树(*Tetracentron sinense*)、十齿花(*Dipentodon sinicus*)、领春木(*Euptelea pleiosperma*)等都主要分布在中山湿性常绿阔叶林中。高黎贡山特有种子植物434种，其中约90种分布于海拔2000~2600m的中山湿性常绿阔叶林中(李恒等，2000)。不仅如此，高黎贡山中山湿性常绿阔叶林本身还蕴藏着丰富的其他植物种类(包括众多经济价值较高的用材树种及药用植物资源)，具有较高的植物生物多样性。同时它还为种类繁多的野生动物、微生物提供栖息场所和食物来源，是维持动物、微生物多样性的前提。另外，它对于水土保持、水源涵养、维护生态平衡等亦起着重要作用。可以说，高黎贡山中山湿性常绿阔叶林作为该地区自然生态系统的主体，在科研、经济、生态方面均具有重要的价值。

1.5 高黎贡山植被、植物研究成果

对高黎贡山植被、植物的研究已开展多年，取得了较丰硕的成果。已出版的专著有《高黎贡山国家级自然保护区》(1995)、《怒江自然保护区》(1998)、《高黎贡山植物》(2000)、《高黎贡山自然与生物多样性研究》(2006)、《高黎贡山民族与生物多样性保护研究》(2006)、《高黎贡山药用植物名录》(2006)、《高黎贡山原生兰科植物》(2006)、《高黎贡山植物研究》(2008)等。除出版的专著外，还围绕高黎贡山生物多样性调查与研究发表了大量的科研论文(石天才等，1994；尹五元，1994；刘经伦，2003；朱振华，2003；王志恒等，2004；熊清华等，2006a，2006b；柴勇等，2007；石翠玉，2007；马晓，2007；李嵘等，2007，2008；欧光龙等，2008；汪建云等，2008a，2008b；汪建云等，2010；徐成东等，2008；王文采，2011；孟广涛等，2012，2013；张雯婷，2013)。

在众多的科研文献中，《高黎贡山植物》(李恒等，2000)尤其值得关注。该文献对高黎贡山的自然地理环境、生物资源、植物区系组成、植被类型、资源保护及一些植物的专科专属研究等方面进行了系统而全面的阐述，为深入研究积累了丰富的基础资料。《高黎贡山植物》在植被、植物研究方面的成果主要表现在：

(1)指出高黎贡山物种分化和多样化的环境因素。多个古陆在高黎贡山及其附近地区的缝合，为高黎贡山植物区系奠定了多祖先多起源的基础；掸邦-马来亚板块的北移和右旋，促进了高黎贡山热带植物区系向温带植物区系的蜕变和演化；喜马拉雅造山运动引起的山体抬升及河谷下切，形成了南北走向的动植物交流的通道；狭长的山系和我国海拔高差最大的世界第二大峡谷，又为植物的生长发育提供了长期生存的热量、

水分条件。

(2)记载了高黎贡山 8 个植被型(热带季雨林、亚热带常绿阔叶林、硬叶常绿阔叶林、落叶阔叶林、针叶林、灌丛、草丛和草甸)，并进一步划分出 17 个群系组 33 个群系。其中，中山湿性常绿阔叶林按建群优势种不同划分出 8 个群系，分别为青冈、润楠林；薄片青冈、柯林；傈江青冈、润楠林；曼青冈林；虎皮楠、硬斗柯林；滇西青冈、润楠林；秃杉针阔叶混交林；野棕榈林。对群系级以下的群落单位如群丛未作划分。

(3)记载了高黎贡山地区种子植物 210 科 1086 属 4303 种和变种。属的分布区式样统计结果表明，热带成分和温带成分分别为 50%和 43.57%，事实上几乎达到 1∶1 的融合，从而指出在起源上高黎贡山是古南大陆和古北大陆两大植物区系的融合带，植物区系具有丰富多彩的多样性。

(4)指出由于高黎贡山所在的掸邦-马来亚板块的位移，在云南形成了一条从滇西北到滇东南的生态地理对角线。这条对角线对高黎贡山物种的迁移和扩散起了重要的障碍作用，对分布在高黎贡山的云南特有种尤其如此(分布在高黎贡山的云南特有种共 379 种，其中 153 种(占 40.36%)的分布制约于该对角线)。

上述这些重要的基础资料和理论成果，为深入开展高黎贡山植被、植物研究提供了想象空间。例如，高黎贡山为高大狭长的山系，南北走向的空间跨度较大，因而也孕育了丰富多样的植物群落类型，而目前关于植被类型的记载仅划分到群系一级，对更细分的群丛一级少有涉及，这也限制了人们对高黎贡山植物群落基本特征的深入认识。再如，以整个高黎贡山地区现有记载的种子植物资料探讨自然地理背景、植物区系起源及滇西北-滇东南生态地理对角线问题，后人提出质疑或给予佐证很有难度。这是因为现有记载的种子植物的数量可能还远远少于高黎贡山自然存在的实际数量，而要掌握更为详尽的资料困难可想而知。如果通过区域的或局部的(如固定监测大样地)研究资料来探讨相关科学理论，不论结果是否一致，都可对前人提出的理论进行质疑或佐证。这对拓宽研究思路有很大帮助。

近年围绕云南中山湿性常绿阔叶林，已在群落结构(中国科学院昆明分院生态研究室，1983；吴宁，2008；孟广涛等，2013)、物种多样性(巩合德等，2011；杨国平等，2010)、植物区系(彭华和吴征镒，1997；李帅锋等，2007；刘恩德和彭华，2007)凋落物(刘文耀等，1995；杨礼攀等，2007；黄钰辉等，2007；王高升等，2008；武传胜等，2012)、树种物候及生活型(谢寿昌等，1997；丁涛等，2006)、林窗性质(何永涛等，2003；李贵才等，2003)、土壤(冯文婷等，2008；高建梅等，2011；武传胜等，2012)、树干特征(胡文艳等，2010；杨廉雁等，2010)、层间植物(徐海清等，2005；马文章等，2008，2011；袁春明等，2008，2009，2010a，2010b)、枯立木(张树斌和郑征，2008，2009)、森林更新(陈沐等，2008；李小双等，2009)等方面开展了许多研究，但在研究区域上多限于云南哀牢山，对其他地区的研究较少。对高黎贡山中山湿性常绿阔叶林则仅在群落特征、地理分布、群落的最小取样面积以及主要树种生态位等方面进行过一些研究(李恒等，2000；石翠玉等，2007；马晓，2007；孟广涛等，2013)。显然，基于植物群落学研究的区域性特征，在现有基础上加强哀牢山以外地区的研究会有助于我们更加全面地认识云南的中山湿性常绿阔叶林。在研究内容方面，由于受研究时间、研究尺度的限制，针对群落动态、树种分布格局、种间关系等的研究文献也较少。

第2章

高黎贡山自然地理概况

2.1 地理位置

高黎贡山为怒江和伊洛瓦底江之间的山脉及地域，高黎贡山北部与西藏自治区境内的伯舒拉岭相连，可视为伯舒拉岭在云南境内延长部分的山体名称，面积约 11.1 万 km^2，包括我国云南怒江州的贡山县、福贡县、泸水市以及保山市的隆阳区、龙陵县、腾冲市的大部分地区和缅甸北部部分地区。

2.2 地质地貌

高黎贡山在地质构造上为华南板块和扬子板块两个大陆壳板块之间的中间板块，是冈瓦那古陆的一部分。高黎贡山地处滇西纵谷区西部，地势北高南低，北依青藏高原，南向中印半岛俯冲，地面起伏剧烈，山高谷深，最高海拔 5128m，最低海拔 720m。由于处于横断山脉西侧，是中印半岛和印度次大陆向东向北过渡的第一道屏障，顶部有残留的高原面，两侧被深切的怒江和独龙江峡谷夹持，形成高耸的山峦和深切的峡谷相对应。新生代以来由于受新构造运动抬升作用的影响，形成了山谷相间、高差巨大的地貌特征。

2.3 气　候

高黎贡山地处我国西南部亚热带高原季风气候，东、西坡水平基带的地带性气候为中亚热带气候。气候主要受西南季风和西风南支急流两支风向基本相同但物理性质不一样的气流的交替控制。全年盛行西南风，四季不分明，干湿季显著，气温日较差大，年较差小，兼有大陆性和海洋性气候特征。11 月下旬至翌年 4 月为干季，日照充足，降水少，相对湿度 50%~60%。5~10 月为湿季，降水量占全年的 87%，相对湿度比干季高 20%左右。由于山地相对高差大，气候垂直带明显。东坡自河谷至山顶依次出现干热河谷带、中北亚热带、暖温带、温带、寒温带气候。西坡只出现中北亚热带以上气候。

2.4 土　壤

高黎贡山成土母岩主要由燕山晚期喜马拉雅早期的片岩、片麻岩、板岩、千枚岩等坡积而成。从山麓到山顶，随着海拔高度升高、温度降低、水分增加，生物气候产生明显的垂直分异，形成了不同的山地森林土壤。各种土壤有规律的排列成森林土壤垂直带，从下往上分为燥红土、红壤、黄壤、黄棕壤、棕壤、暗棕壤、亚高山草甸土等。此外，东坡 1400~2300m 有紫色土分布，东坡 1000~2000m、西坡 1400~1800m 有石灰土分布。

2.5 河流与湖泊

以高黎贡山山脊为界，东坡发育着近 90 条呈平行状汇入怒江干流的小河溪流，如芒宽河、敢顶河、琨冲河、热水河、普冲河、户冲河等；西坡分为南北两个流域，北部为恩梅开江支流脑昌卡河的上源小江流域呈树枝状水系结构，南部为龙川江及其支流的明光大河、四道河、大河、小田河、扑伦河等，水系呈羽状。这些小河流流程短、落差大，河谷成“V”字形，由于降水丰沛而形成丰富的水利资源。

2.6 植　被

高黎贡山特殊的地理位置及高大陡峭的山地，为多种多样的气候带创造了条件，孕育了丰富的生物多样性。从怒江到独龙江整个高黎贡山东西两侧坡面，从河谷底部一直到海拔 3000m 以上地段，覆盖着大片的常绿阔叶林及针叶林。按照《中国植被》和《云南植被》的分类系统，目前高黎贡山主要植被可划分为 33 个群系，分别归为 17 个植被亚型 8 个植被型，它们在水平及垂直地带上均表现出一定的差异(李恒等，2001)。

在水平地带上，由于高黎贡山南北跨越 4 个纬度地带，加上北高南低地势的影响，其基带植被的变化十分明显。大致在 25°30′N 以南的保山、龙陵境内属高黎贡山南段，山体基部在 600~800m，植被是以偏干性的热带半常绿季雨林与季风常绿阔叶为主，而随着海拔的升高，则渐渐出现亚热带季风常绿阔叶林，西坡独龙江下段则发育为湿性季风常绿阔叶林。向北到 26°N 附近的福贡县南部的高黎贡山中段，山体基部海拔上升到 1400m 以上，季雨林与季风常绿阔叶林消失，取而代之的是半湿润常绿阔叶林。再向北到 27°N 以北的福贡到贡山县的高黎贡山北段，山体基部海拔上升到 1600m，基带植被多为以樟科为主的湿性常绿阔叶林。

高黎贡山不同地段植被的垂直分布也有差异。如南段的基带为热带性的半常绿季雨林或季风常绿阔叶林(1700m 以下)，向上依次出现中山湿性常绿阔叶林(1800~2600m)—铁杉针阔叶混交林或山顶苔藓矮林(2700~3100m)—冷杉林(3100~3400m)—高山灌丛与草甸(3300m 以上)，东西坡差异较小。而高黎贡山中段的基带植被为半湿性常绿阔叶林(1000~1900m)，向上依次出现中山湿性常绿阔叶林(2000~2600m)—铁杉针阔混交林(2700~3100m)—冷杉林与高山灌丛、草甸(3400m 以上)。高黎贡山北段贡山与独龙江一带，基带植被为湿性常绿阔叶林(1400~1800m)，向上依次为中山湿性常绿阔叶林(1900~2600m)—铁杉针阔混交林(2600~2900m)—冷杉林(2900~3400m)—高山灌丛与草甸(3300m 以上)。整个高黎贡山从南到北基带呈现干热—半湿润—湿润—干旱的南北变化。

第3章

高黎贡山土壤理化性质特征

3.1 研究方法

3.1.1 土样采集、处理

根据植被分布情况，在高黎贡山东坡海拔800~3000m，每间隔100m挖掘4个土壤剖面。每个土壤剖面按0~20cm、20~40cm、40~60cm进行分层采样。土样装入布袋带回实验室自然风干，剔除肉眼可见的碎石和植物根块，磨细并通过孔径为0.25mm、0.50mm的筛子，然后分装以供测定土壤的化学性状。同时用100cm^{3}容积的环刀采集原状土壤，土样密封于塑料袋中，带回实验室称重后放到105℃的烘箱内烘至恒温。

3.1.2 土壤理化性质测定

实验方法参照中国科学院南京土壤研究所《土壤理化性质分析》(1978)、鲍士旦《土壤农化分析(第三版)》(2011)中的方法，测定土壤性状的各项指标。

物理性质包括土壤容重(环刀法)、土壤总孔隙度(环刀法)、土壤通气度[总孔隙度-(自然含水率×容重)]、土壤自然含水率(烘干法)。

化学性质包括土壤pH值(电位法)、有机质(重铬酸钾容量法)、全氮(凯氏蒸馏法测定)、速效氮(凯氏蒸馏法测定)、有效磷(碳酸氢钠溶液浸提法)、全钾(碳酸氢钠碱熔—火焰光度计测定法)、速效钾(乙酸铵浸提—火焰光度计测定法)、土壤阳离子交换量(中性乙酸铵法)、土壤交换性盐基含量(中性乙酸铵法)。

3.1.3 数值计算与分析

对土壤性状与海拔高度的关系采用相关分析与回归分析；对土壤物理、化学性质及其与物种多样性之间的相关分析采用皮尔逊相关分析方法[pearson correlation sig(2-tail)]，对不同海拔高度土壤肥力综合评价采用主成分分析法。所有数据处理与分析在Microsoft Excel(2007)和SPSS(17.0)数据统计软件下完成。

3.2 高黎贡山土壤物理特征

土壤物理性状主要包括土壤颗粒大小组合比例和排列方式、土壤水分的保持和移动、热量传输和转化、土壤空气状况、土壤力学性质及其变化，以及土壤磁学性质和放射性等。本文采用土壤容重、土壤孔性、土壤水分指标分析和评价高黎贡山土壤性状垂直分布特征。

3.2.1 土壤容重

土壤容重在0~20cm土层的变幅为0.71~1.35g·cm^{-3}；20~40cm的变幅为1.01~1.84g·cm^{-3}；40~60cm的变幅为1.16~1.98g·cm^{-3}，不同土层中均属于中等变异(表3.1)。土壤容重在各海拔高度均随土层深度增加而增加(图3.1)，这主要是因为土壤表层因枯落物多而比较疏松，随着深度增加，土壤结构逐渐紧实，土壤孔隙逐渐减少，相应的土壤容重也随之增大。

表3.1 土壤的容重、总孔隙度、通气度统计

指标	土层(cm)	最大值	最小值	平均值	标准差	方差	变异系数(%)
容重(g·cm^{-3})	0~20	1.35	0.71	1.01	0.22	0.05	21.66
	20~40	1.84	1.01	1.36	0.25	0.06	18.14
	40~60	1.98	1.16	1.62	0.24	0.06	14.57
总孔隙度(%)	0~20	70.52	49.40	60.59	7.22	52.18	11.92
	20~40	61.94	33.24	49.22	8.34	69.58	16.95
	40~60	55.67	28.62	40.55	7.78	60.55	19.19
通气度(%)	0~20	42.69	8.48	28.13	9.78	95.71	34.78
	20~40	27.44	7.65	16.63	6.05	36.63	36.39
	40~60	26.45	6.91	13.26	5.48	30.01	41.30

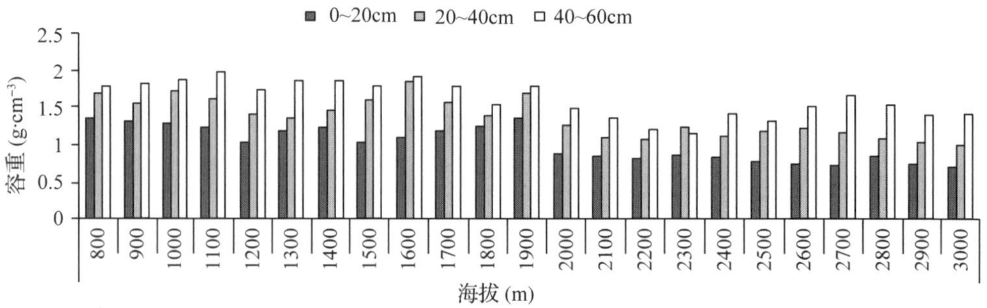

图3.1 不同海拔高度土壤容重含量

土壤容重与海拔高度呈极显著负相关关系($P<0.01$)。其中，0~20cm、20~40cm、40~60cm 层土层容重与海拔高度的相关系数分别为-0.921、-0.837、-0.737，回归拟合线性方程分别为 $y=-0.0003x+1.5756$，$R^2=0.8481$；$y=-0.0003x+1.9382$，$R^2=0.7003$；$y=-0.0003x+2.1055$，$R^2=0.5441$。这主要是因为随着海拔升高，气温降低，降水量增大，空气湿度加大，促使土壤有机质含量增加，肥力提高，土壤风化作用减弱，土壤质地变轻引起容重减小。

3.2.2 土壤孔隙度

土壤总孔隙度在 0~20cm 土层的变幅为 49.40%~70.52%；20~40cm 土层的变幅为 33.24%~61.94%；40~60cm 的变幅为 28.62%~55.67%(表 3.1)。不同土层中总孔隙度和通气度均属于中等变异。在各海拔高度总孔隙度均随土层深度增加而减小(图 3.2)。

总孔隙度与海拔高度呈极显著正相关关系($P<0.01$)。其中，0~20cm、20~40cm、40~60cm 土层总孔隙度与海拔高度的相关系数分别为 0.9211、0.8374、0.73721，回归拟合线性方程分别为 $y=0.9807x+48.825$，$R^2=0.8480$；$y=1.0042x+37.023$，$R^2=0.7003$；$y=0.8451x+30.411$，$R^2=0.5426$。土壤总孔隙度与容重具有完全相反的变化趋势，这是因为土壤容重决定着土壤孔隙度，两者关系呈反比。

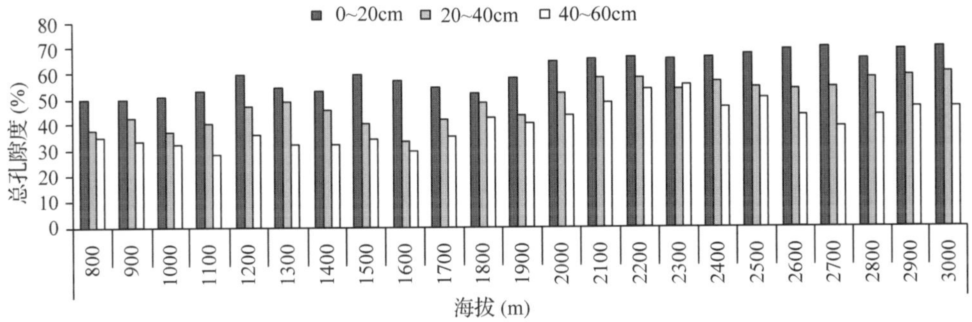

图 3.2 不同海拔高度土壤总孔隙度含量

3.2.3 土壤水分

土壤含水率在 0~20cm、20~40cm、40~60cm 三层土壤中的变幅分别为 9.29%~77.98%、10.88%~50.95%、8.39%~26.54%，总体表现为随着土层深度增加土壤含水率降低，而各土层水分状况的变异系数均属于中等强度变异(表 3.2)。土壤含水率随土层深度增加而降低，主要是因为大气降水经过林冠截留首先到达土壤表层，然后再逐渐下渗，由于土壤容重增加，土壤孔隙度减小而导致下渗到土壤下层的降水逐渐减少。

土壤自然含水率与海拔高度呈极显著正相关($P<0.01$)。其中，0~20cm、20~40cm、40~60cm 土层自然含水率与海拔高度的相关系数分别为 0.941、0.881、0.828，

回归拟合为线性方程分别为 $y=0.0318x-23.979$，$R^2=0.8850$；$y=0.0169x-6.1718$，$R^2=0.7769$；$y=0.0069x+4.4417$，$R^2=0.6856$。由此表明，海拔对土壤水分状况有较大影响，这可能是因为随海拔高度的增加，气温降低，空气湿度增加。研究区土壤自然含水率在海拔 3000m 处达到最大值，0~20cm 与 20~40cm 土层土壤在 800m 达到最小值，40~60cm 土层在 1100m 达到最小值。

表 3.2　土壤水分状况描述特征

指标	土层(cm)	最大值	最小值	平均值	标准差	方差	变异系数(%)
土壤含水率(%)	0~20	77.98	9.29	36.38	22.91	524.78	62.96
	20~40	50.95	10.88	25.89	12.99	168.66	50.16
	40~60	26.54	8.39	17.58	5.67	32.10	32.22

3.3　高黎贡山土壤化学性质

土壤中的有机质、氮、磷、钾以及交换性能是土壤化学性质的主要表征。氮、磷、钾是植物生长过程必需的元素，直接影响植物的生长发育，是极其重要的化学指标。而速效氮、速效磷、速效钾等养分可以被植物直接吸收利用，其含量大小直接影响着植物生长。土壤交换性能起着贮存和释放速效养分两方面的作用，其大小反映了土壤胶体的品质状态及土壤保蓄养分能力的高低，是土壤重要的化学性质之一。

3.3.1　土壤 pH 值

高黎贡山不同土壤剖面 0~20cm、20~40cm、40~60cm 层 pH 值变幅分别为 4.12~7.00；20~40cm 为 4.05~7.08；40~60cm 变幅为 4.16~6.93(表 3.3)。不同土层土壤 pH 值平均值随土层增加而略有增加，分别为 5.06、5.12、5.30。土壤 pH 值变异系数随土层增加而减小，这可能是由于植物等因素对表层土壤 pH 值影响比其他两层大。

在海拔梯度上，土壤 pH 值最大值 0~20cm、20~40cm、40~60cm 三层均出现在海拔 1300m 处，最低值分别出现在 1900m、2400m 和 2000m 处(图 3.3)。0~20cm、20~40cm、40~60cm 层土壤 pH 值与海拔高度的相关性均达到了极显著相关水平($P<0.01$)，相关系数分别为-0.626、-0.582、-0.584，回归拟合的三项式方程分别为 $y=1E-09x^3-7E-06x^2+0.0101x+2.0258$，$R^2=0.7013$；$y=2E-09x^3-9E-06x^2+0.013x+0.1031$，$R^2=0.6925$；$y=2E-09x^3-8E-06x^2+0.0116x+1.0065$，$R^2=0.7092$，可以看出海拔变化对土壤 pH 值影响较大。土壤 pH 值主要取决于土壤溶液中的氢离子浓度，氢离子多来源于吸附性 Al^{3+} 以及土壤生物呼吸作用产生的 CO_2 溶于水后形成的碳酸和有机质降解产生的有机酸。在不同海拔范围，由于土壤类型、枯落物的分解程度以及有机质含量等因素不同导致 pH 值的变化。

表 3.3　土壤 pH 值的统计描述特征

土层(cm)	最大值	最小值	平均值	标准差	方差	变异系数(%)
0~20	7.00	4.12	5.06	0.96	0.92	19.00
20~40	7.08	4.05	5.12	0.86	0.74	16.74
40~60	6.93	4.16	5.30	0.80	0.65	15.15

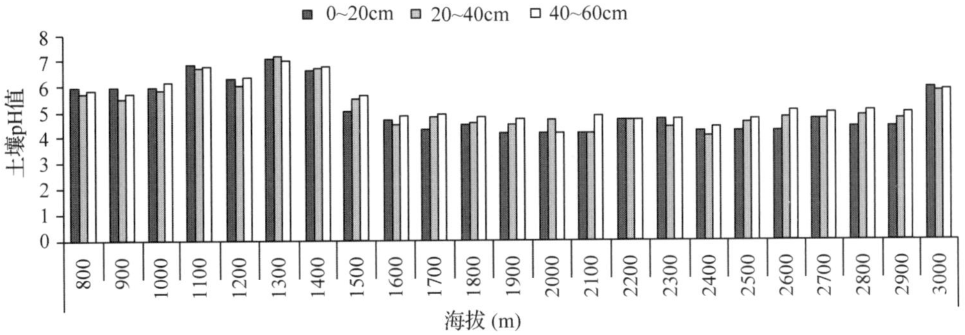

图 3.3　不同土壤剖面土壤 pH 值的分布

3.3.2　土壤有机质

高黎贡山不同土壤剖面 0~20cm、20~40cm、40~60cm 层土壤有机质含量变幅分别为 4.07~61.82g · kg^{-1}、3.62~51.51g · kg^{-1}、3.02~44.93g · kg^{-1}(表 3.4)。同一海拔高度下，土壤有机质含量随土层深度的增加而减少，0~20cm 土层土壤有机质含量明显高于其余两层，土壤有机质表聚现象十分明显，0~20cm 土层土壤有机质含量分别高出其余两层 10.60%~212.51%和 29.27%~481.94%(图 3.4)。这主要是因为土壤表层靠近枯枝落叶和腐殖质层，有机质含量较高；随着土壤深度的增加，土壤容重增加，不利于植物根系的生长以及表层有机质向下淋溶迁移，致使土壤的有机质含量明显降低。此外，不同土层中的土壤有机质含量均属于中等变异，表明土壤有机质在不同海拔高度的分布存在不均一性。

在海拔梯度上，0~20cm、20~40cm、40~60cm 层土壤有机质含量与海拔高度具有极显著相关性($P<0.01$)，相关系数分别为 0.867、0.790、0.744，回归拟合多项式方程分别为 $y=-5E-06x^2+0.04x-22.322$，$R^2=0.7662$；$y=-6E-06x^2+0.0363x-23.374$，$R^2=0.6588$；$y=-3E-06x^2+0.023x-15.634$，$R^2=0.5655$。0~20cm、20~40cm、40~60cm 三层土壤有机质含量最低值均出现在海拔 800m 处，最大值分别出现在 3000m、2500m 和 2500m 处。高黎贡山土壤有机质含量随海拔增加大体呈上升趋势，这主要是因为低海拔区虽然有机质合成量大，但土壤微生物活性高，有机质分解转化的速度快，故累积量少；高海拔区的有机质合成量虽然低，但是气温也低，土壤微生物活性降低促使有机质分解转化慢，所以有机质含量高。

表 3.4 有机质含量统计特征

土层(cm)	最大值(g·kg⁻¹)	最小值(g·kg⁻¹)	平均值(g·kg⁻¹)	标准差	方差	变异系数(%)
0~20	61.82	4.07	33.73	16.62	276.27	49.28
20~40	51.51	3.62	22.31	12.38	153.25	55.50
40~60	44.93	3.02	16.83	10.94	119.59	64.98

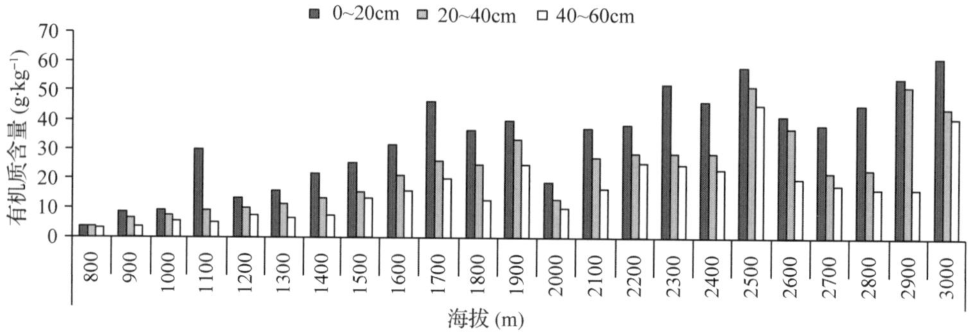

图 3.4 不同海拔高度土壤的有机质含量

3.3.3 土壤全氮

高黎贡山不同土壤剖面0~20cm、20~40cm、40~60cm层土壤全氮含量变幅分别为0.18~2.63g·kg^{-1}、0.12~1.33g·kg^{-1}、0.10~1.02g·kg^{-1}(表3.5)。同一海拔高度下，随着土层深度的增加，土壤全氮含量有减少的趋势，且0~20cm土层中的全氮含量显著大于其余两层(图3.5)。土壤全氮的变化趋势与有机质一致，这可能是由于土壤全氮含量主要取决于有机质的积累以及分解作用的相对强度，有机质含量随土层深度减小促使氮源减小，全氮含量降低。

在海拔梯度上，0~20cm、20~40cm、40~60cm层土壤全氮含量与海拔高度具有极显著相关性($P<0.01$)，相关系数分别为0.915、0.888、0.859，回归拟合多项式方程分别为$y=0.0011x-0.7181$，$R^2=0.8369$；$y=0.0011x-0.7777$，$R^2=0.8112$；$y=0.0003x-0.1399$，$R^2=0.7382$。随海拔高度升高土壤全氮含量总体表现为呈增加趋势。

表 3.5 全氮含量统计特征

土层(cm)	最大值(g·kg⁻¹)	最小值(g·kg⁻¹)	平均值(g·kg⁻¹)	标准差	方差	变异系数(%)
0~20	2.63	0.18	1.36	0.78	0.61	57.47
20~40	1.33	0.12	0.72	0.41	0.17	56.64
40~60	1.02	0.10	0.43	0.23	0.05	55.03

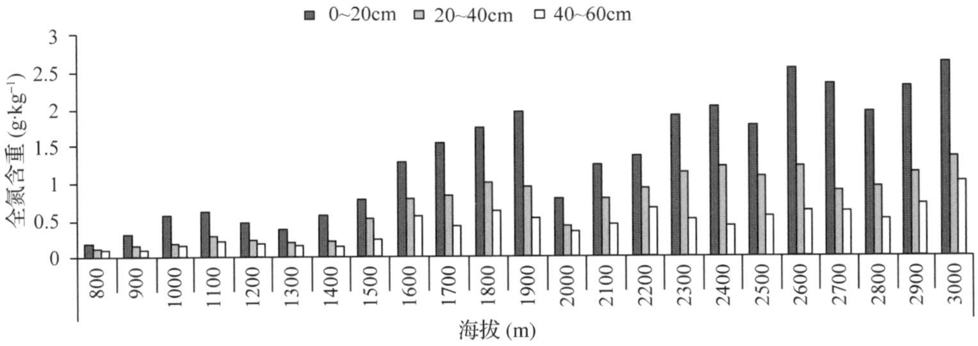

图 3.5 不同海拔高度土壤的全氮含量

3.3.4 土壤速效氮

高黎贡山不同土壤剖面0~20cm、20~40cm、40~60cm层土壤速效氮含量变幅分别为18.27~153.18mg·kg^{-1}、11.85~70.63mg·kg^{-1}、7.76~41.56mg·kg^{-1}(表3.6)。同一海拔高度下，随着土层深度的增加，土壤速效氮含量有减少的趋势，且各层变异系数逐层减小，表明在垂直空间上土壤速效氮含量的分布具有不均一性(图3.6)。

在海拔梯度上，0~20cm、20~40cm、40~60cm层土壤速效氮含量的最小值均在海拔800m处，最大值分别出现在3000m、3000m及2400m，速效氮含量总体表现为随海拔升高呈增加趋势。0~20cm、20~40cm、40~60cm层回归拟合线性方程分别为$y=4E-06x^2+0.0372x-11.383$，$R^2=0.8528$；$y=3E-06x^2+0.0086x+5.065$，$R^2=0.7999$；$y=-3E-06x^2+0.0178x-2.6491$，$R^2=0.4872$。

表 3.6 速效氮含量统计特征

土层(cm)	最大值(g·kg^{-1})	最小值(g·kg^{-1})	平均值(g·kg^{-1})	标准差	方差	变异系数(%)
0~20	153.18	18.27	77.58	39.95	1595.73	51.49
20~40	70.63	11.85	34.98	16.25	264.16	46.47
40~60	41.56	7.76	20.29	7.55	56.99	37.21

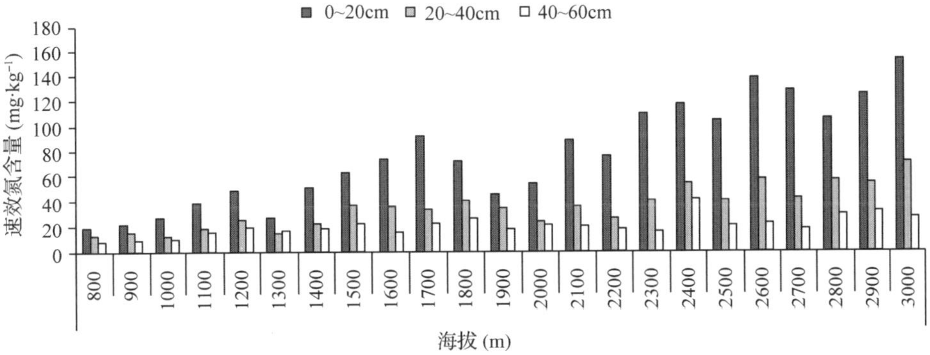

图 3.6 不同海拔高度土壤速效氮含量变化

3.3.5 土壤速效磷

高黎贡山不同土壤剖面0~20cm、20~40cm、40~60cm层土壤有效磷含量变幅分别为0~4.39mg·kg^{-1}、0~5.00mg·kg^{-1}、0~5.49mg·kg^{-1}(表3.7)。各层内土壤有效磷含量变异强度较大，但随土层深度增加，土壤速效磷含量并无明显变化规律，表明表明它们受土层深度的影响不大，分布极不均匀。高黎贡山土壤有效磷含量水平普遍较低，这可能与土壤的成土母质及pH值有关，该区域土壤大多为酸性，而酸性土壤中的磷离子易被Al^{3+}、Fe^{2+}所固定。

在海拔梯度上，0~20cm、20~40cm和40~60cm三层土壤中速效磷含量分别在海拔2300m、2300m和1100m处达到了最大值(图3.7)。相关分析结果表明，各层土壤速效磷含量与海拔的相关性均很低，相关系数分别仅为-0.018、-0.063、-0.007，且相关性随土层深度的增加而降低，说明高黎贡山土壤速效磷含量与海拔高度没有明显的相关性，受海拔影响不大。

表3.7 速效磷含量统计特征

土层(cm)	最大值(g·kg^{-1})	最小值(g·kg^{-1})	平均值(g·kg^{-1})	标准差	方差	变异系数(%)
0~20	4.39	0	1.35	1.49	2.22	110.37
20~40	5.00	0	1.28	1.60	2.67	125.00
40~60	5.49	0	1.09	1.49	2.40	136.70

注：速效磷含量低于仪器检测值均按0mg·kg^{-1}统计。

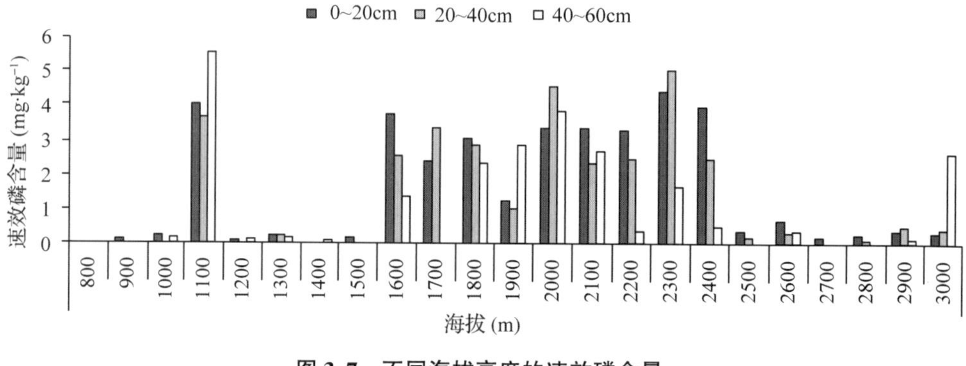

图3.7 不同海拔高度的速效磷含量

3.3.6 土壤全钾

高黎贡山不同土壤剖面0~20cm、20~40cm、40~60cm层土壤全钾含量变幅分别为1.41~18.34g·kg^{-1}、1.19~18.00g·kg^{-1}、0.99~17.22g·kg^{-1}(表3.8)。土壤全钾含量平均值随土层深度增加呈先升高后降，在20~40cm达到最高值(6.75g·kg^{-1})，但各海拔的土壤全钾含量随土层深度增加无明显的变化规律(图3.8)说明土壤全钾含量在垂直空间上分布具有不均一性。

在海拔梯度上，0～20cm、20～40cm、40～60cm 层土壤全钾的最大值均出现在 1000m 处，最小值均出现在 2500m 处。土壤全钾含量与海拔高度具有极显著相关性（$P<0.01$），相关系数分别为－0.684、－0.632、－0.619。回归拟合对数方程分别为 $y=3E-06x^2-0.0163x+25.326$，$R^2=0.5279$；$y=1E-06x^2-0.0099x+20.05$，$R^2=0.41$；$y=3E-06x^2-0.0146x+23.245$，$R^2=0.4368$。

表 3.8　全钾含量统计特征

土层（cm）	最大值（g · kg^{-1}）	平均值（g · kg^{-1}）	标准差	方差	变异系数（%）
0～20	18.34	6.48	4.89	23.93	75.54
20～40	18.00	6.75	5.12	26.22	75.88
40～60	17.22	6.53	4.70	22.05	71.90

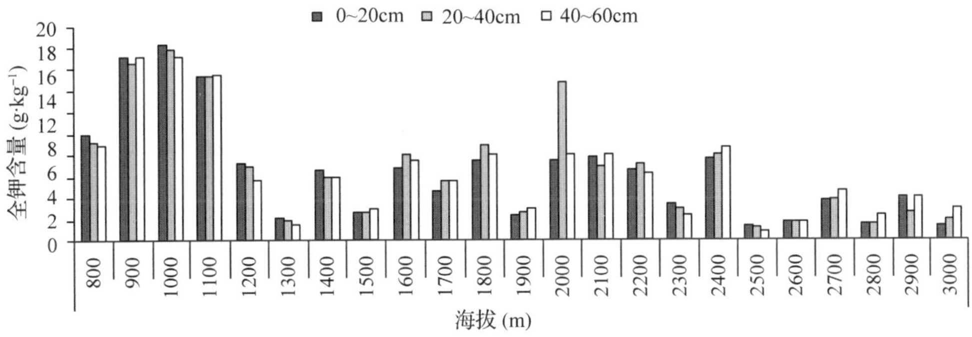

图 3.8　不同海拔高度的全钾含量

3.3.7　土壤速效钾

高黎贡山不同土壤剖面 0～20cm、20～40cm、40～60cm 层土壤速效钾含量变幅分别为 3.68～143.58mg · kg^{-1}、2.33～102.37mg · kg^{-1}、2.05～53.81mg · kg^{-1}（表 3.9）。不同土层速效钾含量平均值随土层深度增加而减小，变异系数均处于中等变异水平，表明土壤速效钾与有机质、氮、磷一样，在垂直空间的分布上具有不均一性。

在海拔梯度上，0～20cm、20～40cm、40～60cm 层土壤速效钾含量最大值分别出现在 1000m、2100m、2100m 处，最小值分别出现在 3000m、1800m、2800m 处（图 3.9）。相关分析结果表明，0～20cm 与 40～60cm 层土壤速效钾含量与海拔高度具极显著相关关系（$P<0.01$），相关系数分别为－0.651、－0.598，而 20～40cm 层土壤速效钾含量与海拔高度具显著相关关系（$P<0.05$），相关系数为－0.499。0～20cm、20～40cm、40～60cm 层土壤速效钾含量与海拔高度回归拟合指数方程分别为 $y=9E-06x^2-0.0702x+141.03$，$R^2=0.4339$；$y=8E-08x^2-0.0186x+64.464$，$R^2=0.2487$；$y=-2E-06x^2-$

0.0071x+43.916，R^2=0.3594。

表 3.9 速效钾含量统计特征

土层(cm)	最大值($g \cdot kg^{-1}$)	最小值($g \cdot kg^{-1}$)	平均值($g \cdot kg^{-1}$)	标准差	方差	变异系数(%)
0~20	143.58	3.68	44.82	36.83	1356.31	82.18
20~40	102.37	2.33	29.46	24.88	619.06	84.45
40~60	53.81	2.05	22.07	16.92	286.39	76.69

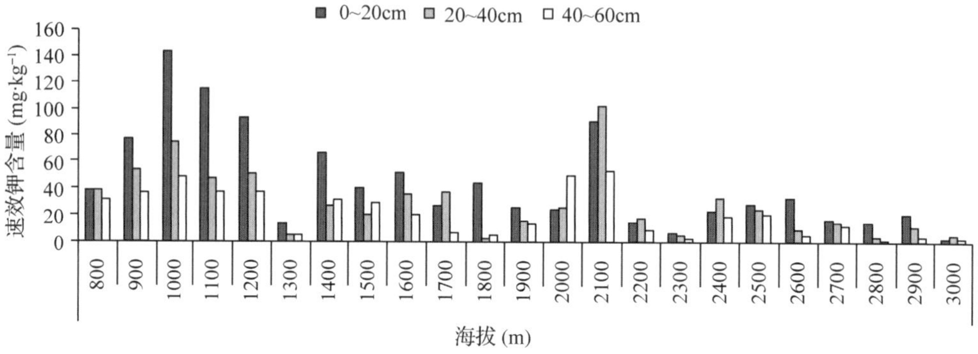

图 3.9 不同海拔高度的速效钾含量

3.3.8 土壤阳离子交换量

高黎贡山不同土壤剖面 0~20cm、20~40cm、40~60cm 层土壤阳离子交换量变幅分别为 9.30~26.38cmol·kg^{-1}、8.16~21.81cmol·kg^{-1}、10.17~23.59cmol·kg^{-1}(表 3.10)。土壤阳离子交换量平均值随土层深度增加而逐渐减小(分别为 18.23cmol·kg^{-1}、16.42cmol·kg^{-1}、15.77cmol·kg^{-1})，变异系数也随土层深度增加而减小(分别为 26.76%、24.50%、20.92%)，说明土壤阳离子交换量在垂直空间分布上表现不均匀。

在海拔梯度上，0~20cm、20~40cm、40~60cm 层土壤阳离子交换量最大值分别出现在 3000m、1700m、2800m 处，最小值分别出现在 1000m、1000m、1100m 处(图 3.10)。相关分析结果表明，0~20cm 与 20~40cm 层土壤阳离子交换量与海拔高度具极显著相关关系(P< 0.01)，相关系数分别为 0.744、0.541，而 40~60cm 土层土壤阳离子交换量随海拔高度的增加变化趋势不明显。表层土壤阳离子交换量与海拔高度相关性较高，可能是因为表层土壤有机质含量较高，有机质中腐殖质属于有机胶体，可吸收各种阳离子，可见一般情况下土壤有机质含量高，其阳离子交换量也较高。0~20cm、20~40cm、40~60cm 层土壤阳离子交换量与海拔高度回归拟合乘幂方程分别为 y=1E−06x^2+ 0.0002x+12.323，R^2=0.566；y=1E−06x^2− 0.0007x+13.544，R^2=0.3028；4y=6E−07x^2− 0.0008x+14.928，R^2=0.0906。

表 3.10　阳离子交换量统计特征

土层（cm）	最大值（$g \cdot kg^{-1}$）	最小值（$g \cdot kg^{-1}$）	平均值（$g \cdot kg^{-1}$）	标准差	方差	变异系数（%）
0~20	26.38	9.30	18.23	4.88	23.80	26.76
20~40	21.81	8.16	16.42	4.02	16.18	24.50
40~60	23.59	10.17	15.77	3.30	10.88	20.92

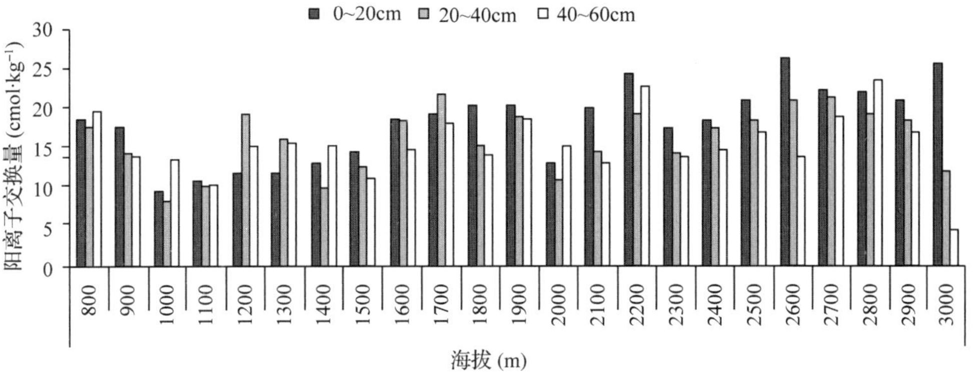

图 3.10　不同海拔高度土壤的阳离子交换量

3.4　高黎贡山不同海拔土壤肥力综合评价

由于土壤理化性质指标较多，故选用主成分分析法对高黎贡山东坡土壤肥力进行综合评价。高黎贡山不同海拔土壤特征的主成分特征值见表 3.11。可以看出，第一主成分的方差贡献率最大，达到了 61.882%。根据累积贡献率>85%的原则，肥力状况可以用前 4 个主成分表示土壤肥力的变异信息。其中，第一主成分综合了容重、总孔隙度、自然含水率、土壤 pH 值、有机质、全氮、速效氮、全钾、速效钾、阳离子交换量的变异信息，其权系数均大于 0.65，说明这些因子在土壤肥力评价中起着主要作用(表 3.12)。第二主成分中速效磷权系数较高，第三主成分中通气度权系数较高，第四主成分中土壤 pH 值权系数较高，这些因子在肥力评价中右作为参考因子。

表 3.11　不同海拔梯度土壤特征的主成分特征值

项目	第一主成分 F_1	第二主成分 F_2	第三主成分 F_3	第四主成分 F_4
特征值	7.4268	1.491	0.859	0.727
方差贡献率(%)	61.882	12.427	7.160	6.061
累积贡献率(%)	61.882	74.309	81.469	87.530

表 3.12 不同海拔高度土壤特征的主成分权系数

项目	第一主成分 F_1	第二主成分 F_2	第三主成分 F_3	第四主成分 F_4
X_1	-0.890	-0.258	0.018	-0.318
X_2	0.890	0.255	-0.015	0.316
X_3	-0.676	0.145	-0.563	0.207
X_4	0.925	0.112	0.234	0.214
X_5	-0.651	-0.437	0.010	0.482
X_6	0.876	0.007	-0.090	0.034
X_7	0.944	0.038	-0.001	-0.095
X_8	0.909	0.026	0.063	0.111
X_9	-0.057	0.877	-0.248	-0.187
X_{10}	-0.712	0.370	0.495	-0.046
X_{11}	-0.709	0.343	0.397	0.198
X_{12}	0.778	-0.331	0.104	-0.326

注：容重(X_1)；总孔隙度(X_2)；通气度(X_3)；自然含水率(X_4)；pH 值(X_5)；有机质(X_6)；全氮(X_7)；速效氮(X_8)；速效磷(X_9)；全钾(X_{10})；速效钾(X_{11})；阳离子交换量(X_{12})。

主成分表达式是土壤肥力原始指标的线性组合，反映了各指标对于主成分的贡献程度。通过换算，将表 3.12 中的权系数换算成特征变量后(权系数除以特征值的开方)，得到各主成分的线性表达式，分别如下：

$$F_1=-0.33X_1+0.33X_2-0.25X_3+0.34X_4-0.24X_5+0.32X_6+0.35X_7+0.33X_8-0.02X_9-0.26X_{10}-0.26X_{11}+0.28X_{12}$$

$$F_2=-0.21X_1+0.21X_2+0.12X_3+0.09X_4-0.36X_5+0.01X_6+0.03X_7+0.02X_8+0.72X_9+0.30X_{10}+0.28X_{11}-0.27X_{12}$$

$$F_3=0.02X_1-0.02X_2-0.61X_3+0.25X_4+0.01X_5-0.10X_6+0.00X_7+0.07X_8-0.27X_9+0.53X_{10}+0.43X_{11}+0.11X_{12}$$

$$F_4=-0.37X_1+0.37X_2+0.24X_3+0.25X_4+0.57X_5+0.04X_6-0.11X_7+0.13X_8-0.22X_9-0.05X_{10}+0.23X_{11}-0.38X_{12}$$

将各个海拔梯度土壤理化性质特征值代入以上 4 个表达式中，然后以每个主成分所对应的方差贡献率作为权重计算主成分综合模型，得到主成分的综合模型如下：

$$F=0.62F_1+0.12F_2+0.07F_3+0.06F_4$$

由此计算出不同海拔梯度土壤肥力的综合得分及排序结果，见表 3.13。高黎贡山高海拔地区土壤肥力相对较高，低海拔地区土壤肥力相对较低，其中海拔 3000m 处土壤肥力状况最好，海拔 2200~3000m 的土壤肥力远大于海拔 800~1600m 地区的土壤肥力，海拔 1000m 处肥力最差，反映出高黎贡山土壤海拔越高其肥力越高的特点。这主要是因为高海拔地区相对于低海拔地区水分条件较好、光热水组合较好、土壤理化性能较好，故土壤肥力相对较高。另外，高黎贡山高海拔地区的植被覆盖较好，尤其是乔木种类数量远大于低海拔地区，每年有大量凋落物归还于土壤中，成为土壤养分的主要来源，土壤与植物相互促进、相互协调，形成十分密切的良性循环关系，对高黎贡山的物种多样性保护乃至生态平衡具有重要意义。

表 3.13　不同海拔高度土壤肥力水平

海拔(m)	第一主成分 F_1	第二主成分 F_2	第三主成分 F_3	第四主成分 F_4	综合得分	排序
800	7.96	18.62	11.98	29.18	9.76	21
900	2.71	27.57	23.54	35.54	8.77	22
1000	-6.19	37.65	40.25	43.87	6.13	23
1100	3.08	34.22	24.71	40.55	10.18	20
1200	12.50	28.14	19.46	43.72	15.11	19
1300	23.25	10.75	-4.42	29.17	17.15	17
1400	18.00	21.78	14.73	37.89	17.08	18
1500	26.74	18.46	6.45	36.70	21.45	16
1600	26.48	20.80	13.08	32.36	21.77	15
1700	40.72	16.71	11.29	32.19	29.97	11
1800	36.65	20.23	4.26	33.03	27.43	13
1900	38.27	15.37	4.19	31.48	27.76	12
2000	26.70	34.58	10.83	38.26	23.76	14
2100	33.54	42.51	38.05	56.77	31.96	10
2200	56.30	18.40	14.83	40.80	40.60	8
2300	57.03	18.16	0.67	40.49	40.01	9
2400	55.10	22.89	15.21	46.09	40.74	7
2500	57.03	20.17	5.04	45.62	40.87	6
2600	59.02	17.31	6.68	43.27	41.73	5
2700	59.38	16.61	12.97	41.84	42.22	4
2800	63.73	13.36	12.32	39.12	44.31	3
2900	66.39	17.71	14.66	44.90	47.01	2
3000	80.88	15.29	11.04	46.08	55.51	1

第 4 章

高黎贡山中山湿性常绿阔叶林监测样地概况

4.1 监测样地建立的背景

森林植被与其生存环境相互制约、相互依存，一直处于不断的发展变化之中。对森林植被的动态进行监测，通过考察植被的组成、结构、功能与其生境关系的时空变化过程，揭示出它们之间相互作用的规律，并在此基础上对森林植被及其生境的演变方向和机理进行科学研究并作出综合评价，有利于森林植被的有效保护和管理(李玉媛，2003)。20 世纪 80 年代初，Stephen Hubbell 和 Robin Foster 等在巴拿马 BCI(Barro Colorado Island)建立了第一块 50hm^2 的森林大样地；随后美国 Smithsonian 研究院热带森林科学研究中心(center for tropical forest science，CTFS)在全球热带地区的 15 个国家建立了 20 多个森林生物多样性监测大样地，形成了热带森林生物多样性监测网络(http：//www. ctfs. si. edu)。中国科学院生物多样性委员会也于 2004 年开始实施了生物多样性监测网络建设，分别在长白山、古田山、鼎湖山、天童山、哀牢山、东灵山和西双版纳等地建立了多个森林动态监测样地，分别对我国的温带针阔混交林、暖温带落叶阔叶次生林、中亚热带常绿阔叶林、南亚热带常绿阔叶林和热带雨林的森林生态系统进行研究。尽管如此，由于我国地跨热带到寒温带，是世界上生物多样性最丰富的国家之一，现有的监测样地网络仍没能全面地反映出全国生态系统和生物多样性的现状。仅就云南省来说，现有较大的森林动态监测样地仅 2 个(哀牢山 6hm^2 的亚热带常绿阔叶林动态监测样地和西双版纳 20hm^2 的热带雨林动态监测样地)，但云南地理环境奇特，各地气候差别悬殊，植被类型复杂多样，现有的森林动态监测样地显然无法满足云南全省及全国生态环境定位监测的总体需求。

高黎贡山在地质上为冈瓦纳古陆的一部分，现位于亚洲印度次大陆和青藏高原缝合地带的东缘，同时也处于我国与印渡次大陆及中南半岛相衔接之处，因而该地区的各种自然条件都具有强烈的混合性和过渡性。该地区气候主要受西南季风和西风南支急流两支气流的交替控制，全年盛行西南风，四季不分明，干湿季显著，气温日较差大、年较差小，兼有大陆性和海洋性气候的特征。复杂的自然气候为多样的植物群落发育创造了条件，这里也成为云南省乃至全国生态系统多样性最丰富的地区之一(李恒等，2000)。在云南植被区划中，高黎贡山大部分处于亚热带常绿阔叶林区域高原亚热带北部常绿阔叶林地带，与大部分处于高原亚热带南部常绿阔叶林地带的哀牢山在植被地理分布、空间组合及形成原因方面均存在明显差异，与位于热带季雨林、雨林区域季风热带北缘季节雨林、半常绿季雨林地带的西双版纳的差异就更加明显(吴征镒，1987)。在过去的几十年中，已有众多的生态学家致力于探索高黎贡山森林生态系统和生物多样性的动态变化过程。由于受研究尺度和方法的限制，以往的研究大多在相对较小的样地上进行，在反映群落物种组成、树种分布格局、种间关系、群落多样性及动态特征等方面都具有较大的局限性。显然，要在这些方面进行深入研究就必须依靠取样面积相对较大的样地，亦才能在较大的时间、空间尺度下揭示高黎贡山地质演化历史、植被演替规律以及高黎贡山植被在整个云南、中国植被区划中的地位和作用等。

基于上述种种考虑，云南省林业和草原科学院 2009 年提出了在高黎贡山建立森林生态系统定位研究站的建议并获得了国家林业局(现国家林业和草原局)的批复。作为森林生态系统定位研究站的重要建设内容之一，森林动态监测样地的建设也随即提上了日程。后经多名专家学者的野外考察和反复比较，最终决定在高黎贡山国家级自然保护区南段与小黑山省级自然保护区之间的生物走廊带区域内建立一块 $4hm^2$ 的中山湿性常绿阔叶林森林动态监测样地。在众多科研人员的努力下，该样地的地形勘测及第一次植物群落学调查工作于 2010 年 11 月初步完成。该样地为云南省继哀牢山亚热带南部常绿阔叶林森林动态监测样地、西双版纳热带雨林森林动态监测样地后的又一重要研究基地，主要针对处于亚热带北部常绿阔叶林地带的森林植被进行长期的监测和综合研究。

4.2　监测样地基本情况

4.2.1　研究地区概况

研究地位于云南省保山市高黎贡山国家级自然保护区南端生物走廊带内。高黎贡山国家级自然保护区位于我国云南省西部(98°08′~98°50′E、24°56′~28°22′N)，分为南、中、北互不相连的三段，是云南省面积最大的自然保护区。高黎贡山北依青藏高原，南向中印半岛俯冲，形成北高南低的地势地貌，境内最高海拔 5128m，最低海拔 720m。气候属亚热带高原季风气候，全年盛行西南风，四季不分明，干湿季显著，气温日较差大、年较差小。年均气温 14~17℃，最冷月气温在 7℃以上，年降水量 1000mm 以上。11 月下旬至翌年 4 月为干季，日照充足，降水少，空气相对湿度 50%~

60%。5~10月为雨季，降水量占全年的87%。境内高差悬殊，立体气候明显，从而也发育了较完整的自然植被垂直带，如南段的基带为热带性的半常绿季雨林或季风常绿阔叶林(1700m以下)，向上依次出现中山湿性常绿阔叶林(1800~2600m)、温凉性针叶林或山顶苔藓矮林(2700~3100m)、寒温性针叶林(3100~3400m)和高山灌丛与草甸(3300m以上)等，东西坡差异较小(李恒等，2000)。

4.2.2 样地概况

高黎贡山中山湿性常绿阔叶林动态监测样地位于云南省保山市隆阳区、腾冲县、龙陵县三县(区)交界处，距保山市区100km，距腾冲县城54km。样地地理位置为98°45′53.1″~98°46′1.3″E、24°50′9.8″~24°50′17.3″N，样地面积为4hm^2(200m×200m)，整个样地向西偏斜10°。样地内地形较复杂，地势东高西低，最高海拔位于样地东南角(2229.65m)，最低海拔位于样地西侧中部(2135.00m)，相对高差为94.65m。样地中有3条箐沟，从南、中、北3个方向汇于西侧中部海拔最低处。样地东部近山脊处坡度较平缓，但中部及西部箐沟两侧山坡坡度较陡(图4.1、图4.2)。根据距实验样地约1km的高黎贡山气象站2011~2016年气象数据，年平均气温12.8℃，最低1月平均气温7.0℃，最高7月平均气温17.8℃，年均降水量1369.7mm。

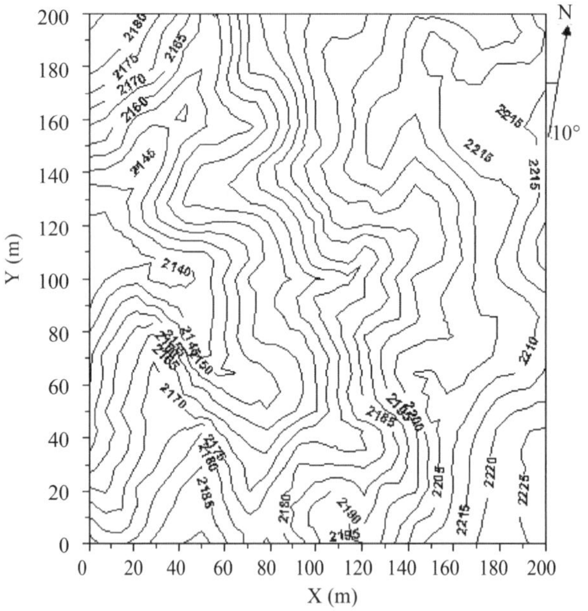

图4.1 高黎贡山中山湿性常绿阔叶林动态监测样地等高线(等高线间距为5m)

样地中土壤以黄棕壤为主，森林植被为典型的中山湿性常绿阔叶林。林冠上层高20m以上，乔木层主要树种有长果大头茶(*Polyspora longicarpa*)、多花山矾(*Symplocos ramosissima*)、肖樱叶柃(*Eurya pseudocerasifera*)、硬斗柯(*Lithocarpus hancei*)、龙陵新木

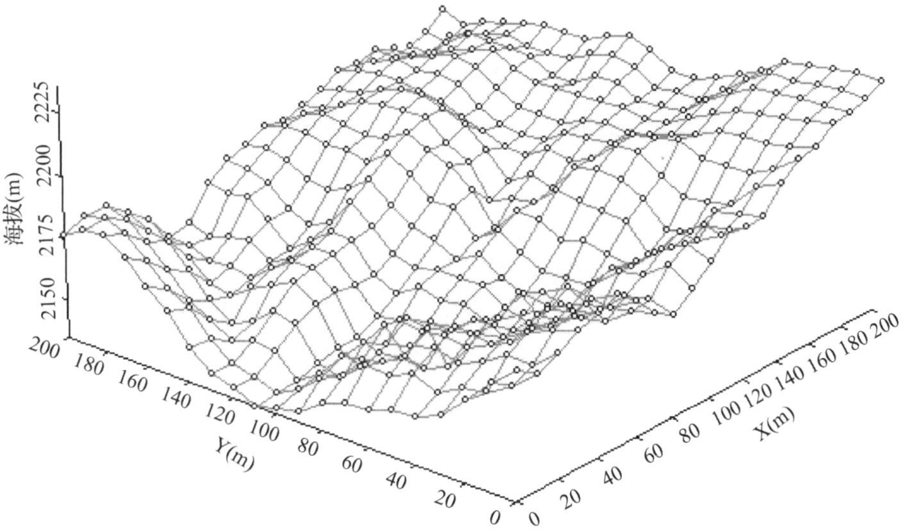

图 4.2　高黎贡山中山湿性常绿阔叶林动态监测样地三维地形(20m×20m)

姜子(*Neolitsea lunglingensis*)和薄片青冈(*Cyclobalanopsis lamellosa*)等。灌木层中竹子层片明显，局部地段层盖度可达 90%以上，种类以带鞘箭竹(*Fargesia contracta*)和宁南方竹(*Chimonobambusa ningnanica*)较常见，其他的灌木种类还有聚果九节(*Psychotria morindoides*)、阿里山十大功劳(*Mahonia oiwakensis*)、梗花粗叶木(*Lasianthus biermannii*)、常春木(*Merrilliopanax listeri*)及一些上层乔木树种的幼树(苗)等。草本层不发达，除一些低凹沟谷处有宽叶楼梯草(*Elatostema platyphyllum*)成片分布外，其他种类都在林中呈零星分布。林中不乏藤本植物及附生植物，常见的有上树蜈蚣(*Rhaphidophora lancifolia*)、多种树萝卜(*Agapetes* spp.)和多种兰科(Orchidaceae)植物附生或悬挂于树枝上(孟广涛等，2013)。

4.3　监测样地建设方法

在研究区域中山湿性常绿阔叶林分布相对较连片集中的地段建立 1 块 $4hm^2$(边长为 200m 的正方形)的永久固定样地(编为样地 A)，建设技术参照巴拿马 BCI 样地建设规范(兰国玉等，2008；Condit，1998；Cao *et al.*，2008)。

用全站仪将整个样地划分为 100 个 20m×20m 的样方，每个样方再划分为 16 个 5m×5m 的小样方。以 20m×20m 样方为基本样方，其编号采用其右上方的顶点坐标，如样地西南角原点处的 20m×20 m 样方编号为 0101，样地东北角最后一个样方编号为 1010。对每个基本样方内胸径 *DBH*≥1.0cm 的所有树木个体进行编号、挂牌，并记录其植物名称、胸径、树高等。样地中每株树木都要求鉴定到种，对野外无法鉴定的树种需采集标本(原则上每个树种都需采集凭证标本)，并查阅《云南植物志》《中国植物志》等相关资料进行定名。整个样地以东西方向为 X 轴，南北方向为 Y 轴，测量每株树木在 5 m × 5 m 小样方的坐标值以进行定位。

样地勘测及植物调查工作于 2009 年 10 月至 2010 年 11 月进行。参与野外调查人员包括云南省林业和草原科学院科研人员、高黎贡山国家级自然保护区保山管理局、隆阳分局技术人员及众多护林员。野外调查中共采集样地植物标本 200 余份，树种鉴定主要由云南省林业和草原科学院科研人员完成。对于一些鉴定较困难的树种，则通过在不同季节反复采集标本并查阅相关文献来进行鉴定，或在当地从事植物学教研工作的教授及相关专家协助下完成鉴定。

另外，监测样地还包括 7 块 40m×40m 的辅助样地(分别编为样地 B、样地 C、样地 D、样地 E、样地 F、样地 G 和样地 H)。设置辅助样地的目的是为了拓宽监测样地的代表性，提高监测数据的可靠性，以更客观、真实地反映高黎贡山中山湿性常绿阔叶林的群落多样性特征。其中，样地 B、样地 C、样地 D、样地 E 4 块样地建立于 2003 年(2007 年进行了第二次调查)，是云南省林业科学院为实施“中荷合作云南省森林保护与社区发展项目(FCCDP)”在高黎贡山设置的植被监测样地，4 块样地开始建立时的样方编号、树木编号与样地 A 有所不同，但调查方法和调查内容相同。2010 年在对 4 块样地进行第三次调查时，依据样地 A 的建设规范对样方编号、树木编号进行了维护和换牌工作(换牌前后的树木编号有详细的对照记录)。样地 F、样地 G 和样地 H 建立于 2010 年，完全按照样地 A 的建设规范设置。

第5章

树种组成特征

5.1 研究方法

5.1.1 重要值计算

树种重要值计算公式如下（宋永昌，2001）：

$$IV = (RD + RF + RA)/3$$

$$RD = 100\% \times D_j / \sum D_j$$

$$RF = 100\% \times F_j / \sum F_j$$

$$RA = 100\% \times A_j / \sum A_j$$

式中：IV 为树种重要值；RD 为相对多度；D_j 为种 j 的多度，即该种在群落内的个体数目；R_F 为相对频度；F_j 为种 j 的频度，即该种个体在群落内各个样方中的出现频率；RA 为相对显著度；A_j 为种 j 的显著度，即该种在群落内的胸高断面积总和。

本研究中相对多度仅计算独立树木个体的数量；相对显著度计算包括树木分枝的断面积；计算相对频度时，在第 4.1.3 节中有关重要值的计算是以 4hm^2（200m×200m）样地为统计整体，相对频度计算的总样方数为 100 个（20m×20m）；在第 4.6 节及第 4.7 节中有关重要值的计算是以 0.16hm^2（40m×40m）样地为统计整体，相对频度计算的总样方数为 16 个（10m×10m）。

另外，本研究以 $DBH \geq 1.0$cm 的全体树木为研究对象，故乔木下层（C 层）会包括部分灌木种类，但也仅包含了那些 $DBH \geq 1.0$cm 的部分，对那些 DBH 未及 1.0cm 的灌木树木并未涉及，因而在重要值计算中对那些 $DBH \geq 1.0$cm 的灌木亦全部按乔木处理。

5.1.2 植物区系地理成分划分

利用森林动态监测样地开展植物区系研究，不仅可以大大减少区系调查的工作量，节约人力、物力、财力以及时间成本，而且更重要的是，通过大样地平台仅需分析少量的植物类群(如几十到一二百个属)就能达到常规区系分析(需要分析上千个属)所获得的结果(裴男才，2011)。本研究将样地中所记录的全部树种名录按哈钦松系统进行排列，在各科下列出相应的属名和种名。按吴征镒划分世界种子植物科及中国种子植物属的分布区类型的原理和方法，确定每一科、属的分布区类型。其中，科级分布区类型按李锡文(1996)、吴征镒等(2003)对中国种子植物科的分布区类型系统进行划分，属级分布区类型用吴征镒(1991，2003)对中国种子植物属的分布区类型系统进行划分。对于种级分布区类型，也用吴征镒的属级分布区类型系统进行划分，对其中的中国特有种则按李恒等(2000)的方法进一步划分出分布区亚型。

5.1.3　种-面积曲线的拟合

分别以样地西南角、东南角、东北角、西北角为起点，各起点依次选择 400，800，1200，1600，2000，…，40000m^2 为取样面积，统计各取样面积内的树种数，绘制各起点的种-面积曲线，并用对数函数模型进行模型拟合(张金屯，2004；Connor & McCoy，1979)。

对数函数模型如下：

$$S = Z\ln A + C$$

式中：S 为面积 A 中所包含的物种数；Z 为单位面积中的物种数；C 为面积每扩大 e(≈2.718，为自然对数的底)倍所增加的物种数。

5.1.4　优势种、稀有种的测度方法

优势种是指群落中个体数量多、体积大或生物量高、生活能力强的物种。优势种对群落的结构以及群落环境的形成起着决定性作用(王伯荪，1987)。对群落中的优势种进行判别有助于对群落进行命名和确定研究对象(Grime *et al.*，1988)。

本文选用 Ohsawa(1984)提出的替代法来确定群落的优势种数目。其基本思想是一个群落的优势度若为 S 个物种分享，如忽略各物种相对优势度的差异则每个物种的优势度为 $1/S$。因而，可以把群落中的物种按其优势度值从大到小排序后，取前 T 个物种作为群落的优势种，并且这 T 个物种应该使它们的实际优势度值与期望分享的群落优势度值之间的差距最小，用公式表示如下：

$$E^2 = \sum_{i=1}^{T}(x_i - 1/T)^2 + \sum_{i=T+1}^{S}(x_i - 0)^2$$

式中：E 为群落样地的实际优势度值与 T 个优势种期望分享的群落优势度值之间的欧氏距离；x_i 为群落中第 i 个物种(已按相对多度从大到小排序)的相对多度；S 为样地中的物种数目。

上式经代数变换可得：

$$E^2 = \sum_{i=1}^{S}x_i^{\,2} - (2\sum_{i=1}^{T}x_i - 1)/T$$

对于某具体群落，$\sum_{i=1}^{S} x_i^2$ 为定值，因此要使 E 取最小值，则 $(2\sum_{i=1}^{T} x_i - 1)/T$ 必须取最大值，这样通过替代法就可以确定群落的优势种数目 T 值(覃林，2009)。

稀有种是指平均每公顷的个体数少于 1 的树种(Hubbell *et al.*，1986)。

5.1.5　种-多度曲线的拟合

物种多度分布是给出有 r 个个体种类数的观察频率的分布，它可以用仅含几个参数的分布模型来描述。分别选用几何级数模型、对数级数模型和对数正态分布模型对样地中的种-多度关系进行了拟合。

(1)种-多度的几何级数分布模型(Motomura，1932)。假设一个群落有 S 个物种，N 个个体，有限的资源为 1，多度最大的种先占了资源的 k 份，剩下的$(1-k)$份被第二多度种占了 k 份，即 $k(1-k)$，而剩下$(1-k)^2$；第三多度种又占了剩下部分的 k 份，即 $k(1-k)^2$，而剩下$(1-k)^3$；依此类推，第$(S-1)$多度种占有全部资源的 $k(1-k)^{S-2}$，而剩下$(1-k)^{S-1}$ 的资源刚好被第 S 种全部占用。因此，第 i 多度种的个体数如下：

$$n_i = Nk(1-k)^{i-1}$$

如果只考虑群落中最常见的一些种，则第 i 多度种的个体数公式如下：

$$N_i = N\frac{k(1-k)^{i-1}}{1-(1-k)^S}$$

式中：i 为多度级($i=1, 2, 3, \cdots, s$)；N_i 为第 i 多度种的个体数；N 为群落中的个体总数；S 为群落中的物种数。k 为群落中各物种对资源的分配比例，其取值范围在 0 与 1 之间。群落物种数越多，k 值越小。k 的估计值通过迭代方法求解，即：

$$\frac{N_{\min}}{N} = \frac{k(1-k)^{S-1}}{1-(1-k)^S}$$

式中：$N_{\min}$ 为群落中多度最小物种的个体数。

人为给定 k 的初值并代入上式，若是等式的左边大于右边，减小 k 值；若是左边小于右边，则增加 k 值；如此不断的调整 k 值，直到等式两边近于相等，此时的 k 值即为所求值(覃林，2008)。

(2)种-多度的对数级数分布模型(Fisher *et al.*，1943；Kempton and Taylor，1974；Taylor *et al.*，1976)。假设一个群落中有 S 个物种，N 个个体，有 $r(r=1, 2, \cdots)$个个体的种的频数如下：

$$S_r = \frac{\alpha x^r}{r}$$

式中：S_r为群落中有 r ($r=1, 2, \cdots$)个个体的物种数；x 是介于 0 与 1 之间的常数，其估计值由公式 $\frac{S}{N} = \frac{1-x}{x}[-\ln(1-x)]$ 通过迭代方法求解；a 为种的多样性指数，通过公式 $\alpha = N\frac{1-x}{x}$ 求得(覃林，2008)。

(3)种-多度的对数正态分布模型(May，1975；Preston，1948；Sugihara，1980)。Preston(1948)认为物种个体数的对数具有正态分布，因而个体数就是对数正态分布。对数正态分布模型由物种在每一多度级(倍程)上的物种数给出，即：

$$S(R) = S_0 e^{-\alpha^2 R^2}$$

式中：$S(R)$为第 R 个倍程的物种数；S_0 为模式倍程(物种数最多的倍程)的物种数；a 为反映分布宽度的参数。

随着样方大小的增加，观测到稀有种的可能性也随之增加，但不可能对整个群落调查，从而有可能一些稀有种没被记录，因此应用截尾对数正态分布拟合群落物种多度分布(覃林，2008)。

倍程(R)的确定：在多度从小到大的排序中，若人为对多度分级且后级是前级的倍数，所得多度级即为倍程。第 1 倍程包含多度在 0 与 1 之间的物种，第 2 倍程包含多度在 1 与 2 之间的物种，第 3 倍程在 2 与 4 之间，第 4 倍程在 4 与 8 之间，依此类推。对于多度位于倍程分界值上的物种，采用平分法则，一半属前倍程，另一半属后倍程。当所有物种都分别归属某一倍程后，各个倍程的物种数就确定了，把物种数最多的倍程(模式倍程)其 R 值记为 0，位于模式倍程前的倍程其 R 值分别记为-1，-2，-3 等，位于模式倍程后的倍程其 R 值分别记为 1，2，3 等，即 $R=\log_2(n_i/n_0)$。n_i 和 n_0 分别为第 i 倍程和模式倍程的多度。

参数 a 的确定，公式如下：

$$a = \frac{1}{R_{max}}\sqrt{\ln[\frac{S(0)}{S(R_{max})}]}$$

式中：$S(0)$为模式倍程的物种观测频数；$S(R_{max})$为距离模式倍程最远的倍程(R_{max})的物种观测频数。

确定 a 值后，参数 S_0 的估计值公式如下：

$$S_0 = e^{\overline{\ln S(R)} + a^2\overline{R^2}}$$

式中：$\overline{\ln S(R)}$ 为每个倍程的物种观测频数对数的平均值；$\overline{R^2}$ 为 R^2 的平均值。

(4)种-多度分布模型的适合性检验(覃林，2008)。以上 3 个模型可计算模型的理论值，如几何级数模型可计算第 i 多度种个体数的理论值，对数级数模型和对数正态分布模型可计算任一给定多度水平的物种数理论值。通过比较观测值与理论值之间的差异显著性，可以判断分布模型的适合性。差异显著性用卡方(x^2)检验，即：

$$x^2 = \sum_{i=1}^{m}\frac{(O_i - E_i)^2}{E_i}(i = 1，2，\cdots，n)$$

当 $x^2 > x_a^2(m-k-1)$ 时，拒绝观测值与理论值无显著性差异的原假设；$x_a^2(m-k-1)$ 的值可查 x^2 分布表获得。其中，$(m-k-1)$称自由度，k 是分布模型被估计参数的个数，

显著性水平 a 取 0.05。

5.1.6 多样性指数计算方法

采用 4 个定量指标即物种丰富度(S)、物种多样性指数(H')、均匀度(J)、优势度(D)来测度和分析物种多样性与群落特征的关系。

(1)物种丰富度。物种丰富度(S)即物种的数目，直接用群落物种数表示。

(2)物种多样性指数。采用 Shannon - Wiener 指数公式(Shannon & Wiener, 1949)，即：

$$H' = -\sum P_i \ln Pi$$

式中：P_i 为种 i 的相对重要值。

(3)均匀度指数。均匀度是群落中每个种个体数之间的差异，因此均匀度通常被定义为观察多样性与最高多样性的比率(Pielou, 1975)。均匀度指数计算公式如下：

$$J = H'/\ln S$$

式中：H'为 Shannon-Wiener 指数；S 为群落的种数；$\ln S$ 为假设群落所有种类都以相同比 $1/S$ 存在，则群落多样性最大值 $H'_{max} = \ln S$。

(4)优势度指数。优势度指数即 Simpson 指数，反映的是在同一群落中随机抽取两个个体属于同一物种的概率大小，也就是群落中种的优势集中度。其计算公式如下(Simpson, 1949)：

$$D = \sum (n_i/N)^2 = \sum P_i P_i$$

式中：n_i、N、P_i 意义同上。

优势度指数越高，说明群落中优势种的优势越明显。

5.2 树种种类组成及重要值分布

5.2.1 种类组成

在高黎贡山中山湿性常绿阔叶林 4hm² 动态监测样地中，共记录到胸径(DBH)≥1.0cm 的树木 10546 株(包括分枝和萌枝共计 14498 株)，平均每公顷 2637 株，包括 1 种蕨类植物(中华桫椤 *Alsophila costularis*)和 94 种种子植物，隶属于 35 科 64 属(表 5.1)。其中，常绿树种 84 种，占树种总数的 88.42%；落叶树种 11 种，占树种总数的 11.58%。从科的组成看，含种数最多的是樟科(Lauraceae)(14 种)，其次为山茶科(Theaceae)(10 种)、五加科(Araliaceae)(8 种)、壳斗科(Fagaceae)(6 种)和冬青科(Aquifoliaceae)(6 种)，含 4 种的科有木兰科(Magnoliaceae)、蔷薇科(Rosaceae)、山矾科(Symplocaceae)和茜草科(Rubiaceae)，含 3 种的科有杜鹃花科(Ericaceae)和芸香科(Rutaceae)，另含 2 种的有 5 科，含 1 种的有 19 科。含个体数最多的科为山茶科(1716

株），其次为樟科（1613 株）、山矾科（1169 株）、壳斗科（1097 株）、蔷薇科（676 株）和紫金牛科（Myrsinaceae）（578 株）；含 100～500 株的科有 14 科，如槭树科（Aceraceae）、山龙眼科（Proteaceae）、木兰科和五加科等，含 100 株以下的有 15 科，如八角科（Illiciaceae）和杜鹃花科等。从属的组成看，含种数最多的是冬青属（*Ilex*）（6 种），其次为山矾属（*Symplocos*）（4 种）、罗伞属（*Brassaiopsis*）（3 种）、鹅掌柴属（*Schefflera*）（3 种）、木姜子属（*Litsea*）（3 种）、新木姜子属（*Neolitsea*）（3 种）、山茶属（*Camellia*）（3 种）和柯属（*Lithocarpus*）（3 种）。另含 2 种的有 11 属，含 1 种的有 45 属。从科属的组成上可以看出，该群落是比较典型的亚热带常绿阔叶林，樟科、山茶科、壳斗科、木兰科、山矾科和五加科的植物在其中明显占有优势。

表 5.1　高黎贡山中山湿性常绿阔叶林动态监测样地个体数≥300 的优势科

科名	属数	种数	个体数
山茶科	6	10	1716
樟科	7	14	1613
山矾科	1	4	1169
壳斗科	3	6	1097
蔷薇科	3	4	676
紫金牛科	2	2	578
槭树科	1	2	470
五加科	4	8	385
山龙眼科	1	1	364
木兰科	3	4	315
其他 25 科	33	40	2163
合计	64	95	10546

5.2.2　重要值分布

样地中重要值≥1.0 的树种共有 38 种，占总种数的 40%，但它们的个体数和胸高断面积分别占个体总数和胸高断面积总和的 86.68%和 90.75%（表 5.2）。从重要值的分布来看，所有树种的重要值均在 5%以下，没有特别优势的树种。其中，重要值最大的是多花山矾（*Symplocos ramosissima*）（4.15%），其次依序为肖樱叶柃（*Eurya pseudocerasifera*）（3.95%）、长果大头茶（*Polyspora longicarpa*）（3.69%）、龙陵新木姜子（*Neolitsea lunglingensis*）（3.53%）、硬斗柯（*Lithocarpus hancei*）（3.45%）、薄片青冈（*Cyclobalanopsis lamellosa*）（3.42%）、毛柄槭（*Acer pubipetiolatum*）（3.41%）、尖叶桂樱（*Laurocerasus undulata*）（3.40%）、多沟杜英（*Elaeocarpus lacunosus*）（3.21%）、星毛鹅掌柴（*Schefflera minutistellata*）（3.11%）和针齿铁仔（*Myrsine semiserrata*）（3.09%）等，它们之间的重要值差异不明显。多花山矾因其个体数最多而在群落中占有较重要的地位，其

相对多度对其重要值的贡献率达 63.82%。但多花山矾的植株个体较小(平均胸径仅 4.49cm)，大部分处于高度 8m 以下的层次，因而它对群落的作用和影响也主要发生在乔木下层。群落中因个体数量相对较多而重要值较大的树种还有针齿铁仔、龙陵新木姜子、硬斗柯和毛柄槭，它们的相对多度对重要值的贡献率分别达到 58.83%、46.39%、43.43%和 41.99%。这些树种虽少见大树(平均胸径均不超过 10cm)，但却是群落中最常见的种类，对构建林下环境起着至关重要的作用。肖樱叶柃、尖叶桂樱的个体数量有所减少，但出现了一定数量的较大胸径个体，且出现频率也较高，因而在群落中也占有较重要的地位。相较而言，长果大头茶、多沟杜英、薄片青冈和星毛鹅掌柴的个体数明显更少，但树木较高大(分别有 43.09%、33.85%、24.88%和 27.80%的个体胸径超过 20cm)，它们的重要值主要由相对显著度贡献，贡献率分别达到 68.99%、55.03%、53.78%和 43.83%。这些数种都能达到乔木上层，对群落环境的影响和作用最大，是群落中较重要的优势树种。

其他树种的重要值均在 3%以下，其中 2%~3%的有 8 种，1%~2%的有 19 种，<1%的有 57 种。它们中以个体形态较占优势(相对显著度占重要值的比例在 50%以上)的树种有南亚含笑(*Michelia doltsopa*)、红锥(*Castanopsis hystrix*)、滇琼楠(*Beilschmiedia yunnanensis*)和红花木莲(*Manglietia insignis*)等；以个体数量较占优势的树种有窄叶连蕊茶(*Camellia tsaii*)和疏花卫矛(*Euonymus laxiflorus*)等；以个体分布(相对频度)较占优势的树种有厚边木犀(*Osmanthus marginatus*)和红梗润楠(*Machilus rufipes*)等。

表 5.2 高黎贡山中山湿性常绿阔叶林动态监测样地树种层次分布及重要值

序号	树 种	平均高(m)	乔木A层	乔木B层	乔木C层	平均胸径(cm)	相对显著度(%)	相对频度(%)	相对多度(%)	重要值(%)
1	多花山矾	4.7	2	93	742	4.49	1.56	2.94	7.94	4.15
2	肖樱叶柃	7.4	47	125	282	10.08	4.60	2.94	4.30	3.95
3	长果大头茶	10.7	48	65	68	21.69	7.64	1.72	1.72	3.69
4	龙陵新木姜子	5.5		90	428	6.88	2.67	3.01	4.91	3.53
5	硬斗柯	5.5	7	91	376	6.93	2.99	2.86	4.49	3.45
6	薄片青冈	8.6	25	84	104	16.57	5.52	2.72	2.02	3.42
7	毛柄槭	6.7	15	107	331	9.38	3.36	2.58	4.30	3.41
8	尖叶桂樱	6.4	5	93	239	11.03	3.83	3.19	3.20	3.40
9	多沟杜英	8.1	23	62	107	16.47	5.30	2.51	1.82	3.21
10	星毛鹅掌柴	8.9	20	153	104	14.03	4.09	2.61	2.63	3.11
11	针齿铁仔	4.3		26	549	4.03	1.02	2.79	5.45	3.09
12	红锥	8.7	26	74	106	16.81	5.35	1.50	1.95	2.94
13	窄叶连蕊茶	4.8	2	47	411	5.69	1.49	2.79	4.36	2.88
14	瑞丽山龙眼	4.5	8	27	329	5.76	1.45	2.65	3.45	2.52
15	金平木姜子	7.3	18	80	148	9.67	2.55	2.51	2.33	2.46
16	少花桂	6.6	6	83	190	8.71	2.15	2.58	2.65	2.46

（续）

序号	树　种	平均高（m）	乔木A层	乔木B层	乔木C层	平均胸径（cm）	相对显著度（%）	相对频度（%）	相对多度（%）	重要值（%）
17	南亚含笑	10.4	12	44	23	29.55	4.95	1.50	0.75	2.40
18	双齿山茉莉	8	15	55	82	13.91	3.17	2.04	1.44	2.22
19	红花木莲	9.5	18	34	44	19.37	3.68	1.93	0.91	2.17
20	森林榕	5.9	8	31	161	8.55	1.34	2.72	1.90	1.99
21	腾越枇杷	5.8	12	37	177	6.74	1.37	2.11	2.14	1.87
22	滇琼楠	8.8	17	26	46	19.44	3.26	1.36	0.84	1.82
23	长蕊木兰	9.6	21	52	46	15.06	2.58	1.72	1.13	1.81
24	马蹄荷	8.8	24	57	97	11.09	2.50	1.00	1.69	1.73
25	星毛柯	6.9	11	30	95	10.33	1.88	1.90	1.29	1.69
26	枝花流苏树	5.9	4	36	156	6.98	1.07	1.97	1.86	1.63
27	大理茶	3.5		3	204	4.34	0.33	2.26	1.96	1.52
28	黄牛奶树	4.2		12	199	3.87	0.27	2.11	2.00	1.46
29	瑞丽茜树	5.4		22	120	8.28	0.79	1.97	1.35	1.37
30	团花新木姜子	6.9	8	36	96	7.73	0.85	1.72	1.33	1.30
31	波叶新木姜子	5.9	3	28	82	9.41	0.99	1.72	1.07	1.26
32	疏花卫矛	3.4		1	262	2.22	0.13	1.00	2.49	1.21
33	蜂房叶山胡椒	9.2	10	41	32	14.41	1.25	1.40	0.79	1.14
34	红梗润楠	6.1	2	25	78	6	0.34	2.04	1.00	1.12
35	微脉冬青	7.3	7	25	60	10.66	1.45	1.04	0.87	1.12
36	泥柯	9	9	27	30	15.57	1.38	1.25	0.63	1.09
37	厚边木犀	7	5	22	50	10.63	0.85	1.61	0.73	1.06
38	檀梨	5.9		21	84	8.57	0.76	1.40	1.00	1.05
39	乔木茵芋	5.3	1	5	83	9.14	0.51	1.58	0.84	0.98
40	怒江柃	4.7	4	12	156	4.14	0.44	0.82	1.63	0.96
41	毛果猴欢喜	9.5	5	7	10	29.57	1.97	0.68	0.21	0.95
42	腺叶桂樱	5.9	1	19	87	6.09	0.30	1.54	1.01	0.95
43	落瓣油茶	4		1	161	3.75	0.24	1.04	1.54	0.94
44	薄叶冬青	5.2		17	81	5.15	0.26	1.47	0.93	0.89
45	楠叶枫	12.2	5	5	7	26.73	1.22	0.57	0.16	0.65
46	铜绿山矾	4.2		3	103	3.4	0.10	0.68	1.01	0.60
47	无腺吴萸	7.4	1	14	27	10.08	0.28	1.04	0.40	0.57
48	大八角	5.8		17	64	5.73	0.24	0.57	0.77	0.53
49	柳叶金叶子	7.6	4	5	16	13.06	0.55	0.57	0.24	0.45
50	大花红淡比	8.4	5	6	14	13.02	0.49	0.57	0.24	0.43
51	大籽山香圆	7.4		12	21	9.22	0.21	0.64	0.31	0.39
52	常春木	3.3			60	1.74	0.01	0.57	0.57	0.39
53	多脉水东哥	7.8	2	13	17	13.44	0.37	0.47	0.30	0.38
54	娥眉鼠刺	6.3	3	5	29	6.71	0.18	0.57	0.35	0.37

（续）

序号	树　种	平均高（m）	乔木A层	乔木B层	乔木C层	平均胸径（cm）	相对显著度（%）	相对频度（%）	相对多度（%）	重要值（%）
55	倒卵叶黄肉楠	7.1	3	8	14	8.72	0.18	0.68	0.24	0.37
56	厚皮香	6.8	1	5	18	8.13	0.14	0.57	0.23	0.31
57	阔叶杨桐	6.8		10	20	7.61	0.16	0.47	0.28	0.30
58	多花含笑	6.8	1	6	14	9.44	0.24	0.43	0.20	0.29
59	云上杜鹃	6.7	1	2	13	10.76	0.18	0.25	0.15	0.19
60	大叶鹅掌柴	6.2		5	11	8.2	0.07	0.36	0.15	0.19
61	长尾冬青	5.5		3	10	6.67	0.04	0.39	0.12	0.19
62	美丽水锦树	6.2		3	16	5.69	0.06	0.29	0.18	0.18
63	大叶山矾	3.8			15	2.49	0.01	0.36	0.14	0.17
64	越南刺榄	8.9		4	1	23.32	0.16	0.14	0.05	0.12
65	瑞丽罗伞	2.7			10	1.47	0.001	0.21	0.09	0.10
66	荷包山桂花	3.5			7	2.34	0.002	0.21	0.07	0.09
67	黄樟	7	1	1	4	9.06	0.04	0.18	0.06	0.09
68	须弥桃叶珊瑚	2.7			6	1.74	0.001	0.21	0.06	0.09
69	黄丹木姜子	8.5		3	2	10.55	0.04	0.18	0.05	0.09
70	梗花粗叶木	2.8			9	2.12	0.003	0.18	0.09	0.09
71	刺通草	2.4			9	2.22	0.003	0.18	0.09	0.09
72	短刺锥	13.2		2		45.35	0.19	0.04	0.02	0.08
73	罗伞	5.6		1	4	5.82	0.01	0.18	0.05	0.08
74	纸叶虎皮楠	4.8			5	4.71	0.01	0.18	0.05	0.08
75	高冬青	12.8		2		39.1	0.14	0.07	0.02	0.08
76	阿里山十大功劳	3.2			9	2.04	0.003	0.14	0.09	0.08
77	粗梗稠李	7.2		2	4	7.12	0.02	0.14	0.06	0.07
78	短序鹅掌柴	4.5		1	6	3.02	0.004	0.11	0.07	0.06
79	珍珠荚蒾	4.5			3	5.32	0.004	0.11	0.03	0.05
80	印度木荷	12.8		1		33.2	0.09	0.04	0.01	0.05
81	中华桫椤	3.6			2	14.6	0.03	0.07	0.02	0.04
82	马缨杜鹃	6.1			2	10.66	0.02	0.07	0.02	0.04
83	聚果九节	2.5			2	2.05	0.005	0.07	0.02	0.03
84	香面叶	11.9		2		14.3	0.02	0.04	0.02	0.03
85	密花树	4.3			3	4.85	0.01	0.04	0.03	0.02
86	梭罗树	7.5			1	11.6	0.01	0.04	0.01	0.02
87	多脉冬青	10.6		1		10.3	0.005	0.04	0.01	0.02
88	浅裂罗伞	7.9			1	8.25	0.003	0.04	0.01	0.02
89	长叶水麻	5.9			1	6	0.002	0.04	0.01	0.02
90	云南木姜子	5.1			1	5.25	0.001	0.04	0.01	0.02
91	尖叶漆	5.5			1	5.2	0.001	0.04	0.01	0.02
92	毛果黄肉楠	4			1	3.4	0.001	0.04	0.01	0.02

(续)

序号	树　种	平均高 (m)	乔木 A层	乔木 B层	乔木 C层	平均胸径 (cm)	相对显著度 (%)	相对频度 (%)	相对多度 (%)	重要值 (%)
93	水红木	2.4			1	1.6	0.0001	0.04	0.01	0.02
94	花椒簕	2.7			1	1.52	0.0001	0.04	0.01	0.02
95	西域青荚叶	1.6			1	1.16	0.0001	0.04	0.01	0.02
合计		6.2	476	2168	7902	8.18	100.00	100.00	100.00	100.00

5.2.3　种类组成特点

常绿阔叶林一般是指以壳斗科、樟科、山茶科、木兰科等科的常绿阔叶树种为主组成的森林。由于它主要分布于亚热带的湿润气候条件下，故又称之为“亚热带常绿阔叶林”。我国的常绿阔叶林在世界上分布最辽阔，根据其生态外貌及所反映的生境水湿条件的差异，又分为东部(湿润)常绿阔叶林和西部(半湿润)常绿阔叶林两个植被亚型，后者主要分布于云南高原和青藏高原东南部，因受西南季风及高原地貌的深刻影响，其植被种类组成、生态表现与东部常绿阔叶林有较大的差异(吴征镒等，1987)。高黎贡山位于云南西部，在高原季风气候及中山地貌的影响下，气候温凉多湿，故发育的常绿阔叶林多以樟科、山茶科、壳斗科、木兰科植物为主，符合亚热带常绿阔林林科属组成的总体特征，在种类组成上则出现了较多的温凉喜湿的种类，如本样地中的多花山矾(*Symplocos ramosissima*)、肖樱叶柃(*Eurya pseudocerasifera*)、长果大头茶(*Polyspora longicarpa*)、龙陵新木姜子(*Neolitsea lunglingensis*)、硬斗柯(*Lithocarpus hancei*)、薄片青冈(*Cyclobalanopsis lamellosa*)、毛柄槭(*Acer pubipetiolatum*)、尖叶桂樱(*Laurocerasus undulata*)、多沟杜英(*Elaeocarpus lacunosus*)、星毛鹅掌柴(*Schefflera minutistellata*)、针齿铁仔(*Myrsine semiserrata*)等，极具山地森林类型特色。因此，本样地所代表的高黎贡山中山湿性常绿阔叶林，可以说是亚热带常绿阔叶林的典型代表，但它本身并非水平地带性植被，而是垂直带植被类型，其基带植被是海拔600~800m范围的偏干性的热带半常绿季雨林或季风常绿阔叶林(李恒等，2000)。它的存在反映了一定海拔高度垂直带(2000~2400m)的水热条件，如这里的年均温12.8℃，年降水量1369.7mm，11月下旬至翌年4月为干季，日照充足，降水少，空气相对湿度50%~60%；5~10月为雨季，降水量占全年的87%，表现出山地温凉气候特点。群落中以单叶、革质、全缘、中型叶为主的叶片性质以及以常绿中高位芽植物为主的群落外貌特征(见6.2节、6.3节)也较明显地反映了上述气候特点。

在种类组成上，本样地群落与云南同类型植被相比颇具特色。本样地群落在群系级上可划归到《高黎贡山植物》(李恒等，2001)中记载的薄片青冈、柯林群系，而从表5.4中可以看出，薄片青冈及几种柯属树种在样地中虽然有一定数量，但并不占多大优势，而在其他地段多为伴生树种的多花山矾、肖樱叶柃、长果大头茶等，在样地中的优势较明显。再与云南哀牢山样地相比较(巩合德等，2011)，重要值排前 10 位的树种中仅有硬斗柯、多花山矾为两样地所共有，且在排序上也有较大差异(在哀牢山样地中分别排在第 1 位和第 6 位)。除这两种共有种外，哀牢山样地中重要值较大的伴生树种还有变色锥(*Castanopsis wattii*)、云南连蕊茶(*Camellia forrestii*)、云南越橘(*Vaccinium duclouxii*)、木果柯(*Lithocarpus xylocarpus*)等，都未在本样地中出现。可见，两个地区的中山湿性常绿阔叶林在种类组成上既存在联系又有一定差异，符合植物群落本身兼具“间断性”与“连续性”性质的特点。

5.3　树种组成的区系统计

5.3.1　科的区系成分统计

根据李锡文(1996)、吴征镒等(2003)对中国种子植物科的分布区类型的划分，样地中记录的 35 科木本植物可划分为 7 个类型 2 个变型（表 5.3)。其中，世界分布科有 2 科[(蔷微科和远志科(Polygalaceae)]。泛热带及其变型分布的科有 20 科，热带亚洲和热带美洲间断分布的科有 3 科，热带亚洲、非洲和大洋洲间断分布的科有 1 科，热带亚洲分布的科有 1 科，以上热带分布的科共 25 科，占总科数的 75.76%。北温带及其变型分布的科有 5 科，东亚和北美洲间断分布的科有 2 科，东亚分布的科有 1 科，以上温带分布的科共 8 科，占总科数的 24.24%。没有出现中国特有分布的科。在科级水平上热带成分明显高于温带成分，显示出较强的热带性质，反映了该区域木本植物区系在起源和形成上与古热带的渊源关系。

表 5.3　高黎贡山中山湿性常绿阔叶林动态监测样地木本植物科属地理成分

分布型	科数	占全部科的比例(%)	属数	占全部属的比例(%)
1 世界分布	2	—	1	—
2 泛热带分布	20	60.61	14	22.22
2-2 热带亚洲、非洲和中、南美间断分布			2	3.17
3 热带亚洲和热带美洲间断分布	3	9.09	5	7.94
4 旧世界热带分布			1	1.59
4-1 热带亚洲、非洲(或东非、马达加斯加)和大洋洲间断分布	1	3.03	1	1.59
5 热带亚洲至热带大洋洲分布			3	4.76
6 热带亚洲到热带非洲分布			2	3.17
6-2 热带亚洲和东非或马达加斯加间断分布			1	1.59
7 热带亚洲(印度-马来西亚)分布	1	3.03	12	19.05
7-1 爪哇岛、喜马拉雅间断或星散分布到华南、西南			2	3.17

（续）

分布型	科数	占全部科的比例（%）	属数	占全部属的比例（%）
7-4 越南（或中南半岛）至华南（或西南）分布			3	4.76
热带小计	25	75.76	46	73.02
8 北温带分布	4	12.12	3	4.76
8-4 北温带和南温带（全温带）间断分布	1	3.03	1	1.59
9 东亚和北美洲间断分布	2	6.06	8	12.70
14 东亚分布	1	3.03	4	6.35
14 -1 中国-喜马拉雅分布			1	1.59
温带小计	8	24.24	17	26.98
合计	35	100.00	64	100.00

5.3.2 属的区系成分统计

根据吴征镒（1991；2003）对中国种子植物属分布区类型的划分，样地中记录的 64 属木本植物可划分为 10 个类型 7 个变型（表 5.3）。其中，世界分布属有 1 属（远志属 *Polygala*）。泛热带及其变型分布的属有 16 属，热带亚洲和热带美洲间断分布的属有 5 属，旧世界热带及其变型分布的属有 2 属，热带亚洲至热带大洋洲分布的属有 3 属，热带亚洲至热带非洲分布的属有 3 属，热带亚洲及其变型分布的属有 17 属，以上热带分布的属共 46 属，占总属数的 73.02%。北温带及其变型分布的属有 5 属，东亚和北美洲间断分布的属有 8 属，东亚分布的属有 4 属，以上温带分布的属共有 17 属，占总属数的 26.98%。没有出现中国特有分布的属。在属级水平上热带成分也明显高于温带成分，可见热带性质依然明显。但属级水平的热带成分所占比重（73.02%）比科级水平的热带成分比重（75.76%）已略有下降，温带成分则略有上升，这表明随着植物区系的演化，部分热带成分被淘汰，或孕育出了一些更耐凉的温带成分。

5.3.3 种的区系成分统计

在种级水平上，样地中记录的 95 种木本植物可划分为 4 个类型 6 个变型（表 5.4）。其中，热带成分的种有 32 种，占总种数的 33.68%，温带成分的种有 63 种，占总种数的 66.32%。没有出现世界分布及其他分布型的种。与科、属水平相比，种级水平上的温带成分所占比例明显上升并超过了热带成分，这说明一些热带分布科内演化的种并不完全局限在热带区域，有些种已深入至亚热带乃至温带，具有了一定的温带性质。但就起源而言，仍具有热带起源的背景。

表 5.4　高黎贡山中山湿性常绿阔叶林动态监测样地木本植物种地理成分

分布型	种数	占全部种占比例(%)
2. 泛热带分布	1	1.05
7. 热带亚洲分布	16	16.84
7-2. 热带印度至华南分布	6	6.32
7-3. 缅甸、泰国至华西南分布	5	5.26
7-4. 越南(中南半岛)至华南(西南)分布	4	4.21
14. 东亚分布	3	3.16
14-1. 中国-喜马拉雅分布	22	23.16
15. 中国特有分布	38	40.00
15-1. 云南特有分布	20	21.05
a. 高黎贡山到滇西峡谷区分布	4	4.21
b. 高黎贡山至滇缅老越边境地区分布	7	7.37
c. 高黎贡山与滇东南间断分布	3	3.16
d. 高黎贡山至澜沧江中游、哀牢山以西地区分布	3	3.16
e. 云南广布	3	3.16
15-2. 与中国其他地区共有分布	18	18.95
a. 西南地区	9	9.47
a-1. 云南、四川	1	1.05
a-2. 云南、西藏	5	5.26
a-3. 云南、西藏、贵州	3	3.16
b. 南方地区	9	9.47
b-1. 西南至华南	5	5.26
b-2. 西南至华中、华南	1	1.05
b-3. 西南至华南、华东	1	1.05
b-4. 西南至华中、华南、华东	1	1.05
b-5. 西南至华中、华东	1	1.05
合计	95	100.00

在热带成分中，热带亚洲及其变型分布的种有 31 种，泛热带分布的种仅有 1 种，显示出该地木本植物区系与热带亚洲紧密联系。在温带成分中，东亚及其变型分布的种 25 种，中国特有分布的种有 38 种，其中仅在云南境内分布的有 20 种，可达西南地区和南方地区的有 18 种，由此可见该地木本植物区系与东亚植物区系也具有较强的联系，且具有丰富的特有现象。

5.3.4　关于植物区系起源的讨论

以上科、属、种地理成分分析结果反映出该地木本植物区系具有明显的热带起源背景，并与热带亚洲及东亚地区广泛联系。

本样地树种在属级水平上的热带成分和温带成分分别为73.02%和26.98%，与高黎贡山整个地区的种子植物区系（热带成分和温带成分分别为50%和43.57%）相比热带成分所占比例明显增加。这是由本样地在高黎贡山所处的地理位置引起的差异。高黎贡山为南北走向的高大山系，位于24°40′~28°30′N，几乎纵跨4个纬度带，其南、北两端的植物区系组成自然会有差异。本样地较靠近高黎贡山的南端（大致为24°50′N），拥有更高比例的热带成分也是必然的。两者的分析结果并没有出现较大的差异，说明利用大样地平台进行区系分系亦是可行的。

从分析结果看，样地中科、属水平上的热带成分所占比例分别达到75.76%和73.02%，这为该地区植物区系热带起源的性质提供了证据。在地质历史上，高黎贡山地区在第三纪造山运动以前和初期位于现代位置的450km以南（23°~24°N），即北回归线以南，为典型的热带植被和热带植物区系。在二叠纪至第三纪早始新世时或稍晚，掸马板块（滇西-掸邦-马来亚板块为冈瓦纳古陆的边缘部分，简称掸马板块，高黎贡山为其中部板块的一个板片）发生北移和右旋，促使高黎贡山热带植物区系向温带植物区系的蜕变和演化（李恒等，2000）。而本样地所在的南端（高黎贡山南部泸水及以南地区），北移的幅度较小，位移之初处于北回归线以南的赤道带内，属热带雨林的分布范围，故发生北移后仍可能保留较多的热带植物区系的成分。从所处地理位置来看，本样地所处区域在云南植被区划（吴征镒等，1987）中正好处于高原亚热带南部季风常绿阔叶林地带与高原亚热带北部常绿阔叶林地带的过渡地带，南北走向的山体及河谷为南北植物的交流提供了通道，因而它既具有典型的亚热带常绿阔叶林所拥有的以樟科、山茶科、壳斗科、木兰科为主体的物种组成特征，又具有南部季风常绿阔叶林的以热带成分为主的区系性质特点。从科属地理成分来看，本样地中除拥有上述四大主体科外，还拥有较多热带分布的科如山矾科、卫矛科、山龙眼科、芸香科以及亚热带常见的科如五加科、杜英科、冬青科、野茉莉科（Styracaceae）、水东哥科（Saurauiaceae）、省沽油科（Staphyleaceae）、虎皮楠科（Daphniphyllaceae）和紫金牛科等。而且这些科中的许多属也都具有热带起源的性质，如黄肉楠属（*Actinodaphne*）、润楠属（*Machilus*）、樟属（*Cinnamomum*）、山胡椒属（*Lindera*）、木姜子属（*Litsea*）、新木姜子属（*Neolitsea*）、柃木属（*Eurya*）、山茶属（*Camellia*）、杨桐属（*Adinandra*）、青冈属（*Cyclobalanopsis*）、长蕊木兰属（*Alcimandra*）、含笑属（*Michelia*）、杜英属（*Elaeocarpus*）、猴欢喜属（*Sloanea*）、山茉莉属（*Huodendron*）等。众多热带起源的科、属在这里都得到了较充分的发展。由此可见，本地区植被热带起源的性质十分明显，并有其地质地理演化的历史根源。

在种级水平上，热带成分的种所占比例下降至33.68%，温带成分的种所占比例明显上升并超过了热带成分。样地中含70%以上的热带科和热带属而仅含33.68%的热带种，这在一定程度上表明大部分的热带科、属在该地区并未保留很多热带种，为了适应由于掸马板块发生位移（北移和右旋）所带来的热量条件的变化，这些科、属的热带种要么经过艰难的适应锻炼而生存下来，要么不能适应而被淘汰，要么是孕育一个或一系列的较耐凉的新种，成为新环境中的新居民(张金屯，2004；覃林，2008)。分布到该地区的热带科、属大都走了其中的第三条路，使得植物区系由热带性质转化成了当今的温带性质，但其热带起源的背景依然是明显的(李恒等，2000)。

由于高黎贡山所在的掸马板块的位移(北移和右旋)导致了原来的热带植被和植物区系为温带植被和植物区系所替代，并形成了一条滇西北—滇东南走向的生态地理对角线，使高黎贡山许多植物仅能在对角线以西或西南侧继续生存、繁衍和分化(李恒，1994)。分布于本样地中的云南特有种也受到了该生态地理对角线的限制。如高黎贡山至云南、缅甸、老挝、越南边境地区分布的种有 7 种，高黎贡山至澜沧江中游、哀牢山以西地区分布的种有 3 种，二者均属该生态地理对角线西南侧的特有种；高黎贡山与滇东南间断分布的种有 3 种，属于生态地理对角线两端分布类型。以上 3 种类型共 65%的云南特有种的分布制约于生态地理对角线，这为该线的存在提供了佐证。

5.4 树种种—面积关系及树种频度分布

5.4.1 种—面积关系

样地中 $DBH \geq 1.0$cm 树木的种-面积曲线如图 5.1 所示。以样地西南角为起点，取样面积为 400m^2 时树种有 15 种，取样面积为 1600m^2 时，树种增加到 47 种，接近树种总数的 50%。取样面积为 10000m^2 时，树种增加到 71 种，占树种总数的 74.74%；取样面积为 13200m^2 时，树种增加到 76 种，占树种总数的 80.00%。取样面积再增加时，树种数增加趋于平缓。可见，以样地西南角为起点时要覆盖样地 80%的树种，需要的取样面积大致为 13200m^2。再分别以样地东南角、东北角及西北角为起点绘制种-面积曲线，结果显示各起点的种-面积曲线变化趋势差异不明显，如要覆盖样地 80%的树种需要的取样面积比较接近(分别为 9600m^2、10800m^2 和 9200m^2)，且均远小于样地总面积 4hm^2。由此可见，4hm^2 面积的样地基本上可以体现高黎贡山中山湿性常绿阔叶林群落的物种组成特征和种间相互关系。

选用对数函数模型对各起点的种—面积曲线进行了拟合，拟合方程分别如下：

西南角 $S=16.143\ln(A)-76.744(R^2=0.984,\ P<0.001)$

东南角 $S=15.371\ln(A)-67.891(R^2=0.972,\ P<0.001)$

东北角 $S=18.064\ln(A)-93.650(R^2=0.976,\ P<0.001)$

西北角 $S=13.272\ln(A)-45.057(R^2=0.988,\ P<0.001)$

式中：S 为树种数；A 为取样面积(m^2)。

检验结果显示 4 条曲线的拟合效果均较好。

对数函数模型可以在群落、景观和区域等各种尺度上很好地描述种-面积关系，其

中的参数 Z 是单位面积中出现的物种数，参数 C 与使用的面积单位无关，被认为是空间异质性的一种度量。因此，对存在空间异质性的群落，用对数函数模型来拟合种-面积曲线的效果较好(Connor & McCoy，1979；Gitay *et al.*，1991；Buys *et al.*，1994；He & Legendre，1996；张金屯，2004)。分别以样地四角为起点，选用对数函数模型对种-面积曲线进行了拟合，检验结果显示效果都较好，这就说明该群落环境较复杂，样地中树木在一定程度上都受到空间异质性的影响。然而，对数函数模型一般只用来描述较小尺度下物种数量随面积增加的关系，对于较大尺度下的种-面积曲线还需要结合其他的模型来描述(Williams，1943；Archibald，1949；Kilburn 1963；Palmer & White，1994；He & Legendre，1996)。因此，对高黎贡山中山湿性常绿阔叶林群落来说，当最大样方面积小于 $4hm^2$ 时，用该函数模型来反映群落中空间异质性对树木的影响是适合的；当最大样方面积超过 $4hm^2$ 时，群落的空间异质性是否仍能对其中的树木产生影响，这需要进一步探讨。

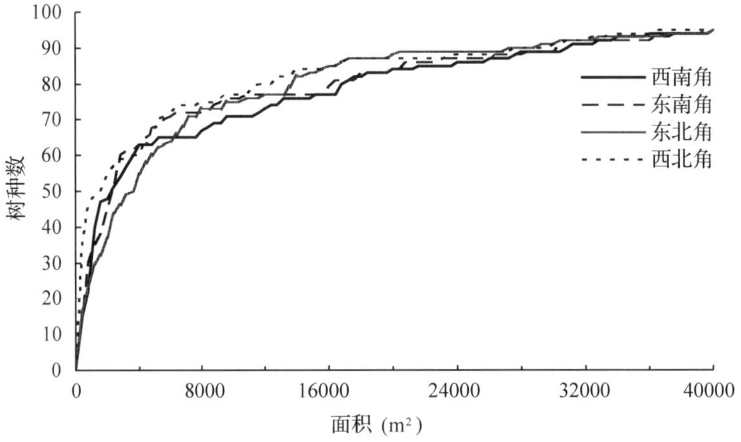

图 5.1　高黎贡山中山湿性常绿阔叶林动态监测样地树木的种-面积曲线

5.4.2　树种频度分布

种-面积曲线显示了群落中树种随面积增加而增加的分布规律，但不能反映这些树种在群落中的分布情况。通过统计树木在群落中各个地点的出现频度，则可以较好地描述这些树种在群落中分布的均匀程度。样地中各树种在不同取样面积时(40m×40m、20m×20m、10m×10m、5m×5m)的频度分布如图 5.2。从图 5.2 中可以看出，在不同的取样面积下，树种频度分布表现出较大的差异。如取样面积为 40m×40m(样方数目为 25)时，频度分布表现为 A>B=C<D<E，此时较接近阮基耶尔“A>B>C≥≤D<E”的频度分布规律。取样面积为 20m×20m(样方数目为 100)时，频度分布表现为 A>B<C>D>E，此时 A 级频度的种数得到增加，而 E 级频度的种数已明显下降；当取样面积为 10m×10m 及 5m×5m 时，频度分布表现为 A>B>C，其中 A 级频度的种数明显增加，而 D、

E 级频度的种已消失，这说明这两种取样面积过小、样方数目过多，已不适宜拿来做频度统计。

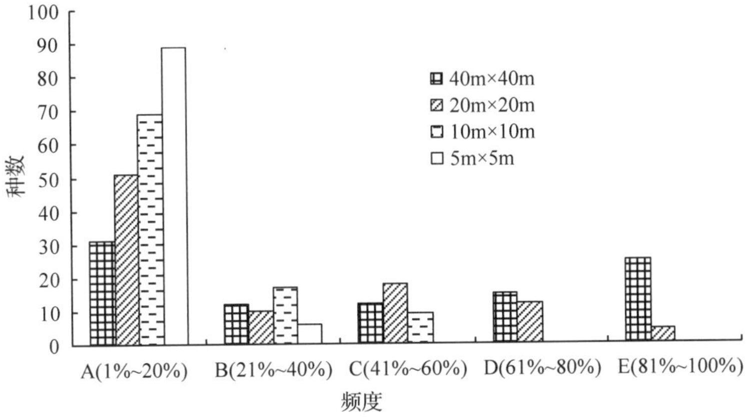

图 5.2　高黎贡山中山湿性常绿阔叶林动态监测样地树种的频度分布

5.5　树种多度格局

5.5.1　种-个体分布

在 $4hm^2$ 样地中，共有 $DBH \geq 1.0cm$ 的树木 95 种 10546 株，平均每种 111 株。其中，个体数在 1~4 株的有 19 种(占 20.00%)，5~20 株的有 19 种(占 20.00%)，21~100 株的有 22 种(占 23.16%)，101~300 株的有 26 种(占 27.37%)，300 株以上的有 9 种(占 9.48%)，见表 5.5。样地中稀有种(平均每公顷的个体数少于 1 的树种(Hubbell *et al.*，1986))所占比例较高(共 19 种占 20%)，但其个体数所占比例较低(仅 29 株占 0.28%)。个体数超过 300 株的树种较少(共 9 种占 9.48%)，但它们所含个体总数较多(共 4472 株占 42.40%)，在数量上优势较明显。这些数量丰富的树种多为小径级树木，大径级树木较少(胸径在 10cm 以下的树木共有 3565 株，而胸径超过 30cm 的树木仅 96 株，其中胸径超过 50cm 的树木仅 3 种 6 株)，见表 5.6。

样地中不同径级树木的种-个体关系见表 5.7。从表 5.7 中可以看出，随着径级的增加，树木个体数、树种数及平均每种拥有的株数均明显减少，但优势种、稀有种种数所占比例在增加。其中，胸径在 50cm 以上的有 26 种，平均每种有 5.6 株，远低于总体水平(111 株/种)，而优势树种所占比例高达 53.85%。这表明样地中树木径级越大，树种分化越明显。

表 5.5　高黎贡山中山湿性常绿阔叶林动态监测样地树木种-多度分布

种多度	种数	所占比例（%）	个体数	所占比例（%）
1≤A≤4	19	20.00	29	0.28
5≤A≤20	19	20.00	185	1.75
21≤A≤100	22	23.16	1226	11.63
101≤A≤300	26	27.37	4634	43.94
A≥301	9	9.48	4472	42.40
总计	95	100.00	10546	100.00

表 5.6　高黎贡山中山湿性常绿阔叶林动态监测样地个体数>300 的种的径级分布

树种	径级 *DBH*					总计
	1cm≤*DBH*<10cm	10cm≤*DBH*<20cm	20cm≤*DBH*<30cm	30cm≤*DBH*<50cm	*DBH*≥50cm	
多花山矾	754	72	10	1		837
针齿铁仔	522	51	2			575
龙陵新木姜子	401	91	19	7		518
硬斗柯	382	57	20	12	3	474
窄叶连蕊茶	392	54	13	1		460
肖樱叶柃	289	73	68	24		454
毛柄槭	304	98	35	15	1	453
瑞丽山龙眼	315	36	6	5	2	364
尖叶桂樱	206	66	40	25		337
总计	3565	598	213	90	6	4472

表 5.7　高黎贡山中山湿性常绿阔叶林动态监测样地树木在不同径级的种-个体关系

径级 *DBH*	个体数	种数	个体/种数	优势种数(所占比例)（%）	稀有种数(所占比例)（%）
DBH≥1cm	10546	95	111.0	31(32.63)	19(20.00)
DBH≥10cm	2784	74	37.6	32(43.24)	15(20.27)
DBH≥20cm	1207	60	20.1	25(41.67)	17(28.33)
DBH≥30cm	548	47	11.7	19(40.43)	13(27.66)
DBH≥50cm	146	26	5.6	14(53.85)	12(46.15)

5.5.2　种多度排列图

在一个群落中，物种多度格局和物种多样性是密切相关的。把一个群落中多度最大的种到多度最小的种排列到横坐标上，而其多度大小排列在纵坐标上，绘成的图称为种多度排列图。样地中不同径级树木的种多度排列图如图 5.3 所示。从图 5.3 中可以看出，各条种多度排列曲线均显示有一条较长的尾巴，说明各径级的树种多样性均较为丰富(长尾巴意味着样地中有较多的单株树种)。其中，*DBH*≥1.0cm 径级树木的种多度排列曲线长度最长，曲线陡度最小，说明该径级树木具有最高的树种丰富度和均匀度。随着径级的增加，树木的种多度排列曲线长度逐渐缩短，曲线陡度却逐渐增加，说明树种的丰富度和均匀度随径级增大在逐渐下降。

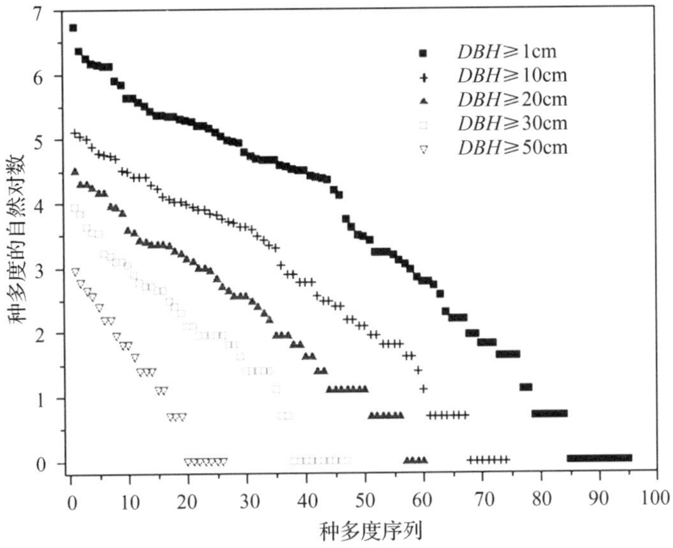

图 5.3 高黎贡山中山湿性常绿阔叶林动态监测样地不同径级树木的种多度排列

5.5.3 种–多度分布模型

物种多度是指一个种在群落中的个体数量，群落中若干物种的多度组成比例关系即构成物种的多度格局，可用一定的数学模型进行拟合，进而对群落中的种–多度关系进行预测和描述。选用几何级数模型、对数级数模型和对数正态分布模型对样地中不同径级(*DBH*≥1cm、*DBH*≥10cm、*DBH*≥20cm、*DBH*≥30cm、*DBH*≥50cm)树木的种–多度关系进行了拟合，结果如图 5.4 所示。

几何级数模型拟合结果如图 5.4A 所示。可以看出，对 *DBH*≥1cm[图 5.4A(a)]、*DBH*≥10cm[图 5.4A(b)]径级的树木，其种–多度分布不遵从几何级数模型(适合性检验结果达到显著水平($P<0.05$)]；对 *DBH*≥20cm[图 5.4A(c)]、*DBH*≥30cm[图 5.4A(d)]、*DBH*≥50cm[图 5.4A(e)]径级的树木，其种–多度分布遵从几何级数模型(适合性检验结果未达到显著水平($P>0.05$)]，拟合方程分别为 $N_i=89.441\times0.993^{i-1}$、$N_i=44.263\times0.921^{i-1}$、$N_i=16.326\times0.894^{i-1}$。其中，$i$ 为多度级($i=1, 2, 3, \cdots, s$)，Ni 为第 i 多度种的个体数。

对数级数模型拟合结果如图 5.4B 所示。可以看出，对 *DBH*≥1cm[图 5.4B(a)]、*DBH*≥50cm[图 5.4B(e)]径级的树木，其种–多度分布遵从对数级数模型，拟合方程分

别为 $S_{(r)}=14.433\times0.999^r/r$、$S_{(r)}=9.200\times0.941^r/r$，其中 r 为个体数($r=1，2，3，\cdots$)，$S_{(r)}$为有 r 个个体的物种数。对 $DBH\geqslant10$cm[图 5.4B(b)]、$DBH\geqslant20$cm[图 5.4B(c)]、$DBH\geqslant30$cm[图 5.4B(d)])径级的树木，其种-多度分布不遵从对数级数模型。

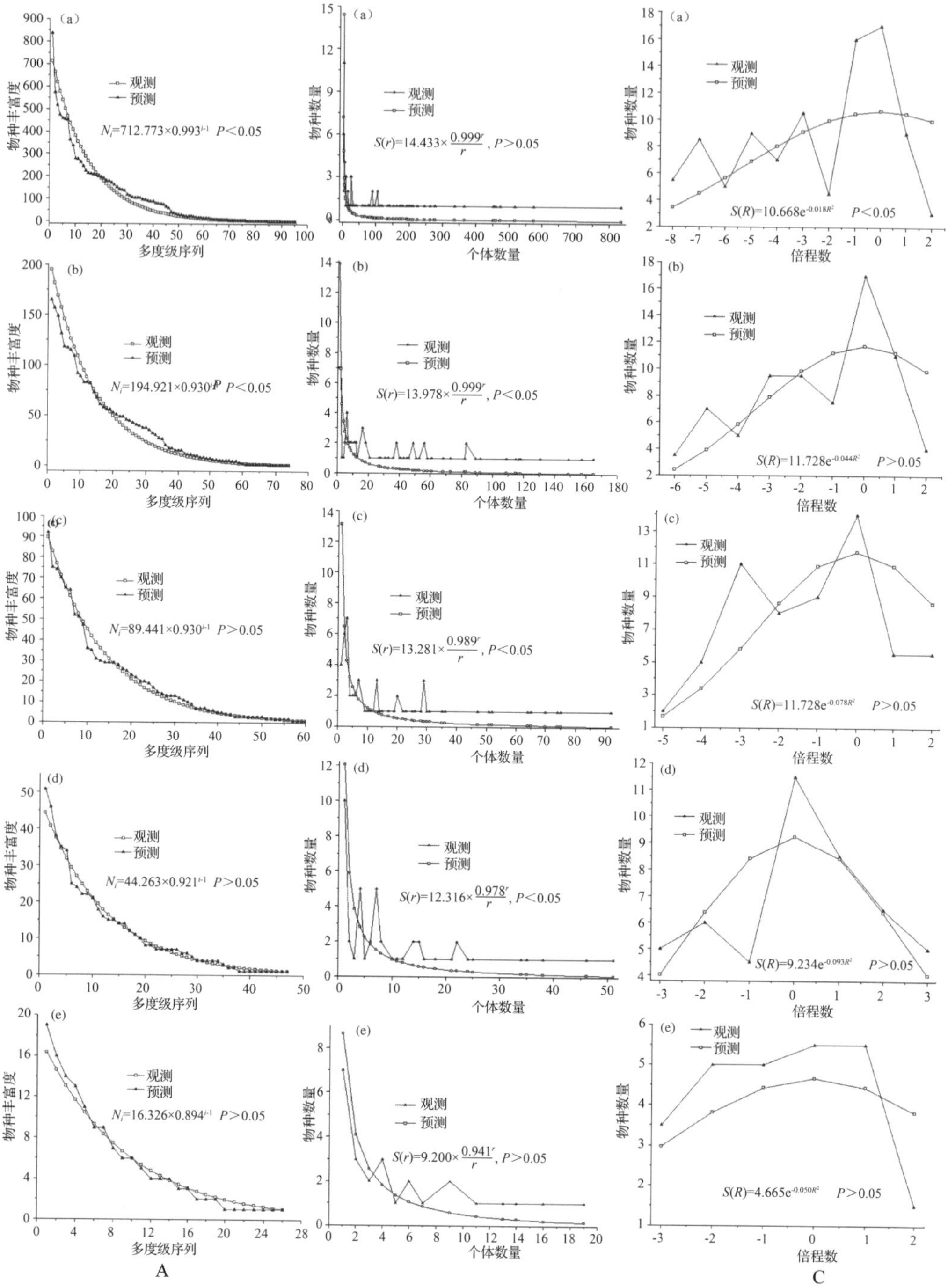

图 5.4　高黎贡山中山湿性常绿阔叶林动态监测样地树木的种多度模型

(A：几何级数模型，B：对数级数模型，C：对数正态分布模型)

对数正态分布模型拟合结果如图 5.4C 所示。可以看出，除 $DBH \geq 1$cm 径级外，其他径级（$DBH \geq 10$cm、$DBH \geq 20$cm、$DBH \geq 30$cm、$DBH \geq 50$cm）树木的种-多度分布都遵从对数正态分布模型，拟合方程分别为 $S(R) = 11.728\exp(-0.044R^2)$、$S(R) = 11.728\exp(-0.078R^2)$、$S(R) = 9.234\exp(-0.093R^2)$、$S(R) = 4.665\exp(-0.050R^2)$。其中，$R$ 为倍程数（在种按多度从小到大的排序中，对种多度进行分级且后级种数是前级种数的倍数，所得多度级即为倍程）；$S(R)$ 为第 R 个倍程的物种数。

以上结果反映了不同径级树木的种多度分布关系，含小径级个体较多的树木一般只遵从对数级数模型（如 $DBH \geq 1$cm 径级），含中等径级较多的树木一般遵从几何级数或对数正态模型（如 $DBH \geq 10$cm 径级、$DBH \geq 20$cm 和 $DBH \geq 30$cm 径级），但不遵从对数级数模型，而含大径级个体较多的树木则 3 种模型都遵从（如 $DBH \geq 50$cm 径级）。

种多度分布可用多种模型来描述，这些模型可分为两类：资源分配模型和统计模型。资源分配模型是具有明确生态学意义的模型，它以种分配到的资源比例的假设来推导种多度分布，认为群落中一个物种个体数量的多少与该种的生态位大小有密切关系，即与物种对群落环境资源的利用和占有有关。几何级数模型就属于资源分配模型，当群落中资源分配不均、某一种占有大部分资源时，也就是群落中优势种有较强的优势，占全部个体数的大部分时，其种多度分布符合该模型（张金屯，2004）。统计模型是按统计假设而推导的种多度分布模型，如对数级数模型和对数正态分布模型都属统计模型。一般认为，在一个或数个环境因子占主导地位的群落中，种多度分布往往服从对数级数分布，形成优势种很少、稀有种很多的格局（Fisher *et al.*，1943；彭少麟，2003）。对数级数模型表达式中的 a 是一个物种多样性指数，它与群落中物种数目和个体总数成正比，且它对群落样方大小变动不敏感，而对稀有种或常见种多度的变化敏感，因而能够有效地表征群落间多样性的差异（Kempto & Taylor，1974；宋永昌，2001）。当群落中环境条件较好、物种丰富而分布均匀时，群落中的每一个物种在取样面积中的个体数量都不依赖于其他物种，其种多度分布则往往服从对数正态分布，也就是说，对数正态分布模型对于那些优势种和稀有种都较少、一般常见种较多的群落能很好的拟合（Shang & Cai，1992；Zhao & Guo，1990）。可见，每种分布模型的统计意义和生态学意义都有不同，可以用来揭示群落的生态学过程或干扰过程（马克明，2003）。对高黎贡山中山湿性常绿阔叶林动态监测样地内不同径级树木种-多度分布的拟合结果显示，样地中含小径级个体较多的树木（如 $DBH \geq 1.0$cm 的全体树木，其中胸径在 10cm 以下的小径级树木占 73.60%）一般只遵从对数级数模型，这可能是由于样地空间异质性较大，而小径级树木对生境的依赖性也较大，因而环境因子对群落中树木的分布有明显的决定作用。这也与种-面积曲线拟合的结论较一致。由于生境异质性的影响，样地中优势树种占有比例较低而稀有种占有比例较高。样地中含中等径级较多的树木一般遵从几何级数或对数正态分布模型，但不遵从对数级数模型，这意味着随着胸径的增大，树木本身对生境的依赖性逐渐降低，大多数树木在群落中都能得到充分的生长和发展，因而使得群落中优势树种较多，但缺乏特别优势的树种。样地中胸径在50cm以上的大径级树木则3种模型都遵从，但相较而言拟合效果以对数级数模型较好。该径级树木个体数量虽少，但树种分化较多，且个体高大，生长良好，它们对生境的依赖程度显然也较低。从稀有种数量来看，该径级树木的稀有种所占比例达46.15%，其余全部为优势种(按 Ohsawa(1984)的方法确定)，这反过来也可以说是缺乏优势种。该径级树木稀有种较多而优势种较少可能也是对数级数模型拟合效果较好的原因。另外，该径级树木分布稀疏，树种相互间的依赖程度也较低，个体分布均匀而没有特别优势的树种，因此用对数正态分布模型也能较好地拟合。

由此可见，一个分布模型的拟合效果较好，仅表明该模型可以描述这个群落的种多度分布状况，而并不表示这个群落的种多度分布规律只符合该模型的理论假设，或许还有其他模型同样能够较好地拟合(覃林，2008)。由于每个模型的数学和生态学意义都不同，群落每适合一个模型就表明了它的一种可能的生态学过程(Norris & Pollock，1998；马克明，2003)。当生态学过程发生变化时，物种多度格局会从一个模型形式转变为另一个模型形式。在本群落中，种多度分布格局就随径级的增大而发生变化，如 *DBH*≥1cm 的树木只遵从对数级数模型，*DBH*≥10cm 的树木向对数正态分布模型转变，而 *DBH*≥20cm、*DBH*≥30cm、*DBH*≥50cm 的树木则仍遵从对数正态分布模型或向几何级数模型转变。

5.6 树种多样性特征

在 $4hm^2$ 样地中，*DBH*≥1.0cm 的树木有95种(其中19种为稀有种)，分属于35科64属。树木个体总数10546株，平均每公顷2637株；胸高断面积总和为 $170.8498m^2$，平均每公顷 $42.71\ m^2$；重要值最大值为4.15%。通过与其他动态监测样地(郝占庆等，2008；张健等，2007；祝燕等，2008；叶万辉等，2008；巩合德等，2011；刘海丰等，2011；兰国玉等，2008)进行比较可知，高黎贡山中山湿性常绿阔叶林群落的树种多样性具有较高的水平（表5.8)。

从表5.8中可以看出，高黎贡山中山湿性常绿阔叶林动态监测样地的面积最小，但样地内树种总数却高于哀牢山、东灵山和长白山样地内的树种总数，显示出该样地树种的丰富性。当取样面积均为 $4hm^2$ 时，高黎贡山样地的树种数低于纬度偏北的古田山和天童山样地，而高于纬度稍偏南的哀牢山样地。各样地单位面积($1hm^2$)内个体数的排序为古田山>西双版纳>鼎湖山>天童山>高黎贡山>东灵山>哀牢山>长白山，胸高断面积的排序为哀牢山>长白山>高黎贡山>西双版纳>古田山>天童山>鼎湖山>东灵山，其中高黎贡山样地均居于较中间的位置。另外，高黎贡样地中重要值的最大值在各样地中最小，稀有种所占比例略高于东灵山样地而低于其他6个样地。

高黎贡山中山湿性常绿阔叶林动态监测样地中的树种丰富度、单位面积内的树木个体数、单位面积内的胸高断面积等都处于较居中的位置，稀有种所占比例略高于东灵山样地而低于其他样地，重要值最大值在各样地中最小。这可能是由于它们所处的地理位置及海拔高度的差异引起的(各样地的环境特征见表 5. 9)。长白山、东灵山样地分别处于纬度较高的温带和暖温带地区，年平均气温分别仅为 3. 6℃和 4. 8℃，年平均降水量 500~700mm，水热条件的局限导致它们的生物多样性水平较低。古田山和天童山样地均处于纬度偏北的中亚热带区，但海拔高度仅为 300~700m，明显低于高黎贡山样地，其中古田山样地年平均气温 15. 3℃，年平均降水量 1963. 7mm，水热条件的充裕为其孕育了丰富的生物多样性。哀牢山样地纬度稍偏南，但海拔高度较高(比高黎贡样地高近 300m)，年平均气温 11. 3℃，年平均降水量 1931mm，其热量条件反而不如高黎贡山样地(年平均气温 15. 5℃，年平均降水量 1650mm)，其物种丰富度也偏低。鼎湖山样地处于南亚热带区，年平均气温 20. 9℃，年平均降水量 1985mm，海拔不超过 500m，西双版纳样地处于纬度最低的热带地区，年平均气温 21. 8℃，年平均降水量 1493mm，海拔高度不超过 900m，在 8 个样地中它们的水热条件最充裕，因而拥有较高的的物种多样性。

进一步选用 Shannon-Wiener 多样性指数、Simpson 指数及均匀度指数对样地中树木在不同胸径级、高度级的多样性进行了测定(表 5. 10)。从表 5. 10 中可以看出，样地中树木在整体上具有最高的 Shannon-Wiener 指数(为 1. 716)和最低的 Simpson 指数(为 0. 014)，而均匀度指数也居于较高的水平，说明该样地中树种较丰富，各树种分布较均匀而没有特别优势的树种，从而在整体上表现出较高的物种多样性水平。

表 5. 8 高黎贡山中山湿性常绿阔叶林动态监测样地与其他样地的比较

样地	面积(hm^2)	科数/属数/种数	密度	胸高断面积(m^2)	重要值最大值(%)	稀有种比例(%)
高黎贡山	4	35/64/95(95)*	2637	42. 71	4. 15	20. 00
西双版纳	20	70/213/468(>300)	4792	42. 34	8. 59	49. 14
鼎湖山	20	56/119/210(135)	3581	30. 17	12. 30	52. 38
哀牢山	6	25/49/68(≤68)	2022	48. 22	13. 45	25. 00
古田山	24	49/103/159(120)	5863	36. 90	15. 30	37. 10
天童山	20	51/94/152(≥122)	4730	32. 743	12. 05	36. 20
东灵山	20	18/33/58(52)	2607	17. 64	19. 65	18. 97
长白山	25	18/32/52(≤41)	1556	43. 23	14. 82	34. 60

注：* 括弧内数字为取样面积为 $4hm^2$ 时的树种数。

表 5.9 高黎贡山中山湿性常绿阔叶林动态监测样地与其他样地树种丰富度与环境特征的比较

样地	面积 (hm^2)	科数/属数/种数	纬度	海拔高度 (m)	年平均气温 (℃)	年平均降水量 (mm)
高黎贡山	4	35/64/95(95)*	24°50′	2135-2229	15.5	1650
西双版纳	20	70/213/468(>300)	21°37′	709-869	21.8	1493
鼎湖山	20	56/119/210(135)	23°10′	230-470	20.9	1985
哀牢山	6	25/49/68(≤68)	24°32′	2488-2538	11.3	1931
古田山	24	49/103/159(120)	29°15′	446-715	15.30	1964
天童山	20	51/94/152(≥122)	29°48′	304-603	16.2	1375
东灵山	20	18/33/58(52)	39°58′	1290-1509	4.8	600
长白山	25	18/32/52(≤41)	42°23′	792-810	2.5	750

注：* 括弧内数字为取样面积为 $4hm^2$ 时的树种数。

表 5.10 高黎贡山中山湿性常绿阔叶林动态监测样地树种的多样性指数

多样性指数	总体	胸径级 *DBH*(cm)					高度级(m)			
		1≤*DBH*<10	10≤*DBH*<20	20≤*DBH*<30	30≤*DBH*<50	*DBH*≥50	*H*<8	8≤*H*<14	14≤*H*<20	*H*≥20
物种丰富度	95	87	70	57	45	26	90	72	47	19
个体总数	10546	7762	1577	659	402	146	7902	2167	429	48
香浓-威纳指数	1.716	1.674	1.633	1.566	1.471	1.251	1.671	1.627	1.476	1.187
均匀度指数	0.867	0.863	0.885	0.892	0.890	0.884	0.855	0.876	0.883	0.928
辛普森指数	0.014	0.018	0.020	0.027	0.033	0.060	0.019	0.020	0.034	0.067

按胸径对树木进行划分，群落中物种丰富度、树木个体数及 Shannon-Wiener 指数均在 1≤*DBH*<10cm 径级最大，以后随径级的增加而逐渐减小；Simpson 指数则随径级的增加而不断增大；均匀度指数随径级的增加出现先上升后下降的变化趋势，其最大值出现在 20≤*DBH*<30cm 径级。这表明群落中小径级的树木具有较高的多样性水平，而随着胸径的增加，树木分布均匀度有所提高，但树种数及树木个体数在迅速减少，且优势种越来越明显，物种多样性总体水平在逐渐下降。

按高度对树木进行划分，群落中物种丰富度、树木个体数及 Shannon-Wiener 指数在 *H*<8m 高度级最大，以后随高度级的增加而急剧减小；Simpson 指数和均匀度指数则随高度级的增加而不断增大。这表明群落中处于较低高度级的树木具有较高的多样性水平，而随着高度的增加，树木分布更加均匀，但树种数、树木个体数均急剧下降，物种多样性总体水平也在下降。

第6章 群落结构特征

6.1 研究方法

6.1.1 生活型划分及生活型谱计算方法

各树种的生活型按 Raunkiaer(1934)的生活型系统进行划分。

生活型谱是指某一地区或某一群落中，全部种类所属各类生活型的百分比。生活型谱反映了某一地区或某一群落中植物与环境及气候间的相互关系。通过不同地区(群落)间生活型谱的比较，可以了解不同地区(群落)的环境特点，特别是气候特点(宋永昌，2001)。

生活型百分率计算公式如下：

某一生活型的百分率(%)= 该地区(群落)中某一生活型的种数/该地区(群落)中全部种数×100%

本研究以样地中 $DBH \geq 1.0$cm 的树木为研究对象，故生活型谱计算仅统计了高位芽植物中各类型的比例。

6.1.2 树木高度级结构划分方法

根据树木在样地内分布的自然高度，对其进行高度分级。样地中高度在 5m 以上的树木以 3m 为一个高度级(上限排外法)，高度在 5m 以下的树木作为 1 个高度级，共划分为 9 个高度级，即 $H<5$m、5m $\leq H<8$m、8m $\leq H<11$m……23m $\leq H<26$m 和 $H\geq 26$m。

6.1.3 树木径级结构(年龄结构)划分方法及树种存活曲线的绘制

由于测定树木的年龄比较困难，故用树木的径级结构来代替年龄结构。样地中树木径级结构划分以 5cm 为径阶，共划分为 21 个径级：1cm $\leq DBH<$5cm、5cm $\leq DBH<$ 10cm、10cm $\leq DBH<$15cm……95cm $\leq DBH<$100cm 和 $DBH\geq$100cm。在绘制树种存活

曲线时，分别统计它们在各径级的存活个体数，并换算成标准化存活个体数(一般标准化为1000)，以径级为横坐标，以各径级标准化存活个体数为纵坐标，绘制成各树种的存活曲线。各径级存活个体数标准化公式如下：

$$l_\chi = a_\chi / a_0 \times 1000$$

式中：l_χ 为χ径级的标准化个体数；a_χ 为χ径级的存活个体数；a_0 为开始时(第一径级)的存活个体数(覃林，2009)。

6.2 树种生活型组成

按阮基耶尔的生活型系统分类，样地中95个树种全部为高位芽植物，其中矮高位芽植物(高2m以下)1种，小高位芽植物(高2~8m)22种，中高位芽植物(高8~30m)72种，以中高位芽植物所占比例最大(表6.1)。样地中落叶树种11种，其中9种属中高位芽植物，它们分布在群落中、上层，在干季落叶时季相变化较明显。

表6.1 高黎贡山中山湿性常绿阔叶林动态监测样地树种的生活型谱

生活型谱	矮高位芽	小高位芽	中高位芽	总计
种数	1	22	72	95
百分比(%)	1.05	23.16	75.38	100.00

6.3 树种叶片特征

样地中95个树种叶片的特征，包括叶级、习性、叶型、叶质、叶缘、叶尖等性状特征的统计结果(表6.2)。从表6.2中可以看出，样地中中叶树种最多，占81.05%，小叶树种占11.58%，大叶树种占7.37%，没有鳞叶、微叶及巨叶树种。按生活型分别统计，则矮高位芽植物中只有中叶，小高位芽植物中小叶、中叶、大叶树种分别占13.64%、77.27%和9.09%，中高位芽植物中小叶、中叶、大叶树种分别占11.11%、81.94%和6.94%。中叶树种在各种生活型中都是最多的，且占有绝对优势。

各树种叶片的其他性状特征分别为常绿叶占88.42%，落叶占11.58%；单叶占86.32%，复叶占13.68%；革质叶占67.37%，纸质叶占32.63%；全缘叶52.63%，非全缘叶占47.37%；急尖叶占17.89%，渐尖叶占82.11%。可见，树种叶片表现出了以单叶、革质、全缘、渐尖、常绿叶为主的外貌特征。若按生活型分层进行统计，小高位芽植物及中高位芽植物也都以单叶、革质、全缘、渐尖、常绿叶为主，而所占的比例则随高度增加而上升。如小高位芽植物中单叶、革质、全缘、渐尖、落叶所占比例分别为68.18%、59.09%、45.45%、72.73%和4.55%，而在中高位芽植物中它们所占的比例分别提高到91.67%、70.83%、55.56%、84.72%和12.50%。这在一定程度上反映了叶片性质与林内微环境垂直变化的关系。如中高位芽植物多位于乔木中、上层，受阳光直射较多，革质叶较多更有利于反射过强阳光，免遭灼烧和减少蒸腾。小高位芽植物多位于乔木下层的弱光环境中，纸质叶较多更有利于吸收林内弱光(朱华，2000)。

综上所述，高黎贡山中山湿性常绿阔叶林中树叶以单叶、革质、全缘、中型叶为主，群落外貌以常绿的中高位芽植物组成为特征，落叶树种较少，群落季相变化不明显。

表 6.2　高黎贡山中山湿性常绿阔叶林动态监测样地的树叶特征

生活型		叶级(mm^2) 小叶 225~2025	叶级(mm^2) 中叶 2025~18225	叶级(mm^2) 大叶 18225~164025	习性 常绿	习性 落叶	叶型 单叶	叶型 复叶	叶质 革质	叶质 纸质	叶缘 全缘	叶缘 非全缘	叶尖 急尖	叶尖 渐尖
矮高位芽	种数	—	1	—	—	1	1	—	—	1	—	1	—	1
	百分比(%)	—	100.00	—	—	100.00	100.00	—	—	100.00	—	100.00	—	100.00
小高位芽	种数	3	17	2	21	1	15	7	13	9	10	12	6	16
	百分比(%)	13.64	77.27	9.09	95.45	4.55	68.18	31.82	59.09	40.91	45.45	54.55	27.27	72.73
中高位芽	种数	8	59	5	63	9	66	6	51	21	40	32	11	61
	百分比(%)	11.11	81.94	6.94	87.50	12.50	91.67	8.33	70.83	29.17	55.56	44.44	15.28	84.72

6.4　群落垂直结构

6.4.1　群落分层及结构特点

群落层次结构较复杂，乔木层从上至下可划分为三层，即乔木 A 层、B 层和 C 层(表 5.2)。

乔木 A 层树高 14m 以上，平均高 16.8m，最高达 29.3m，平均胸径 38.84cm，最大胸径 120.3cm。树冠彼此常不连接，层盖度 30%~50%。达到该层的树种有 46 种，其中 28 种树木个体在 20m 以下，如金平木姜子(*Litsea chinpingensis*)、红花木莲、蜂房叶山胡椒(*Lindera foveolata*)、腾越枇杷(*Eriobotrya tengyuehensis*)、团花新木姜子(*Neolitsea homilantha*)、泥柯(*Lithocarpus fenestratus*)等。能达 20m 以上的树种有 18 种，多是树干通直、冠幅伸展的高大树木，形成散生巨树，如长果大头茶、马蹄荷(*Exbucklandia populnea*)、多沟杜英、红锥、长蕊木兰(*Alcimandra cathcartii*)、楠叶枫(*Acer pinnatinervium*)、双齿山茉莉(*Huodendron biaristatum*)、南亚含笑、毛果猴欢喜(*Sloanea dasycarpa*)等。

乔木 B 层树高 8~14m，平均高 10.3m，平均胸径 18.04cm，最大胸径 73.0cm，层盖度 50%~80%。组成该层的树种有 72 种，其中能达到 A 层的树种 46 种，仅能达到 B 层的树种 26 种，如针齿铁仔、龙陵新木姜子、大理茶(*Camellia taliensis*)、瑞丽茜树(*Fosbergia shweliensis*)、大八角(*Illicium majus*)、檀梨(*Pyrularia edulis*)、阔叶杨桐(*Adinandra latifolia*)等。从数量上看，该层集中了 20.56%的树木个体，加上树体大都较高大，构成了群落的郁闭层。

乔木 C 层树高 8m 以下，平均高 4.4m，平均胸径 4.29cm，最大胸径 41.1cm，层盖度 30%~70%。组成该层的树种有 90 种，以 A、B 层乔木的幼树和一些灌木种类为主，个体大都较矮小。其中有 46 种能达到 A 层，有 21 种能达到 B 层，有 23 种仅分布在该层，如须弥桃叶珊瑚(*Aucuba himalaica*)、大叶山矾(*Symplocos grandis*)、瑞丽罗伞(*Brassaiopsis shweliensis*)、梗花粗叶木(*Lasianthus biermannii*)、荷包山桂花(*Polygala arillata*)、纸叶虎皮楠(*Daphniphyllum chartaceum*)和阿里山十大功劳(*Mahonia oiwakensis*)等。

A、B、C 三层树木个体分配比例为 4.51%、20.56%、74.93%，自上而下明显递增。A 层尽管个体数所占比例较低，但树种数所占比例较高(48.42%)，反映出该层树种种类剧烈分化的特点，群落优势种不明显。这些进入 A 层的树种，在 B、C 层或多或少都有分布(表 5.2)，说明它们大都拥有充足的后备资源，可以不断的补充更新，从而使整个群落处于较稳定的发展状态。

臧润国等(1999)在研究海南岛热带山地雨林林隙时发现，一般当热带山地雨林经过原生或次生演替形成稳定的老龄林顶极群落后，最后进入主林层的只有少数树种的少数个体。在高黎贡山中山湿性常绿阔叶林动态监测样地中，树木个体数随高度增加不断减少，其中仅 4.51%的树木能进入 A 层(树高 14m 以上)，仅 0.46%的树木能达 20m 以上，也显示出只有少数个体能进入主林层的现象。样地中树种数随着高度的增加基本呈直线下降的趋势，但进入 A 层的树种仍有 46 种，能达 20m 以上的树种有 18 种，分别占树种总数的 48.42%和 18.95%，这说明样地中有更多的树种进入主林层而使群落中的优势种表现不明显。样地中拥有较大径级的树木也不多，仅 146 株(占个体总数的 1.38%)胸径能达 50cm 以上，但它们分属 26 个种，占样地内树种总数的 27.37%。可见，与海南岛热带山地雨林相似，高黎贡山中山湿性常绿阔叶林中能进入主林层的树木个体也较少，但主林层树种分化更明显。样地中进入 A 层的树木及胸径在 50cm 以上的树木的胸高断面积分别占全部树木胸高断面积总和的 40.27%和 28.30%，它们数量虽少，但大都个体高大，冠幅伸展，是群落内的优势树种，对整个群落的生态环境起着重要的支配作用。而那些高度低、径级小的树木数量丰富，则可以为群落提供充足的幼树资源，以维持整个群落的自我更新。

6.4.2 垂直结构与树种多样性

6.4.2.1 树种数在不同高度级的分布

样地中高度在 5m 以上的树木以 3m 为一个高度级(上限排外法)，高度在 5m 以下的树木作为1个高度级，共划分为9个高度级，即 $H<5m$、$5m\leq H<8m$、$8m\leq H<11m$……$23m\leq H<26m$ 和 $H\geq 26m$。分别统计不同高度级内的树种数(图6.1)。从图6.1中可以看出，随着高度的增加，树种数基本呈直线下降的趋势。树种数随高度级的变化，可用直线函数方程 $y=101.0806-3.6611x$ ($R^2=0.9731$) 较好地描述。

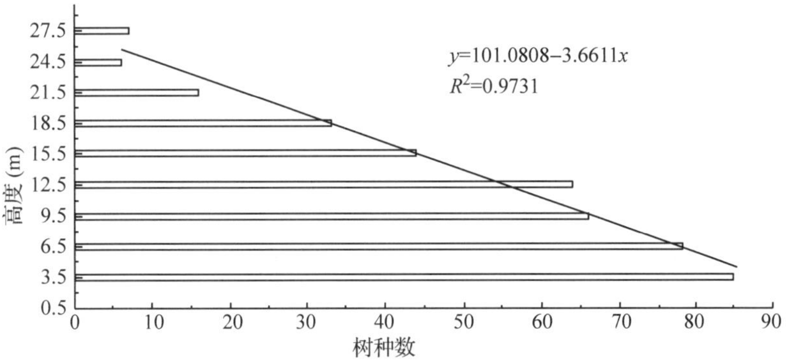

图6.1　高黎贡山中山湿性常绿阔叶林动态监测样地不同高度级内的树种数

6.4.2.2　个体数在不同高度级的分布

不同高度级内树木个体数的分布如图6.2所示。从图6.2中可以看出，随着高度的增加，树木个体数逐渐递减，且在相邻高度级的递减比率非常大。如在5m以下高度级时，树木达4826株，而在 $5m\leq H<8m$ 高度级时，已减至3076株，在 $8m\leq H<11m$ 高度级时已减至1408株，20m以上的树木仅有48株。树木个体数随高度的变化可用负指数函数方程 $y=19327.5933\exp(-0.2864x)$ ($R^2=0.9787$) 较好地描述。

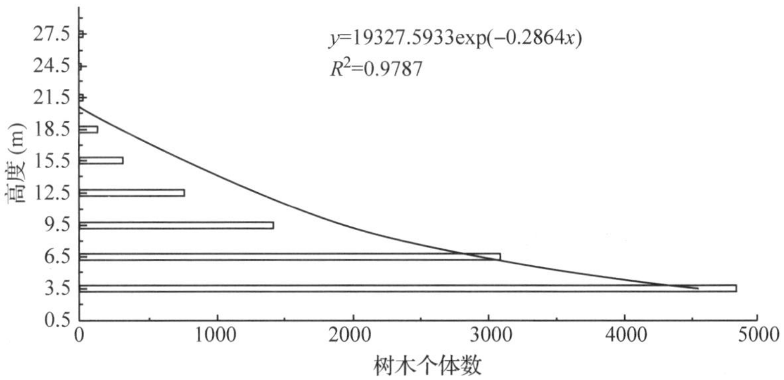

图6.2　高黎贡山中山湿性常绿阔叶林动态监测样地不同高度级内的树木个体数

6.4.2.3　胸高断面积在不同高度级的分布

不同高度级内胸高断面积的分布(图6.3)出现波动，其最大值在 $11m\leq H<14m$ 高度级内(胸高断面积 $45.7616m^2$)，其后依次为 $14m\leq H<17m$(胸高断面积 $34.1816m^2$)、$8m\leq H<11m$(胸高断面积 $32.3967m^2$)、$17m\leq H<20m$(胸高断面积 $21.4456m^2$)、$5m\leq H<8m$(胸高断面积 $18.7699m^2$)。其他4个高度级内的胸高断面积比较接近，介于

3.6761 ~5.4437m² 之间。

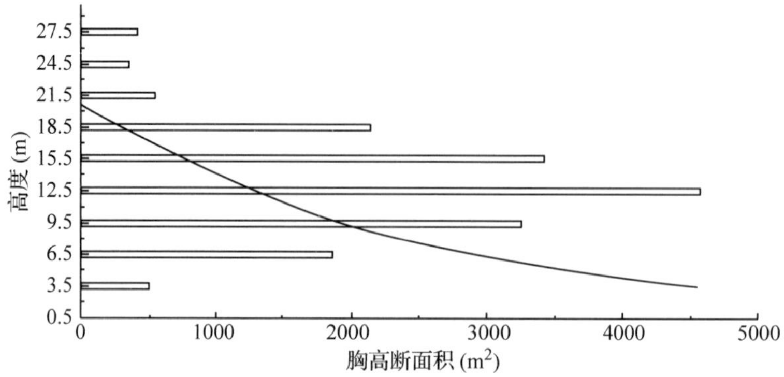

图 6.3 高黎贡山中山湿性常绿阔叶林动态监测样地不同高度级内的胸高断面积

6.5 群落径级结构

6.5.1 径级分布

样地中共记录到 *DBH*≥1.0cm 的树木 10546 株，不同径级内树木个体数的分布如下：1~10cm 径级有 7762 株，10~20cm 径级有 1577 株，20~30cm 径级有 659 株，30~40cm 径级有 273 株，40~50cm 径级有 129 株，50~60cm 径级有 71 株，60~70cm 径级有 41 株，70~80cm 径级有 18 株，80~90cm 径级有 8 株，90~100cm 径级有 5 株，100cm 以上径级有 3 株。可以看出，最小的 1~10cm 径级拥有最多的树木个体数，且随着径级的增大，树木个体数不断的下降，径级分布在整体上呈典型的金字塔结构，只有少数树木具有较大的胸径，大多数树木都属于小径级的乔木幼树或中、小型乔木。

6.5.2 径级结构与树种多样性

6.5.2.1 树种数在不同径级的分布

将树木径级进一步以 5cm 为径阶进行划分，共划分出 21 个径级：1cm≤*DBH* <5cm、5cm≤*DBH* <10cm、10cm≤*DBH* <15cm……95cm≤*DBH* <100cm 和 *DBH*≥100cm，并统计各径级内的树种数(图 6.4)。从图 6.4 可以看出，树种数在 1cm≤*DBH* <5cm 径级最多(83 种)，以后随径级的增加，树种数有很明显的下降，在 *DBH*≥100cm 径级树种数仅有 3 种。树种数随径级的变化可用负指数函数方程 $y=128.1477\exp(-0.0406x)$ ($R^2=0.9532$)较好地描述。

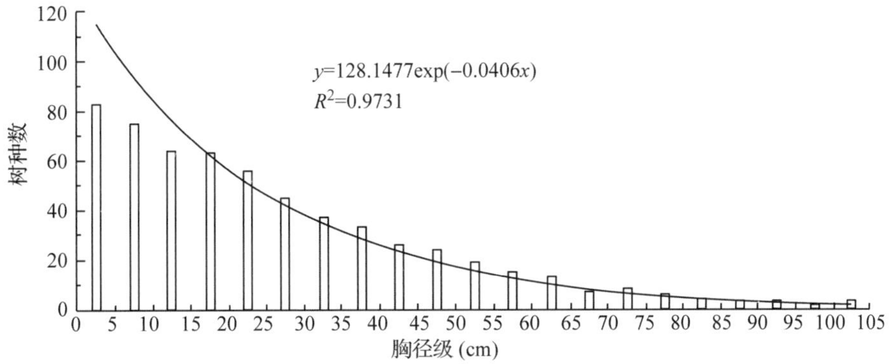

图 6.4　高黎贡山中山湿性常绿阔叶林动态监测样地不同径级内的树种数

6.5.2.2　个体数在不同径级的分布

个体数在不同径级的分布如图 6.5 所示。从图 6.5 中可以看出，树木在 1cm≤*DBH* <5cm 径级内多达 5640 株，在 5cm≤*DBH* <10cm 径级内则骤然下降至 2122 株，至 45cm ≤*DBH* <50cm 径级内仅有 62 株。树木个体数在不同径级的分布可用负指数函数方程 $y=2514.147\exp(-0.0750x)$（$R^2=0.9698$）较好地描述。

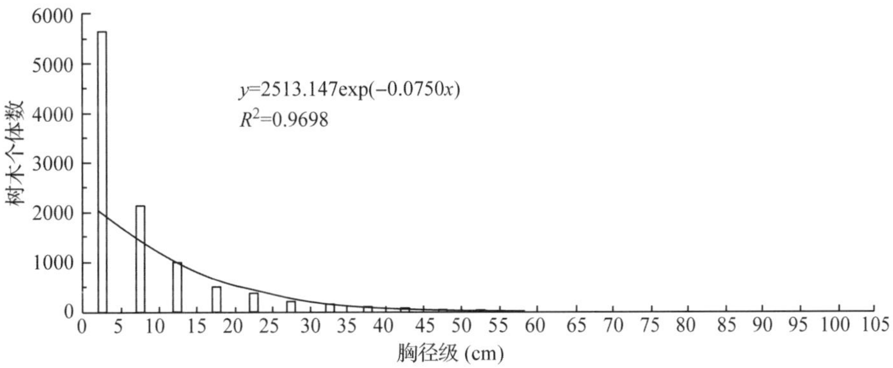

图 6.5　高黎贡山中山湿性常绿阔叶林动态监测样地不同径级内的树木个体数

6.5.2.3　胸高断面积在不同径级的分布

不同径级内胸高断面积的分布出现多个峰值（图 6.6）。在 1cm≤*DBH* <5cm 径级内胸高断面积为 4.6245m^2，以后随径级增大胸高断面积不断增加，并在 20cm≤*DBH* < 25cm 径级达到最大峰值（17.0332m^2），此后随径级的增加，胸高断面积又逐渐减少，仅在 45cm≤*DBH* <50cm、60cm≤*DBH* <55cm 径级内出现小的波动。最小胸高断面积出现在 95cm≤*DBH* <100cm 径级（0.7178m^2），应是因该径级树木个体数最少的缘故。

样地中树种数、树木密度均随高度级、胸径级的增加而递减，而不同高度级、不同胸径级内树种数与树木密度间则存在着明显的正相关关系，即树木密度越大，树种就越丰富。在热带雨林中，树种数与树种密度也存在着这种正相关的密度效应关系。这是由于树木密度越大，通过树木之间的相互作用以及树木与环境的相互作用，使得

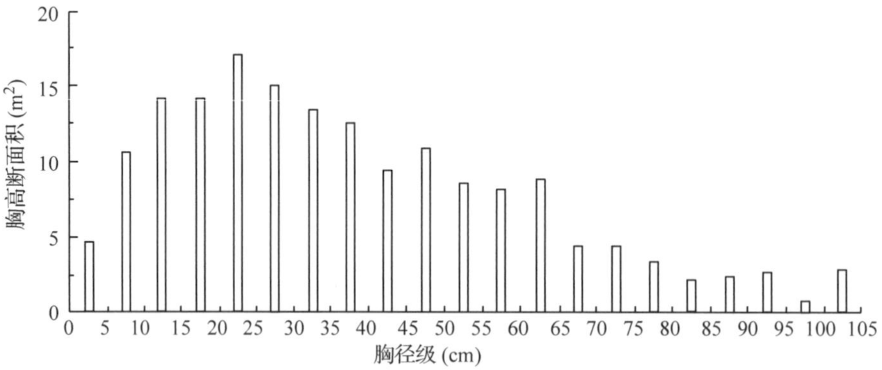

图 6.6 高黎贡山中山湿性常绿阔叶林动态监测样地不同径级内的胸高断面积

群落内小生境的多样性和复杂性增加，为不同种类树种提供的生态位的多样性增大，从而使得更多的物种能够在群落内共存(Denslow，1995；蒋有绪等，2002)。对处于亚热带的高黎贡山中山湿性常绿阔叶林而言，其资源条件与热带雨林相比显然更有限，因而树木密度越大，必然使得这些树木为争夺生活所必需的日光、水分、养料以及空间等而产生更为激烈的竞争。因此，较高密度的树木生长环境，除能增加小生境的多样性与复杂性外，还有可能加剧了群落中树种的种内种间竞争关系，以促使它们在群落中共存。因为通过种群间的竞争，当树种对其同种个体的生长抑制大于对异种个体的抑制时，两个竞争的树种就更有可能在群落中稳定共存(Leigh，1968)。另一方面，由于负密度制约机制的影响，种子和幼苗在其母树附近死亡率较高(Janzen，1970；Connell，1971)，很显然树木密度越大时，这种密度制约越明显，母树周围会有其更多的种子和幼苗死亡，从而为其他树种的生存和繁殖留出空间。由此可见，正是由于生境异质性及密度制约效应的存在，使得有更多的树种能共存于同一群落当中。

6.5.3 主要树种的径级结构及存活曲线

选取了样地中重要值≥2.0 的 19 个树种进行径级结构及存活曲线的分析，其中有 5 个树种的胸径可达 80cm 以上(图 6.7A)，有 7 个树种的胸径可达 50cm，但不超过 80cm (图 6.7B)。有 7 个树种的胸径不超过 50cm(图 6.7C)。分别统计这些树种在各径级的存活个体数，并换算成标准化存活个体数(标准化为 1000)，以径级为横坐标，以各径级标准化存活个体数为纵坐标，绘制成各树种的存活曲线 (覃林，2009)。

从图 6.7 可以看出，19 个树种的径级结构呈现大致相同的趋势，表现为小径级个体数较多，中等径级及大径级的个体数逐渐减少，呈基部宽、顶部窄的金字塔结构。这样的径级结构储备了足够的幼树资源，有利于群落的稳定发展。其中，几乎全部树种胸径在 20cm 以下的个体数所占比例都超过 50%，甚至有 10 个树种超过 80%。相较而言，树体较高大的树种其幼树储备较少，如长果大头茶、薄片青冈和南亚含笑胸径在 5cm 以下的个体数分别仅占 22.10%、21.60%和 15.19%。

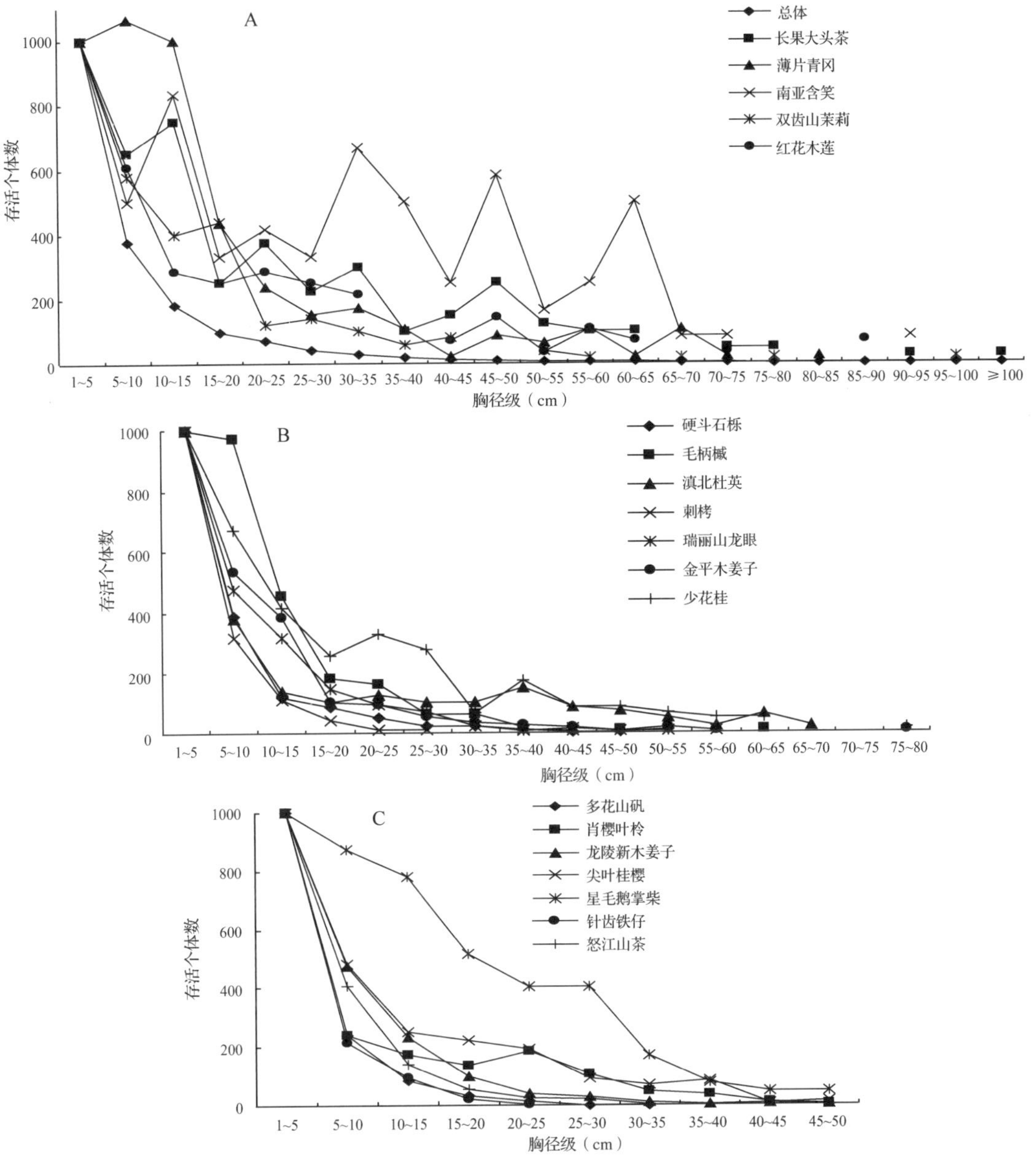

图 6.7 高黎贡山中山湿性常绿阔叶林动态监测样地主要树种的存活曲线

存活曲线是通过各径级存活个体数量的变化来反映种群动态的发展趋势。Deevey 把存活曲线大致分成 3 种类型(吴承祯等，2000)：Deevey-Ⅰ型，曲线呈凸型，表示种群的大多数个体均能实现其平均的生理寿命，在达到平均寿命时几乎同时死亡；Deevey-Ⅱ型，曲线呈对角线型，表示各径级具有相同的死亡率；Deevey-Ⅲ型，曲线呈凹型，表示幼苗的死亡率高，以后的死亡率低而稳定。图 6.7A 中，全部树种及红花木莲、双齿山茉莉表现为 Deevey-Ⅲ型，它们胸径 20cm 以下特别是 5cm 以下的树木死亡率很高，超过 20cm 后死亡率则渐渐降低，至 40cm 以后已基本趋于平稳。长果大头茶、南亚含笑、薄片青冈这 3 个树种也表现为 Deevey-Ⅲ型，但死亡率波动较大。薄片青冈在 5~15cm 径级个体数有少量增加，但在 15~20cm 径级死亡率突然增加，个体数又迅速降低，至 30cm 时累积死亡率已高达 85%。长果大头茶及南亚含笑的存活曲线波动更加明显，在 10~15cm、30~35cm、45~50cm 和 55~65cm 等径级都出现个体数上升的情况，但每一次个体数增加都伴随一次大量死亡，死亡率高峰分别发生在 15~20cm、35~45cm、50~55cm 和 65~70cm 径级。图 6.7B 和图 6.7C 中星毛鹅掌柴的存活曲线几乎成一条直线，接近 Deevey-Ⅱ型，说明该树种在各径级的死亡率大致相同，在群落中属于较稳定的种群。其他树种的存活曲线都表现为 Deevey-Ⅲ型，死亡率的最高峰都发生在 5~10cm 径级，以后死亡率逐渐下降，至 20cm 以后死亡率趋于平稳，但累积死亡率都已达 80%以上。

第7章

树种分布格局和种间关系

7.1 研究方法

7.1.1 树种分布格局

7.1.1.1 树种分布格局测定

测定种群分布格局的数学模型较多。本文选用扩散系数来测定样地中各树种的分布格局。

扩散系数又称方差均值比，由 Svedberg(1922)提出。该方法的统计学基础是在泊松分布中，方差(S^2)与均值($\bar{x}$)之比等于1；如果 $S^2/\bar{x}$ 的值大于1，则为集群分布；$S^2/\bar{x}$ 的值小于1，则为均匀分布。其计算公式如下：

$$S^2 = \frac{\sum x^2 - (\sum x)^2/n}{n - 1}$$

$$\bar{x} = \frac{\sum X}{n}$$

实测值与预期值的偏离程度采用 t 检验来确定，公式如下：

$$t = \frac{\frac{S^2}{\bar{x}} - 1}{S}$$

$$S = \sqrt{\frac{2}{n - 1}}$$

式中：x 为 n 个样方中观测到的个体数；n 为样方数；$n-1$ 为自由度。

当 $|t| \leq t_{n-1,0.05(双侧)}$ 时，为随机分布，否则为聚集分布或均匀分布。

7.1.1.2 空间格局多样性测定

种群分布格局的测定只考虑了树种在取样样方中的个体数目，仅能反映群落中某个树种的分布特点。对于多种群间树木个体的分布情况，则可用空间格局多样性指数来反映(Pielou，1966)。其方法是随机选择样方内 n 个点，记下其坐标(点不一定是树木个体所在坐标)，考虑其 k 个方向上的最近邻体，判断它们是属于同一种或不同种。其多样性公式如下：

$$D = \frac{\bar{B}}{E(B)}$$

$$\bar{B} = \frac{1}{M}\sum_{i=1}^{k} m_i B_i$$

$$E(B) = \sum_{i=1}^{k} q_i B_i$$

$$M = \sum_{i=1}^{k} m_i$$

$$B_i = \log_2 k!\ /1!\ 1!\ \cdots(k-i)!$$

式中：m_1 为 k 个不同方向上的最近邻体都为同一种类的点数目；m_2 为 k 个不同方向上的最近邻体分属两个不同种类的点数目；m_3 为 k 个不同方向上的最近邻体分属 3 个不同种类的点数目，依此类推；B_i 表示 k 个不同方向上共有 i 个种类，这 i 个种类所代表的信息；q_i 为 k 个不同方向上期望出现 i 个种类的概率。

当 $D=1$ 时，说明群落中多种群个体相互之间为随机分布；当 $D<1$ 时，说明群落中同一种群为聚集分布，多种群趋于分离；当 $D>1$ 时，说明群落是超多样性的，不同种群间个体混杂分布。

D 的标准误差计算公式如下：

$$\sqrt{\mathrm{var}(D)} = \sqrt{\mathrm{var}(B)}/E(B)$$

$$\sqrt{\mathrm{var}(B)} = \frac{1}{M(M-1)}\left[\sum_{i=1}^{k} m_i B_i^{\,2} - \frac{1}{M}\left(\sum_{i=1}^{k} m_i B_i\right)^2\right]$$

符号意义同上。用 t 检验验证 D 值偏离 1 的程度(蒋有绪等，2002)。

7.1.2　树种种间联结性测定

7.1.2.1　树种总体相关性检验

对多物种间的总体相关性测定，用 Schluter 提出的由零关联模型导出的方差比率(V_R)来检验显著的关联性(李育中等，1990)。计算公式如下：

$$V_R = S_t^{\,2}/\ \sigma_t^{\,2}$$

$$\text{总体样本方差}\ \sigma_t^{\,2} = \sum P_i(1-P_i)$$

$$\text{总种数方差}\ S_t^{\,2} = (1/N)\sum (T_i - t)^2$$

$$P_i = n_i/\ N$$

式中：N 为总的样方数；n_i 为第 i 物种出现的样方数；P_i 为第 i 物种出现的频度；T_i 为样方内出现的物种总数；t 为样方中种的平均数。

V_R 充当全部种的关联指数，在独立性零假设条件下，其期望值为1。若 $V_R>1$，表明种间净的正关联；$V_R<1$，表明种间净的负关联；$V_R=1$，即符合所有种间无关联的零假设。

同时采用统计量 $\omega=V_R \times N$ 来检验 V_R 值偏离1的显著程度，如果种间无关联，则 ω 落入由 X^2 分布给出的界限内，即落入 $X^2_{0.95}(N)<\omega<X^2_{0.05}(N)$ 内的概率为90%。

7.1.2.2　种间联结性的测定

用卡方(X^2)检验来测定树种间的联结性(王伯荪等，1985)。分别以20m×20m、10m×10m为取样样方面积，建立2×2联列表，分别统计 a，b，c，d 值。其中：a 为种 A、种 B 同时出现的样方数；b 为种 B 出现而种 A 不出现的样方数；c 为种 B 不出现而种 A 出现的样方数；d 为2个种都不出现的样方数。X^2检验计算公式如下：

$$X^2=\frac{N(|ad-bc|-N/2)^2}{(a+b)(c+d)(a+c)(b+d)}$$

式中，N 为取样总数，其他意义同前。种间联结显著性判定标准：根据 X^2值查表，通常 $P>0.05$ 时，即 $X^2_t<3.841$ 时，认为两个种相互独立；当 $0.01<P<0.05$ 时，即 $3.841\leqslant X^2_t<6.635$ 时，认为种间联结显著；当 $P<0.01$ 时，即 $X^2_t\geqslant 6.635$ 时，认为种间联结极显著。当种间有联结关系时，若 $ad-bc>0$，则为正联结；$ad-bc<0$，则为负联结。

7.1.2.3　种间联结程度的测定

利用卡方检验可判断出两物种种间的关联性。通过检验，若两个种有显著的关联性，则可用关联指数进一步测定其关联程度的大小。本文分别用联结系数(A_C)、共同出现百分率(P_C)对不同取样面积下表现有联结关系的种对的联结程度大小进行了测定。

(1)联结系数(A_C)。联结系数(A_C)的计算公式如下(王伯荪等，1985)：

$$当\ ad\geqslant bc\ 时，A_C=(ad-bc)/(a+b)(b+d)$$

$$当\ ad<bc\ 且\ d\geqslant a\ 时，A_C=(ad-bc)/(a+b)(a+c)$$

$$当\ ad<bc\ 且\ d<a\ 时，A_C=(ad-bc)/(b+d)(c+d)$$

A_C 值用于说明种间联结程度，其值域为[-1，+1]。A_C 值越趋近于1，表明种间的正联结性越强；A_C 值越趋近于-1，表明种间负联结性越强；A_C 值为0，表明两个种相对独立。

(2)共同出现百分率(P_C)。共同出现百分率 P_C 的计算公式如下(Jaccard，1901)：

$$P_C=\frac{a}{(a+b+c)}\times 100\%$$

P_C 值用来测定种间正联结程度，其值域为[0，1]。P_C 值越趋近于1，表明两物种的正联结性越强，它们共同出现或不出现的可能性越大，对环境的需求越一致。

7.2　不同取样面积下树种的分布格局

种群分布格局是种群生物学特性、种内与种间关系以及环境条件综合作用的结果，是种群空间属性的重要方面，也是种群的基本数量特征之一(Gittins，1985；王伯荪等，1995；彭少麟，1996；张文辉，1998)。选用扩散系数对样地中个体数在2株以上的84个树种在不同取样面积(5m×5m、10m×10m、20m×20m、40m×40m)下的分布格局进行了测定，结果见表7.1。取样面积为5m×5m时，有63个树种呈聚集分布，21个树种呈随机分布。取样面积加大到10m×10m时，有5个树种的聚集程度增加，分布格局由随机分布转为聚集分布。取样面积继续加大到20m×20m时，又有3个树种转变为聚集分布。取样面积加大到40m×40m时，有2个树种由随机分布转变为聚集分布，有2个树种由聚集分布转变为随机分布，因而群落中呈聚集分布及随机分布的种数没有变化。在4种取样面积下，有62个树种全部表现为聚集分布，有11个树种全部表现为随机分布，没有出现呈均匀分布的树种。

表7.1 高黎贡山中山湿性常绿阔叶林动态监测样地树种的分布格局

取样面积	格局类型	种数	百分比(%)
5m×5m	聚集分布	63	75.00
	随机分布	21	25.00
10m×10m	聚集分布	68	80.95
	随机分布	16	19.05
20m×20m	聚集分布	71	84.52
	随机分布	13	15.48
40m×40m	聚集分布	71	84.52
	随机分布	13	15.48

7.3 主要树种的分布格局

样地中重要值≥2.0的19个树种的分布格局测定结果表见表7.2。从表7.2中可以看出，19个树种在各种取样面积下几乎全部表现为聚集分布，仅薄片青冈在5m×5m取样面积下表现为随机分布，这进一步说明样地中多数树种呈聚集分布，少数树种呈随机分布的特点，且呈随机分布的树种均非样地主要树种，它们在样地中不占优势。

若把各树种的生长过程分为幼树(1cm≤*DBH*<5cm)、中等径级(5cm≤*DBH*<20cm)和大径级(*DBH*≥20cm)三个阶段，则这些树种在不同生长阶段又表现出不同的分布格局。同样在表7.2中可以看出，19个树种的幼树几乎全部表现为聚集分布(仅南亚含笑在取样面积为40m×40m时表现为随机分布)。当树木生长到中等径级阶段时，仍有多数树种表现为聚集分布，而少数树种开始表现为随机分布(如红花木莲在全部取样面积下，薄片青冈、多沟杜英在5m×5m取样面积下)。到树木生长到大径级阶段时，各树种的分布格局开始出现较大的变化，如薄片青冈、尖叶桂樱、少花桂、红花木莲在全部取样面积下均已表现为随机分布；多花山矾、毛柄槭、硬斗柯、双齿山茉莉则

在 5m×5m 取样面积下表现为随机分布，其他取样面积下仍呈聚集分布；其他树种如龙陵新木姜子、星毛鹅掌柴、针齿铁仔、窄叶连蕊茶、瑞丽山龙眼(*Helicia shweliensis*)、金平木姜子分别在不同取样面积下出现了随机分布的格局；只有少数树种如肖樱叶柃、长果大头茶、红锥仍在全部取样面积下呈聚集分布。可以看出，各树种的幼树多呈聚集分布，中等径级阶段仅有少数树种转变为随机分布，至大径级阶段已有近半数的树种转变为随机分布，部分地反映了从幼树到大径级树木，树种分布格局从聚集分布向随机分布转变的趋势。取样面积大小对树种分布格局的测定也有一定的影响。一般来说，取样面积较小时，树种呈随机分布的可能性较大。反之，树种呈聚集分布的可能性较大。

表 7.2　高黎贡山中山湿性常绿阔叶林动态监测样地主要树种的分布格局

植物名称	5m×5m				10m×10m				20m×20m				40m×40m			
	总体	幼树	中树	大树	总体	幼树	中树	大树	总体	幼树	中树	大树	总体	幼树	中树	大树
多花山矾	C	C	C	R	C	C	C	C	C	C	C	C	C	C	C	C
肖樱叶柃	C	C	C	C	C	C	C	C	C	C	C	C	C	C	C	C
长果大头茶	C	C	C	C	C	C	C	C	C	C	C	C	C	C	C	C
龙陵新木姜子	C	C	C	R	C	C	C	C	C	C	C	R	C	C	C	C
硬斗柯	C	C	C	R	C	C	C	C	C	C	C	C	C	C	C	C
薄片青冈	R	C	R	R	C	C	C	R	C	C	C	R	C	C	C	R
毛柄槭	C	C	C	R	C	C	C	C	C	C	C	C	C	C	C	C
尖叶桂樱	C	C	C	R	C	C	C	R	C	C	C	R	C	C	C	R
多沟杜英	C	C	R	C	C	C	C	R	C	C	C	C	C	C	C	C
星毛鹅掌柴	C	C	C	C	C	C	C	C	C	C	C	C	C	C	C	R
针齿铁仔	C	C	C	R	C	C	C	R	C	C	C	C	C	C	C	R
红锥	C	C	C	C	C	C	C	C	C	C	C	C	C	C	C	C
窄叶连蕊茶	C	C	C	R	C	C	C	C	C	C	C	R	C	C	C	C
瑞丽山龙眼	C	C	C	R	C	C	C	C	C	C	C	R	C	C	C	C
金平木姜子	C	C	C	R	C	C	C	R	C	C	C	C	C	C	C	R
少花桂	C	C	C	R	C	C	C	R	C	C	C	R	C	C	C	R
南亚含笑	C	C	C	C	C	C	C	C	C	C	C	R	C	R	C	C
双齿山茉莉	C	C	C	R	C	C	C	C	C	C	C	C	C	C	C	C
红花木莲	C	C	R	C	C	C	R	R	C	C	R	R	C	C	R	R

注：C 指聚集分布；R 指随机分布。

种群分布格局是指在特定时间内，组成种群的个体在其生活空间中的布局。种群分布格局是由物种生态学特性、种间相互关系以及环境条件综合决定的，在构成群落的形态、功能和动态中都有重要的作用(宋永昌，2001；王本洋和余世孝，2005)。高黎贡山中山湿性常绿阔叶林动态监测样地 84 个树种中，有 62 个树种表现为聚集分布，

11 个树种表现为随机分布，11 个树种的分布格局随取样面积的变化而变化。这与以前的研究结果较一致(Clapham，1936；Bunyavejchewin *et al.*，2003；Condit *et al.*，2000；He *et al.*，1997；Plotkin *et al.*，2002；Greig-Smith，1983；Stewart & Rose，1990；杨持等，1984，1986；张金屯，1998)，即群落中多数树种呈聚集分布，少数树种呈随机分布。环境差异、种间相互关系、更新对策、种子扩散机制等可能是引起树种呈聚集分布的原因。种群分布格局与取样面积也有一定关系，以不同大小的取样面积分析同一种群，可以得出不同的结果，如样地中有 10 个树种的分布格局在取样面积为 5m×5m 时表现为随机分布，随着取样面积的逐渐增大，分布格局也逐渐向聚集分布转变，另有 1 个树种随取样面积的增大，分布格局由聚集分布向随机分布转变。因此，取样面积大小对种群分布格局的影响是客观存在的，在研究中如能在多个不同尺度的取样面积下进行判定并进行综合分析，尽可能克服由取样面积大小带来的差异，有助于更好地了解群落中植物空间分布的特点和种间相互关系。

一般来说，在森林群落演替初期，许多物种往往是聚集分布，但接近或处于顶极群落阶段，其建群种往往表现为随机分布(付必谦，2006)。本样地中主要优势树种在各种取样面积下几乎全部表现为聚集分布，说明该群落目前尚未达到顶极群落阶段，森林群落发育良好。这也与样地中各优势树种的种群结构及存活曲线的分析结果较一致。

样地中主要优势树种的幼树阶段多呈聚集分布，中等径级阶段仅有个别树种转变为随机分布，至大径级阶段已有近半数的树种转变为随机分布。也就是说，随着树木年龄的增长，树种的聚集程度会降低，分布格局有由聚集分布向随机分布转变的趋势(He *et al.*，1997)。其中，负密度制约效应可能起了关键作用(兰国玉等，2008)，因为群落中本来聚集在母树周围的多数幼苗和幼树会由于密度制约效应而死亡。另外，随着个体发育的进行，种内拥挤程度和种内竞争会逐渐加剧，自疏现象的发生也可能会导致分布格局从聚集分布向随机分布过渡。尽管这样，样地中仍有一定数量的树种生长到大树阶段仍表现为聚集分布，这说明密度制约并非对群落中所有树种都起作用，对那些大树阶段仍表现为聚集分布的树种，可能对其生境有着特殊的要求，只能聚集在适合它们生长的生境周围。

应该注意的是，同一种植物在同一群落中不同地段也可能呈现不同的分布格局，在不同群落中分布格局的差异就更大。因此，分析某一植物的分布格局，只能限于特定的群落环境中，不能一概而论。

7.4 空间格局多样性

以上分布格局的测定只考虑了树种在取样样方中的个体数目，仅能反映群落中某个树种的分布特点。对于多树种间树木个体的分布情况，则可用空间格局多样性指数来反映(Pielou，1966)。本文采用空间格局多样性指数对高黎贡山中山湿性常绿阔叶林多树种间树木个体的分布情况进行了测定和分析。

将 4hm^2 样地分成 100 个 20m×20m 的样方，以这些样方的中心点为原点，分别统计各原点四个象限内的最近邻体的种类。统计结果表明，在 100 个中心点中，有 67 个点的最近邻体分属 4 个不同的种，有 24 个点的最近邻体分属 3 个不同的种，有 9 个点的最近邻体分属 2 个不同的种，没有出现最近邻体为同一个种的点。进一步计算得到空间格局多样性指数值(D)为 1.07，其统计检验显著偏离 1，这说明该群落是超多样性的，大部分树木异种相邻，不同树种间个体混杂分布。为进一步对群落的超多样性进行验证，在 4hm^2 样地中随机选取了 1000 株树木，分别对其最近邻体的种类进行统计，结果表明：在 1000 株树木中，其最近邻体为同种的有 132 株(占 13.20%)，平均最近邻体距离为 0.63m；最近邻体为异种的有 868 株(占 86.80%)，平均最近邻体距离为 0.79m。在最近邻体为同种的 132 株树中，有 10 株为胸径超过 20cm 的大树，它们的同种最近邻体树木均非幼树；有 93 株为胸径不超过 5cm 的幼树，它们的同种最近邻体树木均非大树。这印证了前面的分析结果，即群落中大部分树木旁边的个体为其他树种，同种树木相邻的机率较低。而且，小树与同种大树相邻的机率更低，或者说大树旁的同种幼树不易存活。这可能是由于负密度制约机制(Janzen-Connell 假说)在起作用，该假说认为同一树种的幼体在其母树旁有较高的死亡率，而远离母树的幼体有更高的存活率(Janzen，1970；Connell，1971)。

7.5　树种的种间联结关系

7.5.1　树种的总体相关性

种间关系是指群落中不同种类在空间分布上的相互联结关系。在一个特定的群落中，有些种经常长在一起，有些种则相互排斥。若两个种一块出现的次数比期望的更频繁，它们就具有正关联；若它们共同出现的次数少于期望值，则它们具有负关联。种间关系的测定常以物种在取样单位中的存在与否为依据，是一种定性的数据(覃林，2009)。本文分别采用 20m×20m、10m×10m 两种取样面积，对样地中 95 个树种的总体相关性及种间联结关系进行了测定和分析。

根据样地中 95 个树种在 20m×20m、10m×10m 取样面积下的分布情况，采用方差比率法计算 V_R 值和统计量 ω 值，同时查表得出卡方(X^2)值，通过比较统计量 ω 值和卡方值的大小关系，检验了它们在两种取样面积下的总体相关性，检验结果见表 7.3。

表 7.3 高黎贡山中山湿性常绿阔叶林动态监测样地树种的总体关联性

取样面积	样方数	V_R	ω	X^2 值		检验结果
20m×20m	100	7.8507	785.07	$X^2_{0.05}(100)=124.34$	$X^2_{0.95}(100)=77.93$	显著正关联
10m×10m	400	5.8602	2344.1	$X^2_{0.05}(400)=447.632$	$X^2_{0.95}(400)=354.641$	显著正关联

从表 7.3 中可以看出，在两种取样面积下，样地中 95 个树种间的 V_R 值均远大于 1，ω 值分别落在 $X^2_{0.95}(100)<\omega<X^2_{0.05}(100)$ 和 $X^2_{0.95}(400)<\omega<X^2_{0.05}(400)$ 之外，即它们的 *VR* 值都显著偏离 1，说明在两种取样面积下，样地中 95 个树种在总体上都表现为显著的正联结关系。

7.5.2 树种种间联结的检验

种间联结的卡方(X^2)检验能比较准确地反映出种间联结的显著程度，提供了判断种间联结显著性的定量指标。在 20m×20m、10m×10m 取样面积下，样地中 95 个树种(组成 4465 个种对)两两间种间联结的卡方检验结果见表 7.4。可以看出，以 20m×20m 为取样面积时，表现为正联结关系的有 496 对，表现为负联结关系的有 333 对，其余 3636 对的联结性没有达到显著水平，表现为相互独立。取样面积为 10m×10m 时，表现为正联结关系的种对增加到 717 对，表现为负联结关系的种对增加到 605 对，表现为相互独立的种对减少至 3143 对。两种取样面积下样地中绝大多数种对间的联结关系表现为相互独立，仅少数种对间具有联结关系(正或负)，这说明该群落环境条件较优越，多数树种在竞争中都拥有自己适宜的资源条件，从而表现出较高的独立性。

表 7.4 高黎贡山中山湿性常绿阔叶林动态监测样地树种种间联结的卡方检验结果

取样面积(m^2)		20m×20m		10m×10m	
		种对数	所占比例(%)	种对数	所占比例(%)
X^2 检验	极显著正联结($X^2\geq 6.635$, $ad-dc>0$)	254	5.69	535	11.98
	显著正联结($3.841\leq X^2<6.635$, $ad-dc>0$)	242	5.42	182	4.08
	相互独立($X^2<3.841$)	3636	81.43	3143	70.39
	显著负联结($3.841\leq X^2<6.635$, $ad-dc<0$)	152	3.40	155	3.47
	极显著负联结($X^2\geq 6.635$, $ad-dc<0$)	181	4.05	450	10.08

样地中重要值≥2.0 的 19 个树种(组成 171 个种对)在两种取样面积下的种间联结测定结果如图 7.1 和图 7.2。以 20m×20m 为取样面积时，表现为正联结关系的有 62 对(占 36.26%)，表现为负联结关系的有 2 对(占 1.17%)，其余 107 对(占 62.57%)种对表现为相互独立(图 7.1)。当取样面积为 10m×10m 时，表现为正联结关系的种对增加到 78 对(占 45.61%)，表现为呈负联结关系的种对增加到 14 对(占 8.19%)，表现为相互独立的种对减少至 79 对(占 46.20%)。可以看出，与全体树种相比，具有联结关系(正或负)的种对所占的比例明显更高，这说明样地中主要树种两两间具有联结关系的

可能性更大，相互间的依赖性相对更强一些，这尤其在取样面积较小时(如 10m×10m)表现得更明显。在 19 个树种间，种对 1-2、1-5、1-11、1-14、2-3、2-4、2-5、2-7、2-9、2-14、2-16、2-19、3-5、3-7、3-9、3-12、3-14 等表现出了极强的正联结关系，它们在样地中共同出现或不出现的机率较高，而种对 2-11、2-18、4-15、5-11、5-13、7-8、7-15、9-18 等表现出了极强的负联结关系，它们在样地中共同出现或不出现的机率较低(种序号名称如图 7.1)。

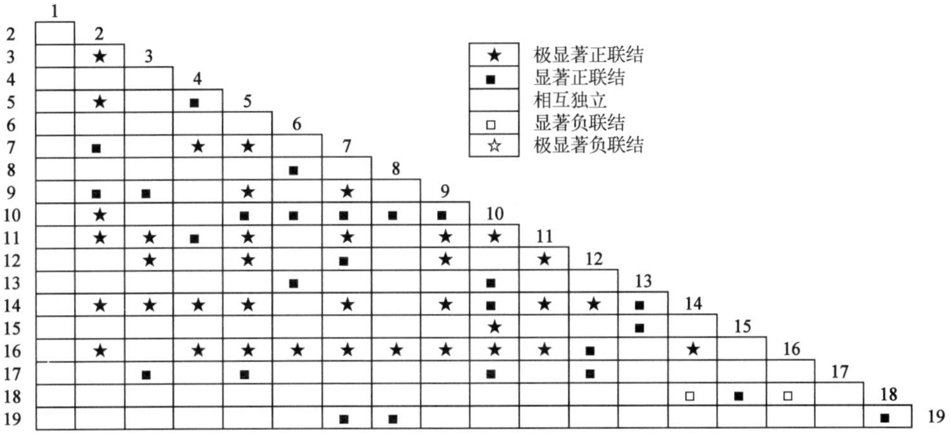

种序号名称：1. 多花山矾　2. 肖樱叶柃　3. 长果大头茶　4. 龙陵新木姜子　5. 硬斗柯　6. 薄片青冈　7. 毛柄槭　8. 尖叶桂樱　9. 多沟杜英　10. 星毛鹅掌柴　11. 针齿铁仔　12. 红锥　13. 窄叶连蕊茶　14. 瑞丽山龙眼　15. 金平木姜子　16. 少花桂　17. 南亚含笑　18. 双齿山茉莉　19. 红花木莲

图 7.1　高黎贡山中山湿性常绿阔叶林动态监测样地主要树种种间联结的 X^2 检验半矩阵(20m×20m)

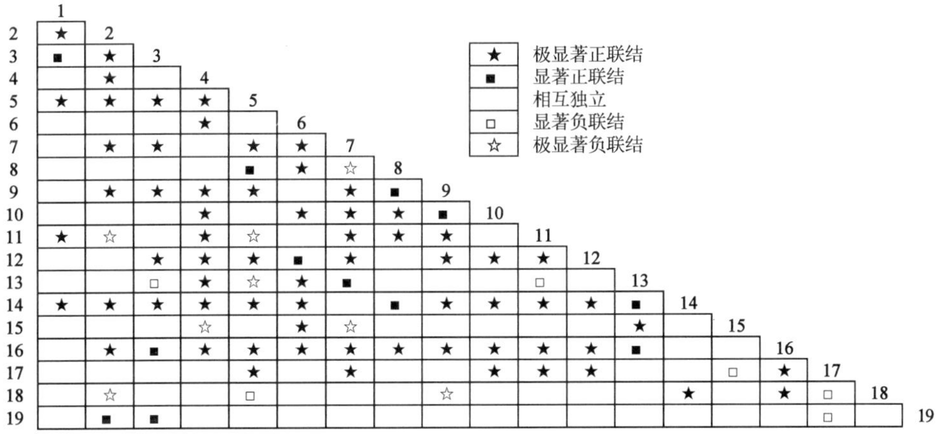

图 7.2　高黎贡山中山湿性常绿阔叶林动态监测样地主要树种种间联结的 X^2 检验半矩阵(10m×10m)(种序号同图 7.1)

样地中树种较丰富的科如樟科、山茶科、五加科和壳斗科，各科内树种间的联结关系分别如图 7.3 至图 7.6。在 14 种樟科树种组成的 91 个种对中，两种取样面积下表现为正联结关系的分别有 11 对、20 对，表现为负联结关系的分别有 10 对、11 对，表现为相互独立的分别有70对和60对，其中，种对1-8、3-9、3-11、3-12、4-8、4-9、5-11、9-11、9-12、11-12等表现为正联结关系，种对6-10、6-13、6-14、7-10、7-13、7-14、10-13、10-14等表现为负联结关系（该科种序号名称如图7.3）。在10种山茶科树种组成的45个种对中，两种取样面积下表现为正联结关系的分别有9对、13对，表现为负联结关系的分别有0对、6对，表现为相互独立的分别有36对和26对，其中，种对1-4、1-5、1-10、3-4、3-10、4-10、8-10等表现为正联结关系，种对1-7、1-9、3-7、4-9、5-9、7-10等在10m×10m取样面积下表现为负联结关系（该科种序号名称如图7.4）。在8种五加科树种组成的28个种对中，两种取样面积下表现为正联结关系的分别有1对（种对4-7）、0对，表现为负联结关系的分别有3对、5对（种对1-8、2-8、3-8、5-8、6-8），表现为相互独立的分别有24对和23对（该科种序号名称如图7.5）。在6种壳斗科树种组成的15个种对中，两种取样面积下表现为正联结关系的分别有2对、5对（种对1-2、1-5、2-5、2-6、4-5），表现为相互独立的分别有13对和10对，均没有表现为负联结关系的种对（该科种序号名称如图7.6）。可以看出，各科内多数种对间关系均表现为相互独立，具有联结关系的种对较少，说明这些亲缘关系较近的树种在资源利用上没有明显的冲突，树种相互间的竞争较弱。与全体树种相比，樟科、山茶科内树种间具有联结关系的种对所占的比例更高，五加科、壳斗科内树种间具有联结关系的种对所占的比例更低，这说明前两科内树种间相互竞争相对更激烈一些，后两科内树种间相互竞争相对更弱一些。

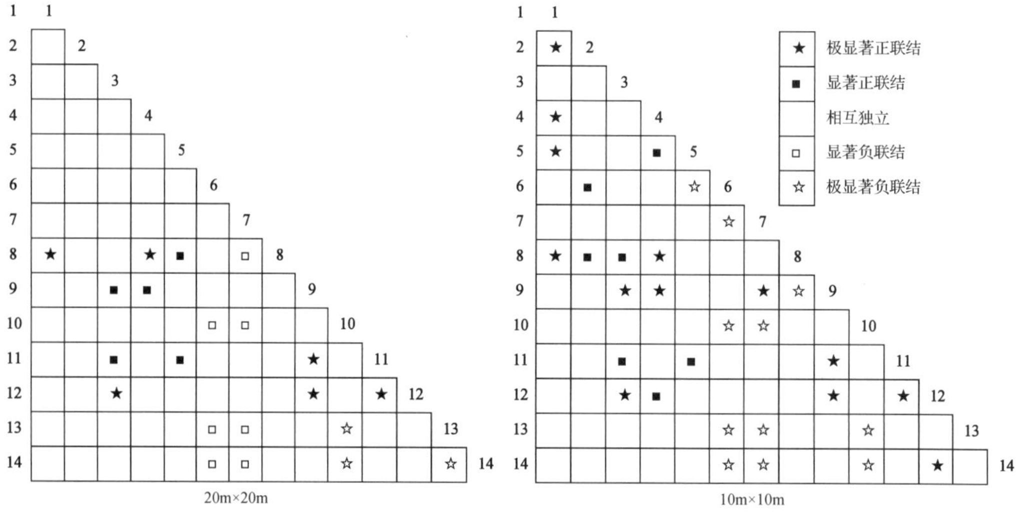

种顺序名称：1. 波叶新木姜子 2. 倒卵叶黄肉楠 3. 滇琼楠 4. 蜂房叶山胡椒 5. 红梗润楠 6. 黄丹木姜子 7. 黄樟 8. 金平木姜子 9. 龙陵新木姜子 10. 毛果黄肉楠 11. 少花桂 12. 团花新木姜子 13. 香面叶 14. 云南木姜子

图7.3 高黎贡山中山湿性常绿阔叶林动态监测样地樟科树种种间联结的X^2检验半矩阵图

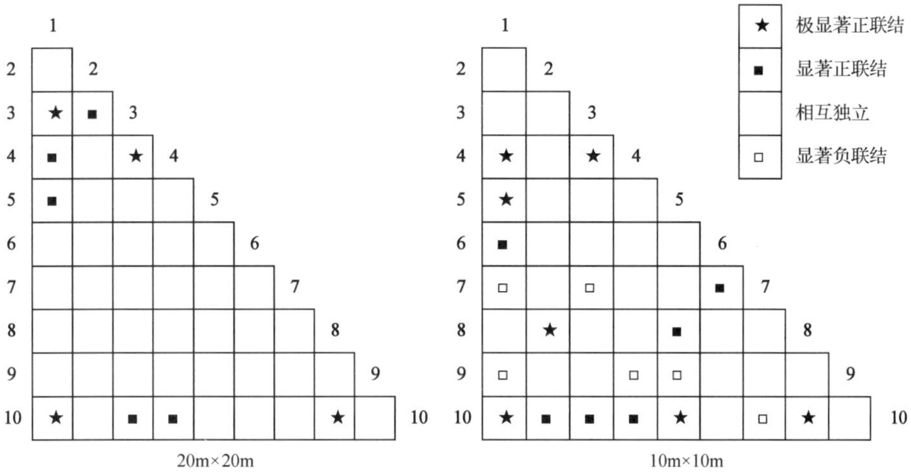

种顺序名称：1. 大花红淡比　2. 大理茶　3. 落瓣油茶　4. 厚皮香　5. 阔叶杨桐　6. 怒江柃　7. 窄叶连蕊茶　8. 肖樱叶柃　9. 印度木荷　10. 长果大头茶

图 7.4　高黎贡山中山湿性常绿阔叶林动态监测样地山茶科树种种间联结的 X^2 检验半矩阵图

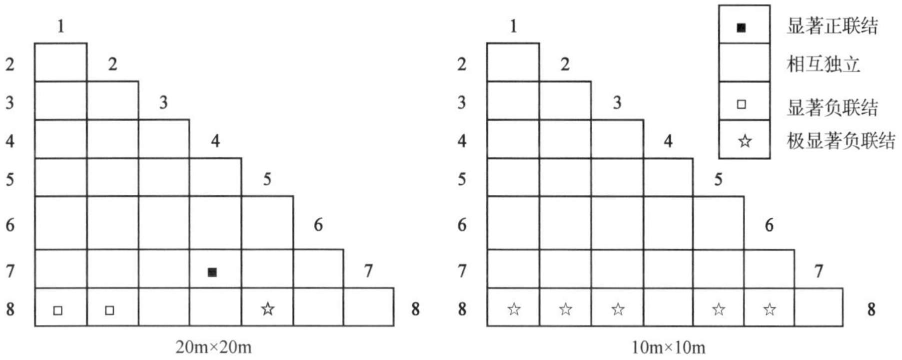

种顺序名称：1. 罗伞　2. 刺通草　3. 大叶鹅掌柴　4. 常春木　5. 短序鹅掌柴　6. 瑞丽罗伞　7. 星毛鹅掌柴　8. 浅裂罗伞

图 7.5　高黎贡山中山湿性常绿阔叶林动态监测样地五加科树种种间联结的 X^2 检验半矩阵图

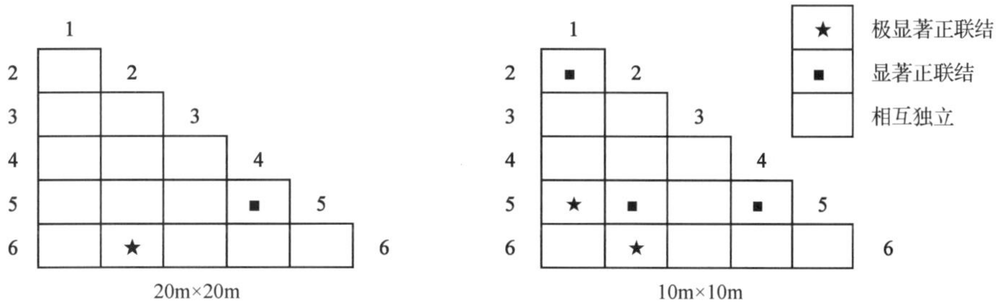

种顺序名称：1 薄片青冈　2. 红锥　4. 泥柯　5. 星毛柯　6. 硬头柯

图 7.6　高黎贡山中山湿性常绿阔叶林动态监测样地壳斗科树种种间联结的 X^2 检验半矩阵

7.5.3 树种种间的联结程度

利用卡方检验可判断出各树种种间的关联性。通过检验，若两个种有显著的关联性，则可用关联指数进一步测定其关联程度的大小。本文分别用联结系数(*AC*)、共同出现百分率(*PC*)对不同取样面积下表现有联结关系的种对的联结程度大小进行了测定。结果见表7.5。

联结系数(*AC*)的大小可以反映种间联结程度(当其值越趋近于1时，表明种间的正联结越强；当其值越趋近于-1时，表明种间的负联结越强)。在20m×20m取样面积下，具有联结关系的种对共有829对。其中，对具负联结关系的种对，*AC*值在-0.6以下的有313对，在-0.6以上的仅20对，说明这些种对中多数种对的负联结程度较强。对具正联结关系的种对，*AC*值在0.6以上的117对，在0.6以下的379对，说明这些种对中多数种对间虽有联结关系，但联结程度较弱，仅少数种对间的联结程度较强。相较而言，在10m×10m取样面积下，样地中具有联结关系的种对数增加到1322对，其中负联结程度较强($AC\leq-0.6$)的种对所占比例更高(提高了5.73%)，而正联结程度较强($AC>0.6$)的种对所占比例更低(下降了9.05%)。这说明取样面积减小时，样地中有更多的种对具有联结性，其联结程度也会发生明显变化，具负联结关系的种对其联结程度会增加，而具正联结关系的种对其联结程度会减弱。

共同出现百分率(*PC*)测定的是种对在取样单位中共同出现的机率。群落中各树种共同出现或不出现的机率越高，意味着种对间联结程度越强。故共同出现百分率也可用来指示种间联结的程度。从表7.5中可以看出，在20m×20m取样面积下，共同出现百分率在40%以下的有593对(占71.53%)，在40%以上的有236对(占28.47%)，这说明大多数种对在样地中共同出现的机率处于较低的水平，种间的联结程度较弱。而在10m×10m取样面积下，共同出现百分率达40%以上的仅有31对(占2.34%)，这进一步说明了取样面积越小，样地中各树种共同出现的机率越小，种间联结的程度越弱。

表7.5 高黎贡山中山湿性常绿阔叶林动态监测样地树种的种间联结程度

取样面积(m^2)		20m×20m		10m×10m	
		种对数	所占比例(%)	种对数	所占比例(%)
联结系数(*AC*)	$AC\leq-0.6$	313	37.76	575	43.49
	$-0.6<AC\leq-0.2$	20	2.41	25	1.89
	$-0.2<AC\leq0$	0	0.00	5	0.38
	$0<AC\leq0.2$	112	13.51	297	22.47
	$0.2<AC\leq0.6$	267	32.21	353	26.70
	$AC>0.6$	117	14.11	67	5.07

（续）

取样面积（m^2）		20m×20m		10m×10m	
		种对数	所占比例(%)	种对数	所占比例(%)
共同出现百分率（*PC*）	*PC*<20%	354	42.70	1003	75.87
	20%≤*PC*<40%	239	28.83	288	21.79
	40%≤*PC*<60%	161	19.42	31	2.34
	60%≤*PC*<80%	72	8.69	0	0.00
	PC≥80%	3	0.36	0	0.00

7.6　树种的种内联结关系

各树种不同生长阶段之间的联结关系亦可通过卡方检验进行测定。表 7.6 显示了样地中 19 个树种各自在其幼树（1cm≤*DBH* <5cm）、中等径级（5cm≤*DBH* <20cm）和大径级（*DBH*≥20cm）阶段相互间联结关系的测定结果。可以看出，多花山矾、肖樱叶柃、长果大头茶、龙陵新木姜子、硬斗柯、毛柄槭、星毛鹅掌柴、针齿铁仔、红锥、窄叶连蕊茶、瑞丽山龙眼、金平木姜子、少花桂等 13 个树种的幼树与其中等径级树木在两种取样面积下均表现为正联结关系，说明这些树种的幼树及中等径级树木的环境需求可能具有一定的一致性，它们常一起在共同适宜的环境中生长，或是其幼树生长对其中等径级树木的依赖性较强，单独生长存活的机率较低。相反，多沟杜英、南亚含笑、红花木莲 3 个树种的幼树与其中等径级树木在两种取样面积下都相互独立，说明这些树种其幼树与其中等径级树木的生境需求可能存在一定的差异，它们趋向于在各自适宜的环境中生长，而其幼树对其中等径级树木依赖性亦不强，在相对远离的环境中亦能获得足够的资源而生长良好。其他 3 个树种的幼树与其中等径级树木的联结关系则存在取样面积大小的差异。如薄片青冈在 20m×20m 取样面积下表现为正联结，在 10m×10m 取样面积下相互独立，而尖叶桂樱、双齿山茉莉的联结关系则与之相反。

各树种中等径级与大径级树木的联结关系，在两种取样面积下均表现为正联结的树种开始减少，但仍有 8 个树种（分别是多花山矾、肖樱叶柃、长果大头茶、硬斗柯、毛柄槭、红锥、窄叶连蕊茶、少花桂）；在两种取样面积下均表现为相互独立的树种开始增加，共有 8 个树种（分别是龙陵新木姜子、薄片青冈、尖叶桂樱、多沟杜英、针齿铁仔、南亚含笑、双齿山茉莉、红花木莲）。可见，随着树木生长到中等径级阶段，群落中仍有相当一部分树种还需要在其大径级树木的庇护下生长，而另一些树种则在不断生长的过程中对其大径级树木的依赖性逐渐减弱，到中等径级阶段已可在群落中独立分布。

各树种幼树与其大径级树木的联结关系，在两种取样面积下仍表现为正联结的树种继续减少，只有 3 个树种（毛柄槭、红锥、南亚含笑），而仍表现为相互独立的树种则增加到 12 个树种，其他 4 个树种(硬斗柯、多沟杜英、少花桂、窄叶连蕊茶)的联结关系则存在取样面积大小的差异。同幼树与中等径级树木、中等径级与大径级树木的联结性相比，幼树与大径级树木的联结性以相互独立的树种居多(约占 63.16%)，这说明群落中有较多的树种其幼树对其大径级树木的依赖性较弱，有远离大树生长的趋势。这也再次证实了负密度制约机制在本样地存在的可能性。

表 7.6 高黎贡山中山湿性常绿阔叶林动态监测样地树种的种内联结关系

植物名称	20m×20m			10m×10m		
	幼树-中等径级	幼树-大径级	中等径级-大径级	幼树-中等径级	幼树-大径级	中等径级-大径级
多花山矾	正联结	独立	显著正联结	显著正联结	独立	正联结
肖樱叶柃	正联结	独立	显著正联结	显著正联结	独立	显著正联结
长果大头茶	显著正联结	独立	显著正联结	显著正联结	独立	显著正联结
龙陵新木姜子	显著正联结	独立	独立	显著正联结	独立	独立
硬斗柯	显著正联结	正联结	显著正联结	显著正联结	独立	显著正联结
薄片青冈	正联结	独立	独立	独立	独立	独立
毛柄槭	显著正联结	显著正联结	显著正联结	显著正联结	显著正联结	显著正联结
尖叶桂樱	独立	独立	独立	显著正联结	独立	独立
多沟杜英	独立	独立	独立	独立	显著正联结	独立
星毛鹅掌柴	正联结	独立	独立	显著正联结	独立	显著正联结
针齿铁仔	显著正联结	独立	独立	显著正联结	独立	独立
红锥	显著正联结	显著正联结	显著正联结	显著正联结	显著正联结	显著正联结
窄叶连蕊茶	显著正联结	正联结	显著正联结	显著正联结	独立	显著正联结
瑞丽山龙眼	显著正联结	独立	显著正联结	显著正联结	独立	独立
金平木姜子	显著正联结	独立	正联结	显著正联结	独立	独立
少花桂	显著正联结	独立	正联结	显著正联结	显著正联结	显著正联结
南亚含笑	独立	正联结	独立	独立	显著正联结	独立
双齿山茉莉	独立	独立	独立	显著正联结	独立	独立
红花木莲	独立	独立	独立	独立	独立	独立

7.7 群落的种间关系与 Janzen-Connell 假说

群落中不同物种在空间和时间上存在着既相互依存又相互制约的关系，使得不同植物能够生长在一起，并推动着群落的发展和变化。种间关系有多种类型，归纳起来大致分为三类：相互独立、正相关和负相关(Burkholder，1952)。正相关可能是因一个物种依赖于另一个物种而存在，或两者受环境因子的影响生长在一起。负相关则是由于空间排挤、竞争、他感作用以及不同的环境要求等影响(覃林，2009)。高黎贡山中山湿性常绿阔叶林动态监测样地中绝大多数种对间的联结关系表现为相互独立，仅少数种对间具有正或负的联结关系，这说明样地中多数树种具有较强的独立性而相互间依赖性较弱，或在空间及环境需求方面的竞争也较弱，这可能是由于该群落环境条件较优越，多数树种在竞争中都拥有自己适宜的资源条件。优势树种间具有联结关系的种对所占比例更高，说明优势树种相互间的依赖性相对更强一些，这对群落的稳定发展是有利的，因为样地中优势树种间的竞争较弱可促进整个群落中树种的和谐共处。优势科内多数种对间关系均表现为相互独立，具有联结关系的种对较少，说明这些同科的树种在资源利用上没有明显的冲突，树种相互间的竞争也较弱。群落中树种的总体相关性与群落演替有一定关系。一般来说，随着植物群落演替的进展，群落结构及其种类组成将逐渐趋于完善和稳定，种间关系也将逐渐趋向于正相关，以求得物种间的稳定共存(杜道林等，1995；周先叶等，2000)。样地中各树种在总体上表现出显著的正联结关系，反映了它们目前在资源分配上的良好关系，群落处于较稳定的演替阶段。

样地中优势树种不同生长阶段之间联结关系的研究结果表明，多数树种幼树的生长对其中等径级树木的依赖性较强，幼树单独生长存活的机率较低。随着树木生长到中等径级阶段，一些树种已可在群落中独立分布，但仍有一些树种还需要在其大树的庇护下生长，对其大树仍具有一定的依赖性。而从幼树与大径级树木之间的联结性来看，群落中有更多的树种幼树对其大树的依赖性降低，有远离大树独立生长的趋势。这与 Janzen-Connell 假说阐述的结论是一致的，即 Janzen-Connell 假说的负密度制约机制在研究样地是存在的。

负密度制约机制是解释自然群落物种共存的重要理论之一，主要描述由于资源竞争、有害生物侵害(如病原微生物、食草动物捕食)等引起同种个体之间发生的相互损害行为。负密度制约机制导致局部群落同种个体生长率降低和死亡率提高，从而为其他物种的生存提供空间和资源，促进物种共存(Janzen，1970；Connell，1971)。该假说主要包括两个过程：①大部分植物的种子落在母株周围，种子数量常随着远离母株的距离而下降，而且随着扩散期间种子产量的波动而变化；②母株和其种子、幼苗是许多宿主专一的植物病原菌和捕食者的食物来源，这些有害生物导致更多邻近母株的种子和幼苗死亡，它们对更新后代的负效应随着远离母株而下降，而幼苗更新存活的机率随着远离母株而增加(祝燕等，2009)。在上述两个过程共同作用下，大部分森林具有多物种共存、多数物种的密度低、成年树分布较规则的特点(Janzen，1970)。在热带森林中，负密度制约机制的普遍性已经得到证实(Augspurge，1984；Coley *et al.*，1996；Wills *et al.*，1997；Harms *et al.*，2000；Peters，2003；Volkov *et al.*，2005)。本研究结果表明，对于亚热带森林，负密度制约机制在维持森林生物多样性中的作用也是明显的。例如，样地中多数树种幼树与其大径级树木的种间关系表现为相互独立，即可能是由于密度制约效应导致母树周围的幼苗大量死亡(一般来说，母树周围会聚集更多的种子和幼苗，对其捕食者来说则是更易获得的食物资源，因而它们被捕食或被侵染的机率也更高），而那些离开母树较远的幼树有更多的机会生存下来。前面提到，样地中多数树种的幼树为聚集分布，大径级树木则转变为随机分布，这种空间分布上的转变显然与密度制约效应有一定关系。另外，在对样地中随机抽取的 1000 株树木的最近邻体种类进行统计时发现，最近邻体为同种的树木有 132 株，其中 10 株大径级树木的最近邻体树木均非其幼树，93 株幼树的最近邻体树木均非其大树。这表明样地中幼树与同种大树相邻的机率较低，或者说大树旁的同种幼树不易存活。这也是密度制约假说在本研究样地中存在的证据。

第 8 章

森林循环特征

8.1 研究方法

森林循环理论认为，任何森林中都存在着由干扰驱动的林分斑块的循环变化过程，这个过程大致可划分为林隙阶段、建立阶段、成熟阶段和衰退阶段(Whitmore，1989；臧润国，1998)。在森林循环理论的指导下，通过对森林循环阶段的划分，对比分析各阶段斑块内的树种多样性特征，就可了解森林中树种多样性的动态变化规律(蒋有绪等，2002)。

本研究在划分森林循环阶段时，将 $4hm^2$ 样地划分为 1600 个 5m×5m 的小样方，并参考蒋有绪等(2002)对海南岛山地雨林森林循环斑块阶段的划分标准判定各样方在森林循环中所处的阶段。具体划分标准如下：①林隙阶段：林内光亮度较大，一般可看到以掘根、折干或枯立等形式出现的形成木或腐朽木的痕迹。林内绝大部分树木的高度都远低于周围主林层的树木，一般没有或很少有高度在 8m 以上或胸径在 10cm 以上的树木。②建立阶段：由林隙阶段发育而来，林内一般看不到林隙形成木的痕迹，其光亮度已远不如林隙内光亮度。林内树木冠层高度已达到与周围主林层树冠中下部相接触的地方，但仍与周围大树的高度有一些差别。林内有不少高度在 8m 以上或胸径在 10cm 以上的树木，但高度在 14m 以上或胸径在 20cm 以上的树木还不多。③成熟阶段：是建立阶段林分进一步发育的结果，其上层树木已有很多处于主林层。林内高度在 14m 以上或胸径在 20cm 以上的树木已有很多，但很少有胸径在 50cm 以上的树木。④衰退阶段：是成熟阶段林分逐渐走向死亡的过渡阶段，林内有许多高度超过主林层的粗大树木。但这些大树的活力已大为减少，大都表现出叶子稀疏、折枝断梢、秃顶等衰老特征。处于衰退阶段的大部分斑块中都有 1 株或几株胸径在 50cm 以上的大树。

8.2 森林循环阶段的斑块数量

表 8.1 显示了样地中不同森林循环阶段的斑块数量及各类型斑块的面积。从表 8.1

中可以看出，在1600个5m×5m的斑块样方中，处于林隙阶段、建立阶段和成熟阶段的分别有484个、472个和519个，它们在样地中所占的比例较高且比较接近。处于衰退阶段的斑块有125个，所占比例仅为7.81%，远低于前三个阶段所占的比例。这样的组成关系说明样地中处于衰退阶段的斑块较少，大多数斑块目前尚未达到成熟阶段，或部分地段已达到成熟阶段但还没有进入衰退阶段。处于衰退阶段斑块内的大树大多有衰老死亡的迹象，它们一旦死亡消失斑块即向林隙阶段转化。而其他阶段斑块的树木大多保持有良好的生活力，使得整个群落目前处于较稳定的发展状态。

表8.1　高黎贡山中山湿性常绿阔叶林动态监测样地森林循环阶段的斑块数量

森林循环阶段	斑块数量	面积(m^2)	比例(%)
林隙阶段	484	12100	30.25
建立阶段	472	11800	29.50
成熟阶段	519	12975	32.44
衰退阶段	125	3125	7.81
合计	1600	40000	100.00

8.3　森林循环阶段的斑块镶嵌格局

以1600个5m×5m的斑块样方所属的阶段类型为基础，绘制出该样地森林循环的斑块镶嵌格局图(图8.1)。从图8.1中可以看出，不同阶段的斑块在样地中彼此既相邻又相嵌，格局错综而复杂，呈现出你中有我、我中有你的镶嵌局面。其中，林隙阶段的斑块多位于样地西侧，分布相对集中，常数个至数十个连成一片而构成面积更大的斑块。样地东侧的林隙斑块数量相对少一些，分布也较星散，即使偶见相邻成片的面积也都不大。建立阶段和成熟阶段的斑块都遍布整个样地，数量多，尤其在样地北侧中部地段有较集中连片的分布。这两个阶段的斑块彼此镶嵌现象更加明显，如连在一起可形成镶嵌图的背景色。衰退阶段的斑块数量较少，它们零星而均匀地散布在整个样地中，几乎没有相连成片的斑块。这样的镶嵌格局可能对树木生长和森林循环发育更为有利，如林隙阶段的斑块连在一片能形成更大的空间，增加林内的透光率从而促进林内幼树更好地生长。衰退阶段的斑块零星而不连片，则不会因树木衰老死亡而产生大面积的林中空地。

8.4　森林循环阶段的树种多样性

表8.2显示了样地中不同森林循环阶段的树种多样性变化规律。从表8.2中可以看出，从林隙阶段到建立阶段再到成熟阶段，样地中树种丰富度、个体总数及Shannon-Wiener指数均呈逐渐增加的趋势；Simpson指数则呈逐渐下降的趋势；均匀度指数呈先

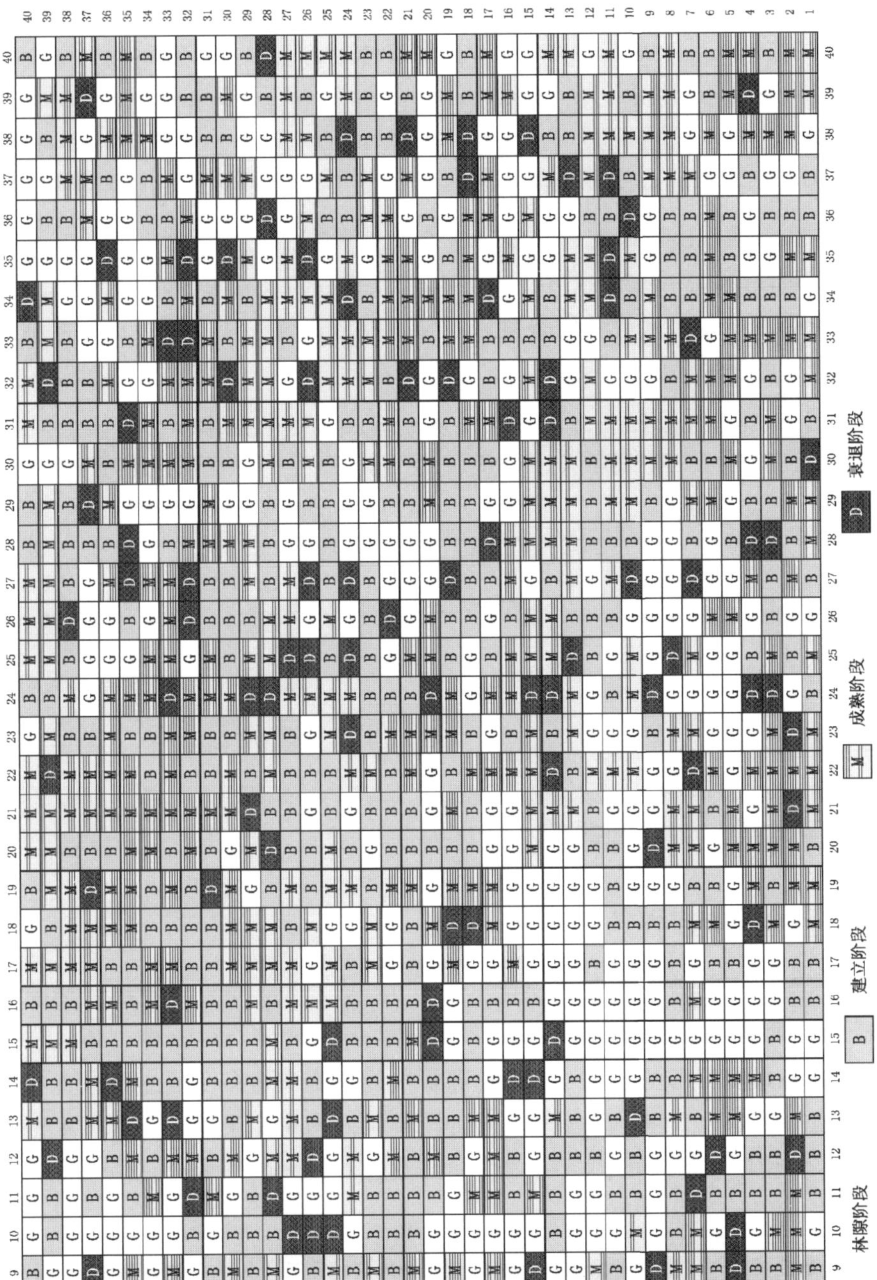

图 8.1　高黎贡山中山湿性常绿阔叶林动态监测样地森林循环不同阶段斑块镶嵌格局

上升后下降的趋势。到衰退阶段后，树种丰富度、个体总数出现了较大幅度的下降，都远低于前三个阶段；Shannon-Wiener 指数也出现下降但幅度不大，略低于建立阶段而高于林隙阶段；而 Simpson 指数、均匀度指数则出现了不同程度的升高，其中均匀度指数在衰退阶段达到最大值。可以看出，成熟阶段斑块内的树种丰富度、树木个体数最多而生态优势度最低，表现出较高的树种多样性水平。衰退阶段斑块内的树种丰富度、树木个体数最少，表现出较低的树种多样性水平，但它的均匀度指数最高，树木分布最均匀。林隙阶段斑块内的树木具有最低的均匀度指数和最高的 Simpson 指数，说明该阶段的树木分布不均匀，优势种优势度较明显。相较而言，建立阶段斑块内树木的各项多样性指数都处于居中的水平。

表 8.2　高黎贡山中山湿性常绿阔叶林动态监测样地森林循环阶段的树种多样性

多样性指数	森林循环阶段			
	林隙阶段	建立阶段	成熟阶段	衰退阶段
树种丰富度	74	79	84	65
个体总数	1424	3456	4634	1032
香浓-威纳指数	1.591	1.648	1.656	1.636
均匀度指数	0.851	0.869	0.861	0.902
辛普森指数	0.028	0.019	0.018	0.019

8.5　森林循环阶段的树种多度

8.5.1　森林循环阶段的树种多度

样地中各森林循环阶段的树种多度统计见表 8.3。从表 8.3 中可以看出，林隙阶段、建立阶段、成熟阶段、衰退阶段斑块内的树木分别有 1424 株、3456 株、4634 株和 1032 株，以成熟阶段最多，密度最大。虽然林隙阶段的斑块数量多于建立阶段，但其中的树木分布密度却明显低于建立阶段。衰退阶段斑块内的树木最少，但其树木密度却居于较高的水平，说明衰退阶段的斑块内可能已发育有较多的幼树，它们向林隙阶段发育的趋势较明显。

表 8.3　高黎贡山中山湿性常绿阔叶林动态监测样地森林循环阶段的树种多度

森林循环阶段	株数	株数所占比例(%)	密度(株/hm^2)
林隙阶段	1424	13.50	1176.86
建立阶段	3456	32.77	2928.81
成熟阶段	4634	43.94	3571.48
衰退阶段	1032	9.79	3302.40
合计	10546	100.00	2636.50

8.5.2 森林循环阶段树种多度与树木高度的关系

森林循环中树种多度与树木高度的关系见表8.4。从表8.4中可以看出，不同高度的树木在森林循环不同阶段内的个体数和密度有一定的差异。$H<8m$ 及 $8m \leqslant H<14m$ 的树木，在成熟阶段斑块内的分布最多，密度最大，在衰退阶段斑块内分布最少，但衰退阶段斑块的树木密度高于林隙阶段和建立阶段。$H \geqslant 14m$ 的树木，仍在成熟阶段斑块分布数量最多，但在衰退阶段斑块内的分布密度最大。它们仅少量个体分布在建立阶段斑块内，没有个体在林隙阶段斑块内分布。

表8.4　高黎贡山中山湿性常绿阔叶林动态监测样地森林循环阶段不同高度级的树种多度

森林循环阶段	$H<8m$		$8m \leqslant H<14m$		$H \geqslant 14m$	
	株数	密度	株数	密度	株数	密度
林隙阶段	1386	1145.45	38	31.40	0	0
建立阶段	2578	2184.75	857	726.27	21	17.80
成熟阶段	3245	2500.96	1077	830.06	312	240.46
衰退阶段	693	2217.60	196	627.20	143	457.60
合计	7902	1975.50	2168	542.00	476	119.00

8.5.3 森林循环阶段树种多度与树木径级的关系

森林循环中树种多度与树木径级的关系见表8.5。从表8.5中可以看出，不同径级的树木在森林循环不同阶段内的个体数和密度也有差异。$1cm \leqslant DBH<10cm$ 的树木，分布在成熟阶段斑块内的个体数量最多，密度最大，在林隙阶段及建立阶段的数量有所下降，但仍有较多分布。而在衰退阶段斑块内分布的数量最少，但衰退阶段斑块内树木密度高于林隙阶段和建立阶段。$10cm \leqslant DBH<20cm$ 的树木，在成熟阶段斑块内依然有较多的分布，但更多的分布在建立阶段斑块内。而在林隙阶段、衰退阶段斑块内分布的个体数则急剧下降。$20cm \leqslant DBH<30cm$ 的树木大多分布在成熟阶段斑块内，数量多密度也大，在建立阶段斑块内也有较多的个体但分布密度较小，在衰退阶段斑块内分

表8.5　高黎贡山中山湿性常绿阔叶林动态监测样地森林循环阶段不同径级的树种多度

森林循环阶段	$1cm \leqslant DBH<10cm$		$10cm \leqslant DBH<20cm$		$20cm \leqslant DBH<30cm$		$30cm \leqslant DBH<50cm$		$DBH \geqslant 50cm$	
	株数	密度	株数	密度	株数	密度	株数	密度	株数	密度
林隙阶段	1340	1107.4	84	69.4	0	0	0	0	0	0
建立阶段	2542	2154.2	751	636.44	163	138.1	0	0	0	0
成熟阶段	3217	2479.4	610	470.13	431	332.2	366	282.1	10	7.71
衰退阶段	663	2121.6	132	422.4	65	208.0	36	115.2	136	435.2
合计	7762	1940.5	1577	394.2	659	164.8	402	100.5	146	36.5

布的个体较少但分布密度较大，缺失在林隙阶段斑块内分布的个体。30cm ≤ DBH < 50cm 及 DBH ≥ 50cm 的树木则分别在成熟阶段和衰退阶段斑块内分布较多，它们在林隙阶段、建立阶段斑块内都没有分布。

8.6 森林循环阶段的树种丰富度-密度关系

以 5m×5m 斑块样方为基础，分析了样地中森林循环不同阶段的树种丰富度与树木密度(每 25m^2 样方内的树种数与个体数)的关系，结果分别如图 8.2(总体)、图 8.3(林隙阶段)、图 8.4(建立阶段)、图 8.5(成熟阶段)和图 8.6(衰退阶段)。

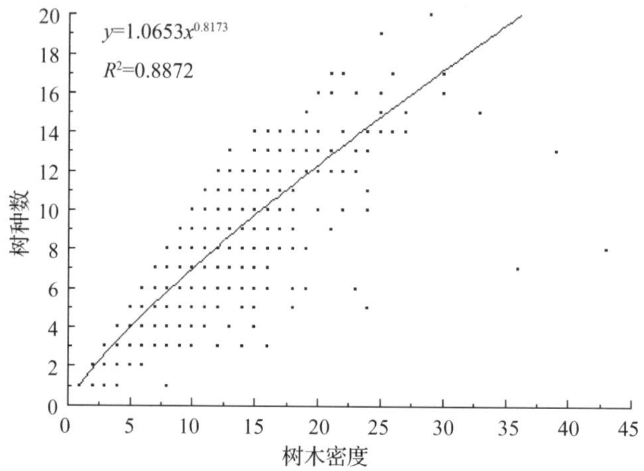

图 8.2 高黎贡山中山湿性常绿阔叶林动态监测样地各森林循环阶段树种丰富度与密度的关系

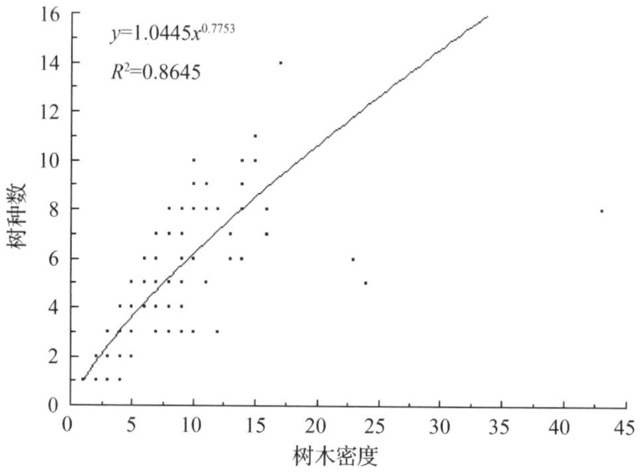

图 8.3 高黎贡山中山湿性常绿阔叶林动态监测样地森林循环林隙阶段树种丰富度与密度的关系

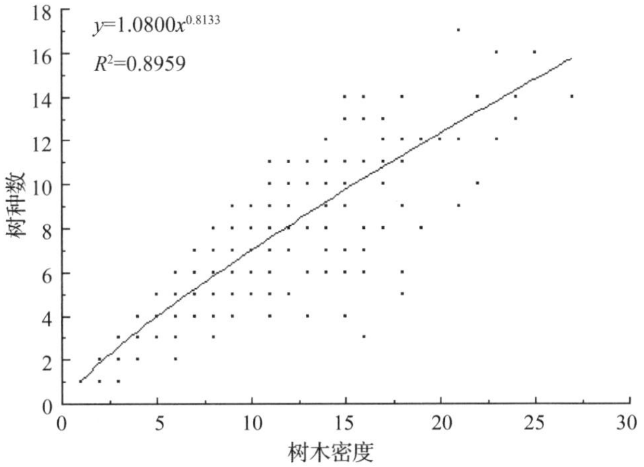

图 8.4　高黎贡山中山湿性常绿阔叶林动态监测样地森林循环建立阶段树种丰富度与密度的关系

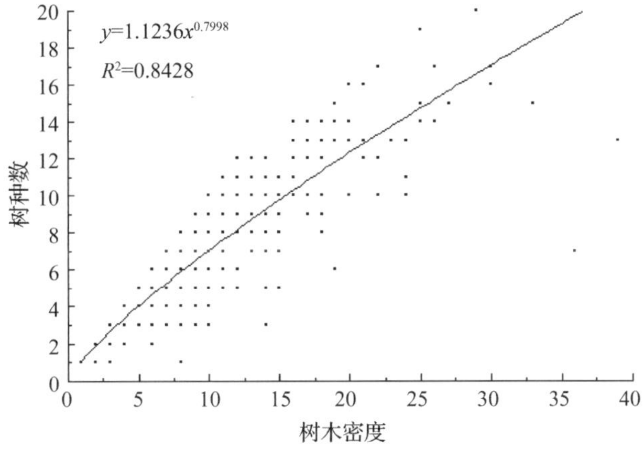

图 8.5　高黎贡山中山湿性常绿阔叶林动态监测样地森林循环成熟阶段树种丰富度与密度的关系

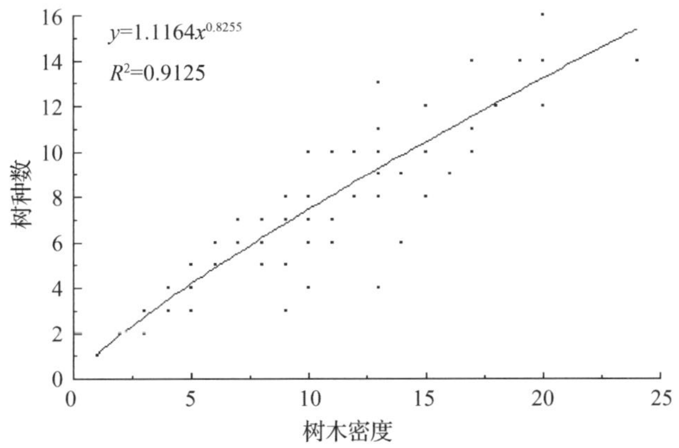

图 8.6　高黎贡山中山湿性常绿阔叶林动态监测样地森林循环衰退阶段树种丰富度与密度的关系

从图 8.2 至图 8.6 中可以看出，样地中森林循环各阶段斑块内的树种丰富度与树木密度都呈明显的正相关关系，即树木密度越大，斑块内树种种数越多。这种正相关关系均可用幂函数方程很好地拟合。其中，全部森林循环阶段的拟合方程为 $y = 1.0653x^{0.8173}$（$R^2 = 0.8872$）；林隙阶段的拟合方程为 $y = 1.0445x^{0.7753}$（$R^2 = 0.8645$）；建立阶段的拟合方程为 $y = 1.0800x^{0.8133}$（$R^2 = 0.8959$）；成熟阶段的拟合方程为 $y = 1.1236x^{0.7998}$（$R^2 = 0.8428$）；衰退阶段的拟合方程为 $y = 1.1164x^{0.8255}$（$R^2 = 0.9125$）。

8.7 群落的森林循环与动态

森林可以看作是处于不同演替阶段斑块的空间镶嵌体（Whitmore，1989；1990）。这种空间镶嵌体能不断保持森林内环境因子的异质性，从而对群落内物种多样性的维持起着重要的作用（蒋有绪等，2002）。森林群落内斑块的循环变化过程，也就是群落树种多样性及群落发展的动态变化过程。因此，一定时间内森林中不同演替阶段斑块的空间镶嵌格局，可反映出群落演替发育的动态变化特点。

高黎贡山中山湿性常绿阔叶林动态监测样地中林隙斑块、建立斑块和成熟斑块的数量各占 30%左右，衰退斑块的数量所占比例不到 10%，远低于前三个阶段所占的比例。衰退斑块数量较少，其斑块内树木种类及数量的变化对整个群落种群数量变化的影响必然也较小，即使有个别斑块内的大树受到外界干扰而消亡也不足以影响整个群落的发展变化动态，反而大树的消亡会促使衰退斑块很快地向林隙斑块转化。林隙斑块、建立斑块和成熟斑块三者在群落中所占比例达 90%以上，它们是构成群落森林循环斑块空间镶嵌体的主体，对整个群落种群数量变化起着决定性的作用。这些斑块内的树木大多保持有良好的生活力，从而使得整个群落目前处于较稳定的发展状态。群落中森林循环斑块相互间的镶嵌格局也有利于树木生长和发育，如有较多的林隙斑块连在一片，这样能形成更大的空间，增加林内的透光率从而促进林内幼树更好的生长。衰退斑块多呈零星分布而不连片，则不会因树木衰老死亡而产生大面积的林中空地，从而群落中物种多样性始终保持在较高水平。

从林隙阶段到建立阶段再到成熟阶段，样地中树种丰富度、个体总数及 Shannon-Wiener 指数均逐渐增加，Simpson 指数、均匀度指数则逐渐下降。到衰退阶段，样地中树种丰富度、个体总数及 Shannon-Wiener 指数出现不同程度的下降，而 Simpson 指数、均匀度指数出现不同程度的升高，这表明样地中树种多样性在达到成熟阶段以前是呈逐渐增加的趋势，在成熟阶段达到最高的水平，到衰退阶段后，树种多样性又降至较低的水平。这可能是因为不同阶段森林斑块的发育进程是以树木的生长为基础的，随着森林循环的进行，斑块的发育年龄逐渐增加，林中树木个体也逐渐变得高大。不同径级树木的个体对空间的占领不一样，因而营造的森林空间也不一样。在衰退阶段，斑块内多数中小径级树木都因自疏、种间竞争等死亡，仅有少数生活力较强的树木能够继续生存，并长成较大径级的树木。存活下来的大树大都占有很大的空间，对林下幼树更新的限制也较大。因而在衰退阶段，斑块内各径级树木的数量都较有限，表现出较低的树种多样性水平。随着斑块内大树的衰老死亡，林隙斑块逐渐形成，这时斑块内因大树倒下而留出了新的空间，为许多幼树的生长创造了条件，特别是一些先锋树种的种子迅速萌发，从而发育了较多的小径级树木，但斑块内中等径级的树木仍较少，特别是缺乏较大径级的树木，林内空间环境还较单一，因而树种多样性水平仍较低。当斑块由林隙阶段发育到建立阶段后，由于林内中小径级树木增加较多，林内空间环境更加多样化，为更多树木的更新创造了条件，因而树种多样性得到极大提高。到成熟阶段，斑块内会有一部分小径级树木死亡，也有一部分生长发育为中大径级树木。那些径级在20~50cm的树木数量较多，它们对林内空间环境的营造起着决定作用，而它们本身所占有的空间又不大，能够为其他小径级树木留出较多的空间和资源。而且，经过林隙、建立阶段的发育，由种内种间竞争引起的营养空间分配关系也更加协调，斑块内各径级树木都能得以充分的发展。因而到成熟阶段，斑块内树种多样性达到较高的水平。随着森林循环的继续进行，成熟斑块又逐渐向衰退斑块转化，林内树种多样性变化又将进行下一轮的动态变化过程。

第 9 章 群落多样性特征

9.1 研究方法

9.1.1 群落分类与群落命名方法

植物群落的形成、发展与其周围的环境有密切的关系，对群落进行分类就是要在一定程度上揭示这些关系，从而为植被的管理、利用和改造提供科学依据。因此，对群落进行分类，是为了揭示生态关系，反映一定的生态规律(张金屯，2004)。

对群落进行分类的方法有多种，如等级聚类分析方法、等级分划法、非等级分类方法、模糊数学分类、群落排表分类、外在分类等。本研究选择聚类分析中应用最广泛的一种方法——等级聚类分析方法。等级聚类分析方法的基本思路：首先，将各实体(样方)各看成一类，计算它们两两间相似性的大小；其次，按类间相似性大小准则将两类合并成新类，并计算新类与其他类的相似性；最后，再按类间相似性大小准则合并类。这样每次缩小一类，直到所有的实体(样方)都聚类完备，形成一个表示亲疏关系的树状图，再按照一定要求对实体(样方)进行分类。等级聚类分析一般包括如下步骤：

(1)计算样方间相异系数矩阵。

(2)选距离最小的两个样方 A 和 B，首先合并为一组。

(3)再计算该样方组(A+B)与其他样方或样方组之间的距离(Wishart，1969)，公式如下：

$$d_{C(A+B)}=\alpha_A d_{CA}+\alpha_B d_{CB}+\beta d_{AB}+\gamma\mid d_{CA}-d_{CB}\mid$$

式中：$d_{C(A+B)}$为样方组(A+B)和样方 C 之间的距离；d_{CA}、d_{CB}、d_{AB} 分别为样方 C 和 A、C 和 B、A 和 B 之间的距离；α_A、α_B、β、γ 为参数。

(4)回到第 2 步，选距离最小的两个样方或样方组或一个样方和一个样方组进行合并。重复以上计算过程，直到所有样方合并为一组。

由于两样方之间或样方与样方组之间或两样方组之间的聚类策略不同，等级聚合方法可分为最近邻体法(Sneath & Sokal, 1973; Orloci, 1978)、最远邻体法(Lance & Willliams, 1967)、中线法(Gower, 1967; Gauch, 1982)、形心法(Lance & Williams, 1967; Greg-Smith, 1983)、组平均法(Sokal & Michener, 1958)、离差平方和法(Ward, 1963; Orloci, 1967)、可变法((Lance & Willliams, 1967)等。本研究选用其中的组平均法来计算样方(组)之间的距离。该方法将两个样方组间的距离定义为两个样方组间所有可能的样方对间距离的平均值。这样,以上公式中的参数 α_A、α_B、β、γ 取值分别如下:

$$\alpha_A=\frac{n_A}{n_A+n_B},\ \alpha_B=\frac{n_B}{n_A+n_B},\ \beta=\gamma=0,\ \text{即}$$

$$d_{C(A+B)}=\frac{n_A}{n_A+n_B}d_{CA}+\frac{n_B}{n_A+n_B}d_{CB}$$

式中:n_A 和 n_B 分别为样方组 A 和 B 所包含的样方数。

相异系数选用欧氏距离,即线性代数中欧氏空间中两点之间的距离,其计算公式如下:

$$d_{jk}=\sqrt{\sum_{i=1}^{p}(x_{ij}-x_{ik})^2}$$

式中:d_{jk} 为两样方间的相异系数(欧氏距离);x_{ij} 和 x_{ik} 分别为第 i 个物种在第 j 个和第 k 个样方中的观测值(本研究中为重要值);p 为物种数。

对群落的分类,采用云南的植被分类系统并分至群丛一级。由于本研究只涉及 *DBH*≥1.0cm 的树木,对灌木层、草本层未作细分,故各群丛均称为群落。这也符合《云南植被》将群丛统称为群落的处理方法(吴征镒等, 1987)。群落的命名也只根据群落主要层的优势种来命名,如本研究中采用乔木层重要值最大的两个树种来对群落进行命名。

9.1.2　群落复杂性测度方法

生态复杂性是指生态系统内不同层次上的结构和功能的多样性(张知彬等, 1998)。群落作为生态系统的一个组织层次,其复杂性主要用多组分、时间/空间异质性、响应与相互作用的非线性来表征(Whittaker, 1975; Allen & Wyleto, 1983; Phillips, 1985; Kolasa & Pickett, 1991; Orloci, 1993)。由于不同学者对群落复杂性概念的理解及数量化操作方面存在较大的差异,从而提出了较多的群落复杂性测度方法,如基于信息熵的测度方法(McIntosh, 1967; Margalef, 1968; Shannon, 1948; Renyi, 1961)、基于本质多样性的测度方法(Patil & Taillie, 1982; 雷相东等, 2002)、基于最小剩余码的测度方法(Anand & Orloci, 1996)及基于联合熵的测度方法(覃林等, 2004)。

本研究选用基于本质多样性的测度方法,计算方法如下:

设 S 为群落的物种丰富度,定义相对多度向量为 $\pi=(\pi_1, \pi_2, \cdots, \pi_s)$,$\pi_i$ 为 i 物

种的相对多度。Patil & Taillie(1982)认为物种多样性($\triangle_C$)是群落的一个平均特征，即平均物种稀有度，其测度公式如下：

$$T_j = \sum_{i=j+1}^{s} \pi_i^* (i = 1, 2, \cdots, S - 1)$$

其中，T_j为第j个物种的平均物种稀有度，显然$T_s=0$，$T_1=1$；π^*为有序相对多度向量，$\pi^*=(\pi_1^*, \pi_2^*, \cdots, \pi_S^*)$，其中$\pi_1^*>\pi_2^*>\cdots>\pi_S^*$。$\pi_i^*$为第$i$物种的相对多度。上式称为有序相对多度向量$\pi^*$的右尾和。对于每个群落$(j, T_j)$构成一条右尾和曲线，即群落的本质多样性曲线。

群落C_1比群落C_2本质上复杂，是由于C_2通过以下过程产生C_1：引入一个物种；在不改变物种相对多度排序的情况下，从相对多度高的物种转化为相对多度低的物种；物种的重新标记，即改变相对多度向量的组成。对于群落C_1、C_2，若群落C_1的本质复杂性曲线始终高于C_2，则群落C_1本质上比C_2复杂性高；若群落C_1的本质复杂性曲线始终低于C_2，则群落C_2本质上比C_1复杂性高；若两曲线相交，则从本质上说，这两个群落不能比较。

Gove等(1995)则提出以群落内禀多样性(不同胸径级的树种多样性)来比较群落间的复杂性。测度方法如下：

群落C中所有树木按胸径级大小可分为S个胸径级，把不同胸径级按相对个体数目的多少排列成矢量$\pi=(\pi_1, \pi_2, \cdots, \pi_s)$，其中$\pi_1+\pi_2, +\cdots+\pi_s=1$，再把$\pi_i$从大到小排得$\pi^*=(\pi_1^*, \pi_2^*, \cdots, \pi_S^*)$，其中$\pi_1^*>\pi_2^*>\cdots>\pi_S^*$，$\pi_i$为第$i$胸径级的相对多度。各胸径级右尾累加和计算公式如下：

$$T_j = \sum_{i=j+1}^{s} \pi_i^* (i=1, 2, \cdots, S-1)$$

式中：T_j为第j个胸径级的右尾累加和，也有$T_s=0$，$T_1=1$。

若对群落C_1和群落C_2作比较，如果所有$T_j(C_1)>T_j(C_2)$成立，就说明群落C_1比C_2复杂。

9.2 群落类型多样性

为客观、真实地反映高黎贡山中山湿性常绿阔叶林的群落多样性特征，研究资料除$4hm^2$动态监测样地(样地A)外，还包括7块40m×40m的辅助样地(样地B、样地C、样地D、样地E、样地F、样地G、样地H)。各样地地理位置及环境概况见表9.1和表9.2。其中，样地A由于地域跨幅较大，不同地段的优势种组成、结构特征因海拔、地形、坡度等的不同而存在一定的差异。因此，将样地A进一步划分为25个40m×40m的样方(样地A_1，A_2，A_3，…，A_{25}，样方分布如图9.1)。在共计32个40m×40m的样方中共记录到$DBH \geq 1.0$cm的树种135种。计算出各样方中树种的重要值，并将所有树种的重要值列为 135×32 维矩阵，以欧氏距离作为相异系数，利用组平均法进行聚类，聚类结果如图 9.2。

以各样地树种重要值组成为基础(表 9.2 列出了各样方重要值排前 5 位的树种)，结合聚类分析结果(以 17.5 为阈值距离)，可将 32 个样方划分为 8 种植物群落类型：

【群落 1】滇琼楠、多花山矾群落(*Beilschmiedia yunnanensis*, *Symplocos ramosissima* Comm.)(样地 A_1、A_2、A_6 和样地 B)。主要分布于样地 A 的西南角，靠近山脊，地形起伏明显。群落郁闭度 0.7~0.8。4 块样地中共记录到 *DBH*≥1.0cm 的树种 69 种，计 1909 株。群落中重要值超过 5%的有 2 个树种：滇琼楠(6.35%)、多花山矾(5.86%)；重要值介于 4%~5%的有 3 个树种：硬斗柯(4.73%)、龙陵新木姜子(4.71%)和肖樱叶柃(4.49%)；重要值介于 3%~4%的 7 个树种：怒江柃(*Eurya tsaii*)(3.79%)、星毛柯(*Lithocarpus petelotii*)(3.69%)、马蹄荷(3.46%)、少花桂(3.33%)、泥柯(3.22%)、尖叶桂樱(3.14%)、毛柄槭(3.10%)。以上 12 个树种重要值总和接近 50%。其余 57 个树种重要值均在 3%以下。

【群落 2】双齿山茉莉、尖叶桂樱群落(*Huodendron biaristatum*, *Laurocerasus undulate* Comm.)(样地 A_3、A_4、A_5、A_7、A_8、A_9)。主要分布于样地 A 的西部，属多条箐沟的汇集处，地势低凹。群落郁闭度 0.6~0.8。六块样地中共记录到 *DBH*≥1.0cm 的树种 76 种，计 1603 株。群落中重要值超过 5%的有 2 个树种：双齿山茉莉(5.36%)和尖叶桂樱(5.35%)；重要值介于 4%~5%的有 2 个树种：金平木姜子(4.95%)和窄叶连蕊山茶(4.47%)；重要值介于 3%~4%的 2 个树种：星毛柯(3.97%)、星毛鹅掌柴(3.85%)；重要值介于 2%~3%的 12 个树种，如红锥(2.97%)、薄片青冈(2.85%)、微脉冬青(*Ilex venulosa*)(2.81%)、肖樱叶柃(2.78%)、龙陵新木姜子(2.76%)、毛果猴欢喜(2.75%)、针齿铁仔(2.74%)、多花山矾(2.68%)等。以上列出的 14 个树种重要值总和达 50%以上。

【群落 3】长果大头茶、多花山矾群落(*Gordonia longicarpa*, *Symplocos ramosissima* Comm.)(样地 A_{10}、A_{11}、A_{12}、A_{13}、A_{14}、A_{15}、A_{16}、A_{17}、A_{18}、A_{19}、A_{20}、A_{21}、A_{22}、A_{23}、A_{24})。主要分布于样地 A 的中部和东部，地形复杂。郁闭度 0.6~0.9。15 块样地中共记录到 *DBH*≥1.0cm 的树种 88 种，计 7445 株。群落中重要值超过 5%的有多花山矾(5.42%)1 个树种；重要值介于 4%~5%的有 4 个树种：长果大头茶(4.89%)、肖樱叶柃(4.48%)、硬斗柯(4.10%)和多沟杜英(4.03%)；重要值介于 3%~4%的 8 个树种：龙陵新木姜子(3.93%)、毛柄槭(3.91%)、薄片青冈(3.79%)、针齿铁仔(3.68%)、尖叶桂樱(3.42%)、窄叶连蕊茶(3.32%)、星毛鹅掌柴(3.24%)和瑞丽山龙眼(3.13%)。以上 13 个树种重要值总和达 50%以上。其余 75 个树种重要值均在 3%以下。

【群落 4】毛柄槭、窄叶连蕊茶群落(*Acer pubipetiolatum*, *Camellia saluenensis* Comm.)(样地 A_{25})。主要分布于样地 A 的东北角，靠近山脊林缘，地形起伏较小。郁闭度 0.6~0.8。样地中共记录到 *DBH*≥1.0cm 的树种 32 种，计 203 株。群落中重要值超过 10%的有 2 种：柄槭(10.67%)和窄叶连蕊茶(10.15%)；重要值介于 6%~10%的有 4 个树种：薄片青冈(7.79%)、瑞丽茜树(7.18%)、多花山矾(6.65%)和龙陵新木姜子(6.06%)。以上 6 个树种重要值总和已接近 50%。重要值介于 5%~6%的有 3 个树种：红花木莲(5.85%)、南亚含笑(5.40%)和肖樱叶柃(5.05%)。其余 23 个树种重要值均在 5%以下。

【群落 5】硬斗柯、针齿铁仔群落(*Lithocarpus hancei*, *Myrsine semiserrata* Comm.)(样地 C)。群落郁闭度 0.6~0.8。样地中共记录到 *DBH*≥1.0cm 的树种 39 种，计 405 株。群落中重要值超过 10%的有硬斗柯(17.46%)和针齿铁仔(12.10%)2 种；重要值介于 4%~10%的有 4 个树种：多花山矾(8.28%)、长蕊木兰(4.82%)、红锥(4.40%)和瑞丽山龙眼(4.14%)。以上 6 个树种重要值总和已接近 50%。其余 33 个树种重要值均在 4%以下。

【群落 6】大理茶、泥柯群落(*Camellia taliensis*, *Lithocarpus fenestratus* Comm.)(样地 D)。群落郁闭度 0.5~0.8。样地中共记录到 *DBH*≥1.0cm 的树种 34 种，计 190 株。群落中重要值超过 10%的有大理茶(12.08%)1 种；重要值介于 5%~10%的有 7 个树种：泥柯(9.27%)、红花木莲(8.18%)、翅柄紫茎(8.13%)、针齿铁仔(7.87%)、尼泊尔桤木(*Alnus nepalensis*)(7.68%)、多花山矾(7.16%)和长梗润楠(*Machilus duthiei*)(5.76%)。以上列出的前 6 个树种重要值总和已超过 50%。其余 26 个树种重要值均在 5%以下。

表 9.1 高黎贡山中山湿性常绿阔叶林样地地理位置和环境概况

样地号	地点	经度(E)	纬度(N)	海拔(m)	面积	坡向	坡度(°)
A	隆阳赧亢里灰坡	98°45′54″	24°50′17″	2135~2230	200m×200m	NW	10
B	隆阳赧亢仙鹅抱蛋	98°46′10″	24°50′10″	2250	40m×40m	SE	10
C	隆阳赧亢苦桃树窝子	98°46′10″	24°49′12″	2110	40m×40m	NW	20
D	隆阳百花岭澡堂河头	98°46′03″	25°18′50″	2260	40m×40m	N	20
E	腾冲自治漱水河	98°36′49″	25°47′12″	2190	40m×40m	NE	10
F	隆阳百花岭石堆窝	98°45′35″	25°17′58″	2390	40m×40m	N	40
G	隆阳百花岭石堆窝	98°45′50″	25°17′56″	2390	40m×40m	E	5
H	隆阳百花岭石堆窝	98°46′11″	24°17′56″	2400	40m×40m	NW	30

表 9.2 高黎贡山中山湿性常绿阔叶林中各样方重要值排前 5 位的树种

样方号	样方面积	重要值排前 5 位的树种				
		1	2	3	4	5
A_1	40m×40m	硬斗柯	肖樱叶柃	马蹄荷	少花桂	多脉水东哥
A_2	40m×40m	马蹄荷	滇琼楠	硬斗柯	龙陵新木姜子	肖樱叶柃

（续）

样方号	样方面积	重要值排前5位的树种				
		1	2	3	4	5
A_3	40m×40m	双齿山茉莉	尖叶桂樱	毛果猴欢喜	星毛柯	红锥
A_4	40m×40m	双齿山茉莉	长果大头茶	毛果猴欢喜	尖叶桂樱	针齿铁仔
A_5	40m×40m	微脉冬青	金平木姜子	窄叶连蕊茶	尖叶桂樱	双齿山茉莉
A_6	40m×40m	滇琼楠	龙陵新木姜子	怒江柃	泥柯	硬斗柯
A_7	40m×40m	长蕊木兰	星毛柯	南亚含笑	滇琼楠	星毛鹅掌柴
A_8	40m×40m	窄叶连蕊茶	尖叶桂樱	星毛鹅掌柴	星毛柯	双齿山茉莉
A_9	40m×40m	红锥	金平木姜子	滇琼楠	少花桂	毛柄槭
A_{10}	40m×40m	金平木姜子	窄叶连蕊茶	双齿山茉莉	波叶新木姜子	尖叶桂樱
A_{11}	40m×40m	龙陵新木姜子	硬斗柯	肖樱叶柃	尖叶桂樱	毛柄槭
A_{12}	40m×40m	尖叶桂樱	薄片青冈	双齿山茉莉	楠叶枫	毛柄槭
A_{13}	40m×40m	龙陵新木姜子	长果大头茶	薄片青冈	枝花流苏树	星毛鹅掌柴
A_{14}	40m×40m	红锥	疏花卫矛	长果大头茶	南亚含笑	毛柄槭
A_{15}	40m×40m	红锥	少花桂	瑞丽山龙眼	星毛鹅掌柴	多沟杜英
A_{16}	40m×40m	长果大头茶	针齿铁仔	多花山矾	硬斗柯	多沟杜英
A_{17}	40m×40m	长果大头茶	毛柄槭	星毛鹅掌柴	硬斗柯	针齿铁仔
A_{18}	40m×40m	窄叶连蕊茶	长果大头茶	龙陵新木姜子	针齿铁仔	金平木姜子
A_{19}	40m×40m	肖樱叶柃	多花山矾	长果大头茶	毛柄槭	薄片青冈
A_{20}	40m×40m	毛柄槭	多花山矾	多沟杜英	瑞丽山龙眼	星毛鹅掌柴
A_{21}	40m×40m	多花山矾	长果大头茶	硬斗柯	针齿铁仔	肖樱叶柃
A_{22}	40m×40m	肖樱叶柃	南亚含笑	长果大头茶	多花山矾	硬斗柯
A_{23}	40m×40m	多花山矾	肖樱叶柃	多沟杜英	长果大头茶	窄叶连蕊茶
A_{24}	40m×40m	多花山矾	多沟杜英	窄叶连蕊茶	肖樱叶柃	红花木莲
A_{25}	40m×40m	毛柄槭	窄叶连蕊茶	薄片青冈	瑞丽茜树	多花山矾
B	40m×40m	多花山矾	星毛柯	滇琼楠	红锥	多沟杜英
C	40m×40m	硬斗柯	针齿铁籽	多花山矾	长蕊木兰	红锥
D	40m×40m	大理茶	泥柯	红花木莲	翅柄紫茎	针齿铁仔
E	40m×40m	针齿铁仔	长梗润楠	白穗柯	薄片青冈	南亚含笑
F	40m×40m	多变柯	红锥	江南越橘	针齿铁仔	银木荷
G	40m×40m	多变柯	江南越橘	红锥	银木荷	薄叶马银花
H	40m×40m	多变柯	银木荷	江南越橘	红锥	柳叶金叶子

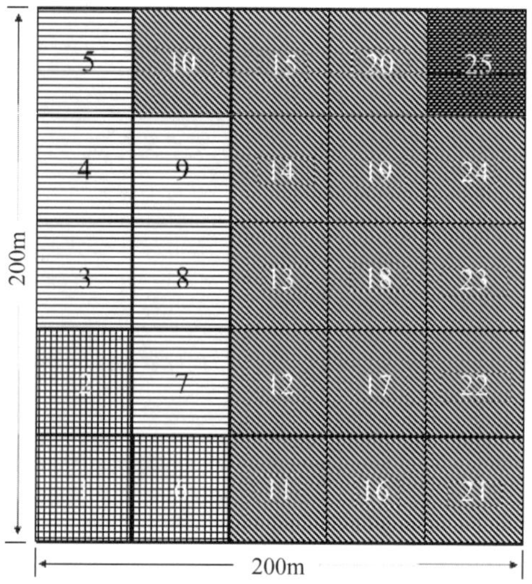

图 9.1　高黎贡山中山湿性常绿阔叶林动态监测样地 25 个样方(40m×40m)分布

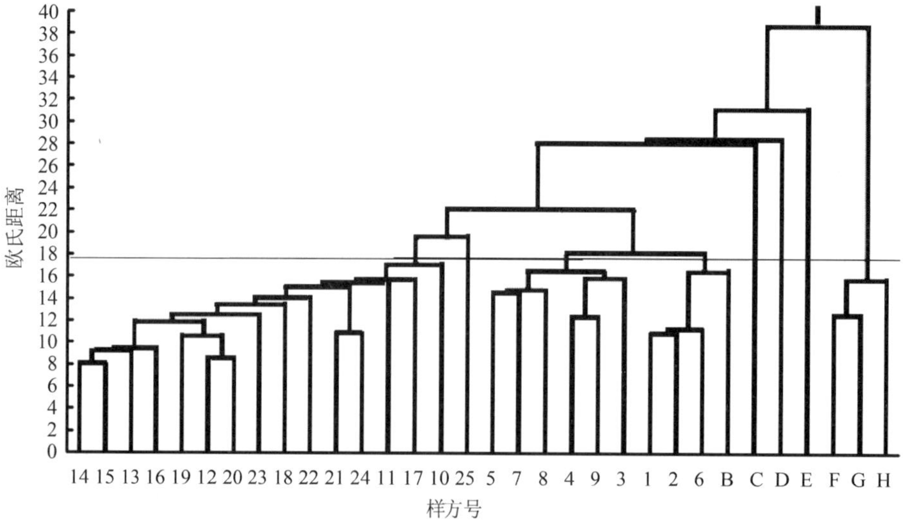

图 9.2　高黎贡山中山湿性常绿阔叶林群落类型聚类树状

【群落 7】长梗润楠、针齿铁仔群落(*Machilus duthiei*, *Myrsine semiserrata* Comm.)(样地 E)。群落郁闭度 0.5~0.8。样地中共记录到 *DBH*≥1.0cm 的树种 35 种，计 183 株。群落中重要值超过 10%的有 2 种：针齿铁仔(18.22%)和长梗润楠(12.11%)；重要值介于 6%~10%的有 3 个树种：白穗柯(*Lithocarpus craibianus*)(8.81%)、薄片青冈(8.60%)和南亚含笑(6.36%)。以上 6 个树种重要值总和已超过 50%。其余 30 个树种重要值均在 6%以下。

【群落 8】多变柯、红锥群落(*Lithocarpus variolosus*, *Castanopsis hystrix* Comm.)(样地 F、样地 G、样地 H)。群落郁闭度 0.7~0.9。样地中共记录到 *DBH*≥1.0cm 的树种 40

种，计 1701 株。群落中重要值超过 10% 的有 4 种：多变柯（22.18%）、红锥（15.12%）、江南越橘（*Vaccinium mandarinorum*）（14.01%）和银木荷（*Schima argentea*）（11.63%）。以上列出的前 3 个树种重要值总和已超过 50%。重要值介于 5%~10%的有 2 个树种：薄叶马银花（*Rhododendron leptothrium*）（5.60%）和柳叶金叶子（*Craibiodendron henryi*）（5.29%）。其余 34 个树种重要值均在 5%以下。

9.3 群落物种多样性

物种多样性不仅能反映群落中物种的丰富程度和分布的均匀性，而且在一定程度上可以反映出群落结构的复杂性和稳定性。表 9.3 显示了高黎贡山中山湿性常绿阔叶林 8 个不同群落在 40m×40m 面积内物种多样性指数的变化情况。从表 9.3 中可以看出，各群落物种丰富度均值的排序为群落 3>群落 1>群落 2>群落 5>群落 7>群落 6>群落 4>群落 8，个体总数均值的排序为群落 8>群落 3>群落 1>群落 5>群落 2>群落 4>群落 6>群落 7，Shannon-Wiener 指数均值的排序为群落 2>群落 1>群落 3>群落 5>群落 4>群落 6>群落 7>群落 8，均匀度指数均值的排序为群落 2>群落 1>群落 3>群落 4>群落 6>群落 5>群落 7>群落 8，Simpson 指数均值的排序为群落 8>群落 7>群落 5>群落 6>群落 4>群落 3>群落 1>群落 2。可见，不同群落的物种多样性指数存在一定的差异。其中，群落 3 的物种丰富度最大，个体总数、Shannon-Wiener 指数及均匀度指数的排序均较靠前，而 Simpson 指数的排序较靠后，说明该群落中树种最丰富，且各树种分布较均匀而优势种不明显，其物种多样性水平较高。群落 1、群落 2 的物种丰富度及个体总数均低于群落 3，但拥有更高的 Shannon-Wiener 指数、均匀度指数和更低的 Simpson 指数，说明这两个群落尽管树种丰富度稍差，但树种分布更均匀，群落中优势种优势更不明显，其物种多样性水平反而更高。相较而言，群落 8 中尽管拥有最多的个体总数，但群落中树种种数最少，树种分布也最不均匀，故其物种多样性水平也最低。群落 7 中个体数最少，Shannon-Wiener 指数、均匀度指数的排序也较靠后，其群落物种多样性水平也较低。其他群落的各项多样性指数都处于中间水平。

表 9.3 高黎贡山中山湿性常绿阔叶林的群落物种多样性指数

群落号		多样性指数				
		物种丰富度	个体总数	香浓-威纳指数	均匀度指数	辛普森指数
1	范围	47~49	341~614	1.473~1.544	0.876~0.923	0.024~0.036
	均值	48	477.25	1.522	0.905	0.029
2	范围	35~56	102~470	1.442~1.624	0.895~0.939	0.019~0.037
	均值	46.83	267.17	1.533	0.921	0.028
3	范围	38~63	261~924	1.367~1.628	0.862~0.933	0.021~0.053
	均值	48.67	496.33	1.507	0.895	0.032

（续）

群落号		多样性指数				
		物种丰富度	个体总数	香浓-威纳指数	均匀度指数	辛普森指数
4	范围	—	—	—	—	—
	均值	32	203	1.327	0.882	0.049
5	范围	—	—	—	—	—
	均值	38	405	1.344	0.851	0.060
6	范围	—	—	—	—	—
	均值	33	190	1.300	0.856	0.056
7	范围	—	—	—	—	—
	均值	35	183	1.264	0.819	0.072
8	范围	23~30	483~609	1.006~1.122	0.739~0.760	0.107~0.129
	均值	26.67	567	1.067	0.750	0.115

9.4 群落复杂性

不同植物群落结构和功能上的差异即为群落复杂性，是生态复杂性在群落水平上的具体表现。Patil & Taillie(1982)提出了本质多样性的概念，并用多样性曲线来比较群落间的复杂性(覃林，2008；雷相东等，2002)。为使参与比较的群落样地面积相同，在以上 8 个植物群落的样地中各选择 1 个 40m×40m 的代表样地(分别为样地 A_1、样地 A_4、样地 A_{24}、样地 A_{25}、样地 C、样地 D、样地 E、样地 F)来进行比较。将各样地中的树种按多度大小进行排序，在此基础上计算各样地树种的右尾和，并绘制出右尾和曲线(图 9.3)。从图 9.3 中可以看出，群落 1、群落 2 的右尾和曲线始终高于其他群

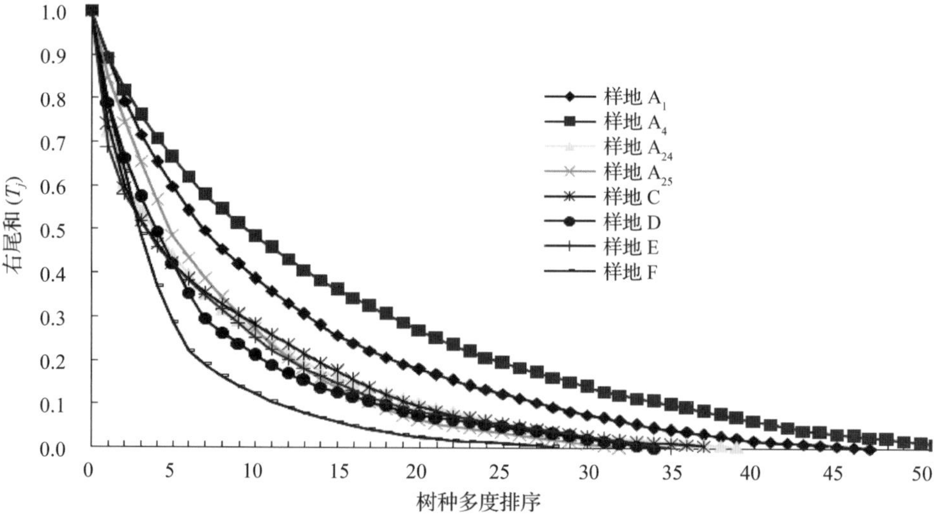

图 9.3　高黎贡山中山湿性常绿阔叶林群落本质多样性的右尾和曲线

落，说明这两个群落的多样性比其他群落高，亦即比其他群落复杂，其中群落 2 又比群落 1 复杂。在群落 3 与群落 7、群落 4 与群落 8、群落 6 与群落 8 之间进行比较，前者的右尾和曲线始终高于后者。而群落 3 与群落 4、群落 5、群落 6、群落 8 之间，群落 4 与群落 5、群落 6、群落 7 之间，群落 5 与群落 6、群落 7、群落 8 之间，群落 6 与群落 7 之间以及群落 7 与群落 8 之间，它们的右尾和曲线分别都出现了交叉，表明这些群落两两间的复杂性本质上不能进行比较。

Gove 等(1995)则提出以群落内禀多样性(不同胸径级的树种多样性)来比较群落间的复杂性。将各样地中树木的径级以 5cm 为径阶进行划分，共划分出 21 个径级：1cm ≤*DBH* <5cm、5cm≤*DBH* <10cm、10cm≤*DBH* <15cm……95cm≤*DBH* <100cm 和 *DBH* ≥100cm，统计各径级内树木的多度分布状况。在此基础上，计算各样地不同胸径级树木多度分布的右尾和，并绘制出右尾和曲线(图 9.4)。

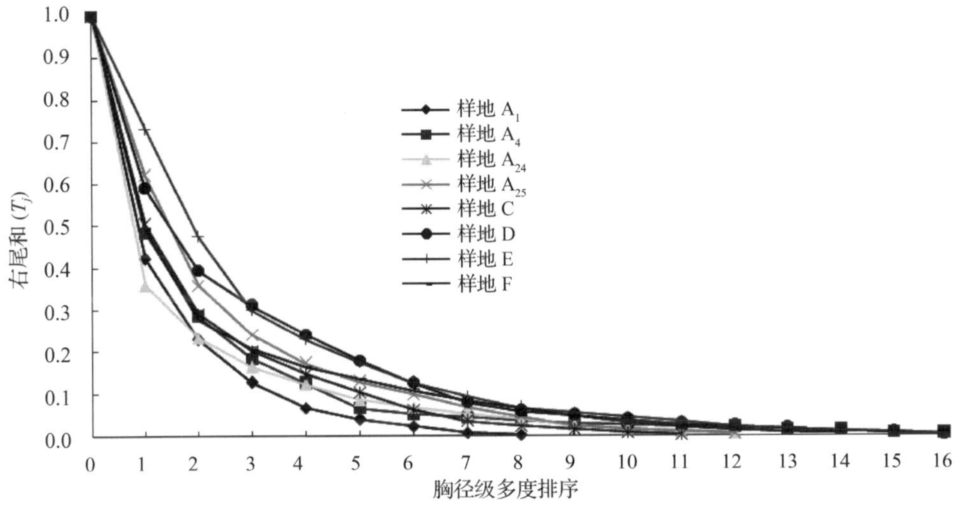

图 9.4 高黎贡山中山湿性常绿阔叶林群落内禀多样性的右尾和曲线

从图 9.4 中可以看出，以不同胸径级树木分布多度为基础来测定群落的复杂性，其结果显示为：群落 1 除与群落 3 不可比较外，其复杂性均低于其他群落；群落 7 除与群落 6 不可比较外，其复杂性均高于其他群落。另外，群落 2 的复杂性低于群落 6，群落 3 的复杂性低于群落 4、群落 6、群落 8，群落 4 的复杂性高于群落 5，群落 5 的复杂性低于群落 6。其他群落两两间则因右尾和曲线出现交叉而无法进行比较。

以上两种方法分别以群落中树种多度分布及树木胸径级多度分布为基础，从不同侧面反映了群落的复杂性。

第10章

群落动态特征

10.1 树种组成及个体数量的变化

植物群落中各物种及其种内种间组合随时间的推移而发生的动态变化，使森林处于不断的动态变化之中。群落的动态变化以种类组成和结构的变化为表现特征，对种类组成和结构的变化过程进行分析有助于揭示整个群落的变化动态和发展趋势。在2003年10月、2007年4月、2010年10月分别对样地B、样地C、样地D和样地E进行了调查和统计，各样地在不同时间的树种组成、个体数量、树种胸径及胸高断面积等的变化见表10.1。

表10.1 高黎贡山中山湿性常绿阔叶林群落2003~2010年树种的种类组成变化

样地	B			C			D			E		
	2003.10	2007.04	2010.10	2003.10	2007.04	2010.10	2003.10	2007.04	2010.10	2003.10	2007.04	2010.10
树种数	43	43	48	36	35	39	32	32	34	30	29	35
个体数量	332	325	614	357	328	405	182	176	190	209	204	183
平均树高(m)	6.40	6.98	5.19	10.40	8.19	5.93	10.20	10.95	8.01	8.30	8.52	8.10
平均胸径(cm)	9.74	10.75	6.60	12.54	13.05	9.51	14.15	14.83	13.77	14.99	16.13	14.66
胸高断面积(m^2)	6.814	7.612	7.864	7.385	7.605	7.807	5.625	6.005	7.614	7.885	8.710	6.707

表10.1中显示，在2003~2007年间，样地B和样地D的树种数量基本保持不变，而样地C和样地E的树种数量略有下降，但下降幅度不大(各减少1个树种)；到2007~2010年间，4个样地的树种数量都有增加(与2003年相比树种数分别增加了5种、3种、2种和5种)。从个体数量看，在2003~2007年间4个样地的个体数量都有所下降(分别减少2.11%、8.12%、3.30%和2.39%)；到2007~2010年间，除样地E的个体数量继续下降外(与2003年相比已减少12.44%)，其余3个样地的个体数量则又开始增加(与2003年相比个体数量分别增加了84.94%、13.45%、4.40%)，其中样

地 B 的增加幅度较大，是因为样地中新增幼树较多(新记录的 *DBH*<5.0cm 的幼树多达 387 株，其中幼树较多的种有多花山矾、针齿铁仔、黄牛奶树(*Symplocos cochinchinensis* var. *laurina*)和滇琼楠等，这 4 个树种新增幼树分别有 102 株、53 株、27 株和 23 株)。从树木平均树高和平均胸径看，4 个样地在 2003~2007 年间均有增加而在 2007~2010 年间又开始下降，且下降至低于 2003 年的水平。在胸高断面积总和方面，样地 B、样地 C、样地 D 在 2003~2007 年间、2007~2010 年间持续增加，而样地 E 则出现在 2003~2007 年间增加在 2007~2010 年间下降的现象。可以看出，在 2003~2007 年间，4 个样地的树种数和个体数基本保持不变或略有下降，树木平均高度、平均胸径、胸高断面积总和都呈增加的趋势。在 2007~2010 年间，样地 B、样地 C、样地 D 的树种数、个体数和胸高断面积总和都有增加而树木平均高度、平均胸径都有下降。样地 E 除树种数有所增加外，其他的测量指标都呈下降趋势，表明该样地在 2007~2010 年间的死亡率较高(2010 年时已死亡 49 株，死亡率达到 23.45%)。

10.2 树种重要值的变化

群落中树种重要值随时间的变化结果见表 10.2(仅列出了 2010 年重要值≥2.0 的树种)。表 10.2 显示，样地 B 在 2003 年和 2007 年调查时重要值排前 4 位的树种均依次为多花山矾、星毛柯、红锥和滇琼楠，而在 2010 年调查时多花山矾、星毛柯重要值仍排在前两位，红锥的重要值排序则开始下降而排在滇琼楠之后。各树种的重要值大小也在发生变化，如滇琼楠的重要值由 5.86%增加到 6.34%再增加到 6.68%，说明它在群落中的优势随时间变化越来越明显。星毛柯、红锥的重要值则随时间变化而不断减小，多花山矾的重要值则随时间变化出现先增加后下降的现象，说明这些树种在群落中的优势有下降的趋势。群落中重要值随时间变化不断增大的树种还有多沟杜英、针齿铁仔、黄牛奶树、金平木姜子等，重要值随时间变化不断减小的树种则有星毛鹅掌柴、硬斗柯、泥柯、大理茶等，而长蕊木兰、少花桂、龙陵新木姜子、厚皮香等树种的重要值则随时间变化亦出现先增加后下降的现象。

样地 C 在 2003 年和 2007 年调查时重要值排前 6 位的树种均依次为硬斗柯、针齿铁仔、多花山矾、瑞丽山龙眼、江南越橘和长蕊木兰，而在 2010 年调查时硬斗柯、针齿铁仔、多花山矾重要值仍排在前 3 位，第 4~6 位则依次变为长蕊木兰、红锥和瑞丽山龙眼。在重要值大小变化方面，尽管硬斗柯的重要值排序在 3 次调查中都是最高的，但其重要值却在不断减小，说明它在群落中的优势在逐渐减小。样地中重要值随时间变化不断减小的树种还有江南越橘、乔木茵芋、怒江柃等。样地中如针齿铁仔、多花山矾、长蕊木兰、红锥、南亚含笑、多沟杜英、蜂房叶山胡椒、黄牛奶树等其他优势树种的重要值则随时间变化不断增加，而瑞丽山龙眼、红花木莲、龙陵新木姜子等树种的重要值随时间变化也出现先增加后下降的现象。

样地 D 在 2003 年和 2007 年调查时重要值排前 3 位的树种均依次为大理茶、针齿铁仔和翅柄紫茎，多花山矾、红花木莲、薄叶马银花、长梗润楠在 2003 年时分别排在第 4~7 位，在 2007 年时则分别排在第 5~8 位，增加了尼泊尔桤木排在第 4 位。到 2010 年调查时，重要值排序出现较大的变化，前 8 位从大到小依次为大理茶、泥柯、红花木莲、翅柄紫茎、针齿铁仔、尼泊尔桤木、多花山矾和长梗润楠，其中泥柯、红花木莲的排序有上升趋势，其余树种的重要值排序均呈下降趋势。在重要值大小变化方面，样地中重要值随时间变化不断减小的树种有大理茶、针齿铁仔、暖木(*Meliosma veitchiorum*)、长尾冬青(*Ilex longecaudata*)、团花新木姜子等，重要值随时间变化不断增加的树种则有红花木莲、尼泊尔桤木、多花山矾、长梗润楠等。

样地 E 在 2003 调查时重要值排前 8 位的树种均依次为针齿铁仔、长梗润楠、薄片青冈、瑞丽鹅掌柴(*Agalma shweliense*)、白穗柯、怒江槭(*Acer chienii*)、南亚含笑和红花木莲，在 2007 年时重要值排序仅白穗柯和怒江槭互换了位置，其余种排序不变。到 2010 年调查时，重要值排前 8 位的树种没变，但它们的排序有一定变化，从大到小依次为针齿铁仔、长梗润楠、白穗柯、薄片青冈、南亚含笑、怒江槭、红花木莲和瑞丽鹅掌柴，其中白穗柯、南亚含笑排序有上升趋势，而薄片青冈、瑞丽鹅掌柴排序呈下降趋势。针齿铁仔、长梗润楠的排序一直保持不变，但它们的重要值大小在随时间变化不断减小。

可以看出，各样地中重要值较大的优势树种在排序上基本没有发生变化，但它们的重要值大小有减小的趋势，说明各群落中优势树种的优势度在降低。其他伴生树种的重要值大小或增加或减小，在排序上也出现不同程度的变化。

表 10.2　高黎贡山中山湿性常绿阔叶林群落 2003~2010 年树种重要值变化

树种名称	样地 B			树种名称	样地 C		
	2003.10 (%)	2007.04 (%)	2010.10 (%)		2003.10 (%)	2007.04 (%)	2010.10 (%)
多花山矾	12.41	12.49	12.16	硬斗柯	20.62	18.54	17.46
星毛柯	7.44	7.42	7.10	针齿铁仔	10.23	10.68	12.10
滇琼楠	5.86	6.34	6.68	多花山矾	6.79	7.04	8.28
红锥	7.09	6.99	6.49	长蕊木兰	4.70	4.78	4.82
多沟杜英	4.50	5.24	4.94	红锥	3.99	4.25	4.40
针齿铁仔	2.94	2.97	4.79	瑞丽山龙眼	5.11	5.29	4.14
长蕊木兰	4.78	4.95	4.10	南亚含笑	3.50	3.80	3.67
星毛鹅掌柴	4.40	4.11	3.52	江南越橘	5.02	4.84	3.62
硬斗柯	4.57	4.52	3.24	红花木莲	3.66	4.35	3.34
肖樱叶柃	2.98	2.81	3.21	多沟杜英	3.01	3.25	3.28
黄牛奶树	1.02	1.03	2.69	乔木茵芋	3.71	3.36	3.20
少花桂	3.07	3.13	2.65	龙陵新木姜子	3.45	3.70	3.17

（续）

树种名称	样地 B			树种名称	样地 C		
	2003.10（%）	2007.04（%）	2010.10（%）		2003.10（%）	2007.04（%）	2010.10（%）
龙陵新木姜子	3.09	3.10	2.65	蜂房叶山胡椒	2.48	2.65	2.99
金平木姜子	2.52	2.60	2.56	怒江柃	2.27	2.07	2.17
厚皮香	3.25	3.44	2.52	黄牛奶树	1.30	1.38	2.00
泥柯	3.58	3.47	2.50	其余种	20.17（21种）	20.02（20种）	21.35（24种）
大理茶	2.47	2.28	2.39				
其余种	24.04（26种）	23.11（26种）	25.81（31种）				

树种名称	样地 D			树种名称	样地 E		
	2003.10（%）	2007.04（%）	2010.10（%）		2003.10（%）	2007.04（%）	2010.10（%）
大理茶	13.68	13.60	12.08	针齿铁仔	19.88	19.69	18.22
泥柯	4.41	1.85	9.27	长梗润楠	13.85	13.90	12.11
红花木莲	5.91	6.22	8.18	白穗柯	7.18	6.91	8.81
翅柄紫茎	8.59	8.66	8.13	薄片青冈	9.90	9.47	8.60
针齿铁仔	13.59	12.71	7.87	南亚含笑	6.18	5.96	6.36
尼泊尔桤木	4.07	7.10	7.68	怒江槭	6.72	7.67	5.92
多花山矾	6.70	6.78	7.16	红花木莲	3.68	3.68	5.75
长梗润楠	5.57	5.67	5.76	瑞丽鹅掌柴	7.48	8.73	5.05
薄叶马银花	5.79	5.89	4.93	马缨杜鹃	0.51	0.52	2.82
暖木	4.08	4.05	2.95	印度木荷	2.76	2.43	2.53
长尾冬青	2.93	2.86	2.65	尾叶木樨榄	1.77	1.82	2.28
硬斗柯	2.77	2.83	2.57	柳叶金叶子	1.37	1.19	2.18
团花新木姜子	2.78	2.87	2.32	其余种	18.73（18种）	18.04（17种）	19.36（23种）
长果大头茶	2.19	1.93	2.01				
其余种	16.92（18种）	16.99（18种）	16.43（20种）				

10.3 科的组成变化

以科为单位，统计了各群落在不同时间种数、树木个体数及胸高断面积的变化结果（表10.3列出了各群落2010年树木个体数在10株以上的科）。

在样地B中，树木个体数在10株以上的共有9科，各科的树种数在2003~2007年间没有变化，在2007~2010年间山矾科、蔷薇科、冬青科各增加了1种，其余科内的树种数没有变化。从树木个体数来看，山矾科、樟科、山茶科及蔷薇科的树木个体数在2003~2007年间略有下降，在2007~2010年间则都又有较多增加，而壳斗科、紫金牛科、木兰科、杜英科和冬青科的树木个体数在2003~2007年间保持不变，在2007~2010年间也有不同程度的增加。从胸高断面积来看，壳斗科、杜英科在2003~2007年间略有上升，在2007~2010年间呈下降的趋势；蔷薇科的胸高断面积在2003~2007年间及2007~2010年间均呈下降趋势，其余科的胸高断面积在2003~2007年间及2007~2010年间均保持增加的趋势。

在样地C中，树木个体数在10株以上的也有9科，各科的树种数在2003~2007年间没有变化，在2007~2010年间紫金牛科增加1种、樟科减少1种，其余科内的树种数也没有变化。在树木个体数方面，在2003~2007年间山龙眼科、杜英科保持不变，其余科均略有下降；到2007~2010年间，仅壳斗科的树木个体数继续减少，其余各科的树木个体数均又有增加的趋势。在胸高断面积方面，紫金牛科、山矾科、山茶科在2003~2007年间均呈上升趋势而在2007~2010年间均呈下降趋势，壳斗科则在2003~2007年间呈下降趋势而在2007~2010年间呈增加趋势；木兰科、樟科、杜英科在2003~2007年间及2007~2010年间均呈上升趋势，而山龙眼科、芸香科在2003~2007年间及2007~2010年间均保持下降的趋势。

在样地D中，树木个体数在10株以上的有7科，其中仅樟科在2007~2010年间增加了1种，其余各科在2003~2007年间及2007~2010年间的树种数均没有变化。在树木个体数方面，在2003~2007年间樟科、山矾科、杜鹃花科、壳斗科保持不变，其余科均略有下降；到2007~2010年间，仅紫金牛科、杜鹃花科的树木个体数呈下降趋势，其余各科的树木个体数均又有不同程度的增加。在胸高断面积方面，樟科、山矾科、杜鹃花科在2003~2007年间均呈上升趋势而在2007~2010年间均呈下降趋势，壳斗科则在2003~2007年间呈下降趋势而在2007~2010年间呈上升趋势；山茶科、木兰科在2003~2007年间及2007~2010年间均呈上升趋势，而紫金牛科在2003~2007年间及2007~2010年间均保持下降的趋势。

在样地E中，树木个体数在10株以上的也有7科，其中仅壳斗科在2007~2010年间增加了1种，其余各科在2003~2007年间及2007~2010年间的树种数均没有变化。在树木个体数方面，在2003~2007年间樟科、壳斗科、木兰科和槭树科保持不变，其余科均略有下降；到2007~2010年间，仅木兰科、杜鹃花科的树木个体数呈上升趋势，其余各科的树木个体数均又有不同程度的下降。在胸高断面积方面，紫金牛科、樟科、壳斗科、槭树科、五加科在2003~2007年间均呈上升趋势而在2007~2010年间均呈下降趋势，杜鹃花科则在2003~2007年间呈下降趋势而在2007~2010年间呈上升趋势；木兰科在2003~2007年间及2007~2010年间均呈上升趋势。

表 10.3　高黎贡山中山湿性常绿阔叶林群落 2003~2010 年树种科的组成变化

科名	样地 B								
	种数			个体数			胸高断面积(m^2)		
	2003.10	2007.04	2010.10	2003.10	2007.04	2010.10	2003.10	2007.04	2010.10
山矾科	2	2	3	93	90	198	0.0986	0.1548	0.2222
樟科	7	7	7	70	69	106	0.7138	0.9200	1.0964
山茶科	7	7	7	42	40	80	0.3850	0.4166	0.4831
壳斗科	6	6	6	35	35	51	3.4626	3.7578	3.4828
紫金牛科	2	2	2	16	16	47	0.0679	0.0785	0.1263
木兰科	4	4	4	27	27	38	0.2101	0.2634	0.3284
蔷薇科	2	2	3	14	13	21	0.4413	0.3368	0.2067
杜英科	2	2	2	9	9	13	0.5524	0.7894	0.7457
冬青科	1	1	2	1	1	10	0.0011	0.0011	0.0031
其余科	10	10	12	25	25	50	0.8811	0.8932	1.1688
科名	样地 C								
	种数			个体数			胸高断面积(m^2)		
	2003.10	2007.04	2010.10	2003.10	2007.04	2010.10	2003.10	2007.04	2010.10
紫金牛科	1	1	2	66	64	106	0.3576	0.3635	0.2208
山矾科	3	3	3	45	43	75	0.3023	0.3250	0.3230
壳斗科	4	4	4	73	59	42	3.2224	3.1517	3.7018
木兰科	3	3	3	37	34	37	0.9095	1.1313	1.1566
山茶科	4	4	4	26	24	29	0.2436	0.2535	0.1306
樟科	6	6	5	27	26	28	0.4181	0.4428	0.5114
山龙眼科	1	1	1	21	21	21	0.2897	0.2787	0.1726
芸香科	2	2	2	15	14	16	0.4308	0.4120	0.2891
杜英科	1	1	1	9	9	10	0.1632	0.1890	0.2235
其余科	11	10	14	38	34	41	1.048	1.0574	1.0780
科名	样地 D								
	种数			个体数			胸高断面积(m^2)		
	2003.10	2007.04	2010.10	2003.10	2007.04	2010.10	2003.10	2007.04	2010.10
山茶科	7	7	7	55	53	62	1.7248	1.8052	1.8630
樟科	5	5	6	23	23	28	0.3729	0.3848	0.3619
紫金牛科	1	1	1	26	24	24	0.9491	0.8872	0.0742
山矾科	1	1	1	14	14	17	0.2654	0.2770	0.2609
杜鹃花科	5	5	5	19	19	16	0.3572	0.3697	0.3473
木兰科	1	1	1	15	14	15	0.1556	0.2339	0.7144
壳斗科	3	3	3	8	8	10	0.8676	0.4635	2.0092
其余科	9	9	10	22	21	18	0.9322	1.5836	1.9830

（续）

科名	样地 E								
	种数			个体数			胸高断面积(m^2)		
	2003.10	2007.04	2010.10	2003.10	2007.04	2010.10	2003.10	2007.04	2010.10
紫金牛科	1	1	1	77	76	57	0.6702	0.7150	0.6602
樟科	2	2	2	29	29	24	1.3604	1.4715	0.9701
壳斗科	4	4	5	24	24	21	2.6943	2.7499	2.2749
木兰科	3	3	3	13	13	15	1.2075	1.2511	1.4297
杜鹃花科	3	3	2	7	6	12	0.0560	0.0427	0.1073
槭树科	1	1	1	13	13	11	0.3472	0.6032	0.3298
五加科	2	2	2	17	15	10	0.7460	1.2121	0.4563
其余科	14	13	19	29	28	33	0.8029	0.6646	0.4791

以上分析结果表明，各样地在2003~2010年间的主要组成科基本没有变化，山矾科、樟科、山茶科、壳斗科、紫金牛科、木兰科等在各群落中均占有明显的优势地位。这些主要组成科的树种数在多年间也基本没有变化，仅少数科在2007~2010年间有种类增加或减少，其变化幅度都不大。它们的树木个体数在2003~2007年间保持不变或略有下降，在2007~2010年间则都有明显的增加。它们的胸高断面积在多年间的变化较大，其中木兰科在各样地都呈持续增加趋势，其余科的胸高断面积在多年间出现波动变化(增加或减少)，且存在样地间的差异。

10.4 树木的径级分布变化

各样地中树木在2003~2010年间的径级分布变化见表10.4。

表10.4 高黎贡山中山湿性常绿阔叶林群落2003~2010年树木的径级分布

样地	样地 B			样地 C			样地 D			样地 E		
	2003.10	2007.04	2010.10	2003.10	2007.04	2010.10	2003.10	2007.04	2010.10	2003.10	2007.04	2010.10
DBH<10cm	251	240	529	199	185	287	100	96	115	114	107	96
10cm≤DBH<20cm	35	37	37	83	69	58	37	33	29	51	52	45
20cm≤DBH<30cm	19	18	18	46	41	35	23	22	22	14	16	19
30cm≤DBH<40cm	13	14	12	21	20	16	10	14	13	15	10	11
40cm≤DBH<50cm	7	7	7	7	12	6	7	5	4	4	6	3
50cm≤DBH<60cm	3	4	7	1	1	3	2	3	3	5	6	3
60cm≤DBH<70cm	3	4	3				1	1	1	3	3	4
70cm≤DBH<80cm							1				1	1
80cm≤DBH<90cm			1				1	1	1	2	2	1
90cm≤DBH<100cm								1	1	1	1	
DBH≥100cm	1	1							1			
总计	332	325	614	357	328	405	182	176	190	209	204	183

从表 10.4 中可以看出，胸径在 10cm 以下的树木在各样地中都占有最高的比例(都在 50%以上)，且随着时间的推移，该径级树木的个体数除样地 E 略有下降外，其余样地都有明显的增加(分别提高了 10.55%、15.12%和 5.58%)。胸径介于 10~50cm 树木的个体数则随时间的推移多呈下降趋势，但下降幅度都较小。胸径在 50cm 以上的树木个体数出现较大的变化，总体上呈增加趋势(样地 B 在 2003~2007 年间增加了 2 株，在 2007~2010 年间增加了 4 株；样地 C 在 2007~2010 年间增加了 2 株；样地 D 在 2003~2007 年间增加了 1 株，在 2007~2010 年间增加了 2 株；样地 E 在 2003~2007 年间增加了 2 株，在 2007~2010 年间减少了 2 株)。以上结果说明，各样地新增幼树都较多，群落中小径级树木增加明显。而随着时间的推移，各样地中 10cm≤*DBH*<50cm 径级的树木个体数有下降的趋势，*DBH*≥50cm 的大径级树木个体数有增加的趋势。

10.5　群落中死亡树木的组成特征

10.5.1　死亡树木的数量

以上 4 块样地在 2003~2010 年间死亡树木的个体数统计见表 10.5。从表 10.5 中可以看出，在 2003~2007 年间，4 块样地中树木共死亡 42 株，死亡率为 3.89%。其中样地 C 中死亡树木较多，死亡率较高(7.84%)，其余 3 块样地死亡树木较少，死亡率较低(不超过 3%)。到 2010 年，四块样地中死亡树木增加到 119 株，死亡率达到 11.02%。其中样地 E 死亡树木增加最多(增加了 44 株)，死亡率上升最多(达到 23.44%)。样地 C 和样地 D 中死亡树木都增加了 14 株，但样地 D 中死亡率上升趋势更明显。样地 B 中死亡树木仅增加了 5 株，死亡率在 4 块样地中仍是最低的。

表 10.5　高黎贡山中山湿性常绿阔叶林群落 2003~2010 年死亡树木的数量统计

样地	2003.10	2007.04		2010.10	
	存活数	死亡个体数	占本样地比例(%)	死亡个体数	占本样地比例(%)
B	332	5	1.51	10	3.01
C	357	28	7.84	42	11.76
D	182	4	2.20	18	9.89
E	209	5	2.39	49	23.44
合计	1080	42	3.89	119	11.02

10.5.2　死亡树木的种类组成

4 块样地在 2003~2010 年间死亡树木的种类组成统计见表 10.6。从表 10.6 中可以看出，在 2003~2007 年间，4 块样地中死亡的 42 株树分属 19 个树种。其中，硬斗柯的死亡个体数最多，其次为多花山矾和针齿铁仔，但这 3 个树种由于个体总数较多，它们的死亡率相对较低(除硬斗柯达到18.57%外，都不超过4%)。马缨杜鹃(*Rhododendron delavayi*)、尼泊尔桤木、黄樟(*Cinnamomum parthenoxylon*)、长果大头茶等4个树种虽各仅死亡1株，但它们的个体总数都很少，故它们的死亡率表现较高(都在20%以上)。其余树种在2003~2007年间的死亡个体都在2株以下，死亡率都在20%以下。到2010年，4样地中死亡树木达到36种。其中，马缨杜鹃、厚皮香、黄牛奶树、黄樟、森林榕、长果大头茶、长蕊木兰等7个树种没有再出现死亡个体，其余29种在2007~2010年间都有不同程度的死亡。

硬斗柯、多花山矾和针齿铁仔都主要分布在乔木下层，且密度较大，它们有较多的死亡可能是由于种内种间竞争的作用，受人为干扰的影响较小。由于它们在群落中并不占优势，因而它们的部分个体死亡并不会引起群落中树种更替变化。

10.5.3 死亡树木的径级组成

4块样地在2003~2010年间死亡树木的径级组成统计见表10.7。从表10.7中可以看出，在2003~2007年间，4块样地中死亡树木的胸径全部在40cm以下，其中15cm≤*DBH*<20cm径级有10株死亡，死亡率达到12.5%，是各径级中死亡率最高的。*DBH*<5cm、5≤*DBH*<10cm径级虽也各有10株死亡，但它们个体总数较多，死亡率相对较低。10cm≤*DBH*<15cm、20cm≤*DBH*<25cm径级死亡树木都在5株以下，但它们个体总数较少，死亡率相对较高。到2010年，*DBH*<5cm、5cm≤*DBH*<10cm、15cm≤*DBH*<20cm径级仍有较多树木死亡(死亡率分别增加了约6个、10个、9个百分点)，而其他径级死亡树木出现不同程度的增加，但增加的死亡树木都在5株以下。另外，40cm以上径级树木在2007~2010年间开始出现死亡现象，但数量不大。总的来说，各样地中2003~2010年间20cm以下径级死亡树木较多，20cm以上径级树木死亡较少。

表10.6 高黎贡山中山湿性常绿阔叶林群落2003~2010年死亡树木的种类组成

树种	2003.10	2007.04		2010.10	
	存活数	死亡个体数	占本种比例(%)	死亡个体数	占本种比例(%)
薄片青冈	12	—	—	1	8.33
薄叶马银花	13	—	—	2	15.38
翅柄紫茎	15	—	—	1	6.67
大理茶	41	—	—	2	4.88
常春木	6	—	—	2	33.33
滇琼楠	22	—	—	1	4.55
马缨杜鹃	3	1	33.33	1	33.33
多花山矾	140	5	3.57	14	10.00

（续）

树种	2003.10	2007.04		2010.10	
	存活数	死亡个体数	占本种比例(%)	死亡个体数	占本种比例(%)
尼泊尔桤木	4	1	25.00	2	50.00
红梗润楠	8	1	12.50	2	25.00
红花木莲	32	2	6.25	5	15.63
厚皮香	15	1	6.67	1	6.67
泥柯	11	—	—	2	18.18
黄牛奶树	9	1	11.11	1	11.11
黄樟	5	1	20.00	1	20.00
尖叶桂樱	13	1	7.69	2	15.38
坚木山矾	7	—	—	1	14.29
江南越橘	18	2	11.11	3	16.67
无腺吴萸	5	—	—	1	20.00
柳叶金叶子	8	1	12.50	2	25.00
怒江柃	10	1	10.00	2	20.00
怒江槭	13	—	—	2	15.38
暖木	6	—	—	1	16.67
乔木茵芋	16	1	6.25	3	18.75
瑞丽鹅掌柴	12	2	16.67	7	58.33
瑞丽山龙眼	21	—	—	1	4.76
森林榕	7	1	14.29	1	14.29
少花桂	17	—	—	1	5.88
小叶女贞	2	—	—	1	50.00
小叶青冈	2	—	—	1	50.00
岩樟	4	—	—	1	25.00
硬斗柯	70	13	18.57	16	22.86
长梗润楠	38	—	—	7	18.42
长果大头茶	4	1	25.00	1	25.00
长蕊木兰	41	2	4.88	2	4.88
针齿铁仔	183	4	2.19	25	13.66
其余种	247	—	—		—
总计	1080	42	3.89	119	11.02

表 10.7　高黎贡山中山湿性常绿阔叶林群落 2003~2010 年死亡树木的径级分布

胸径级（cm）	2003.10	2007.04		2010.10	
	存活数	死亡个体数	占本级比例(%)	死亡个体数	占本级比例(%)
DBH<5	402		10	2.49	35
5≤*DBH*<10	262	10	3.82	36	13.74
10≤*DBH*<15	126	5	3.97	11	8.73
15≤*DBH*<20	80	10	12.50	17	21.25
20≤*DBH*<25	55	4	7.27	6	10.91
25≤*DBH*<30	47	1	2.13	1	2.13
30≤*DBH*<35	41	1	2.44	6	14.63
35≤*DBH*<40	18	1	5.56	2	11.11
40≤*DBH*<45	12	—	—	1	8.33
45≤*DBH*<50	13	—	—	1	7.69
50≤*DBH*<55	6	—	—	2	33.33
55≤*DBH*<60	5	—	—	—	—
60≤*DBH*<65	4	—	—	—	—
65≤*DBH*<70	3	—	—	1	33.33
DBH≥70	6	—	—	—	—
总计	1080	42	3.89	119	11.02

第11章

树种数量及分布特征

本章主要介绍高黎贡山中山湿性常绿阔叶林 $4hm^2$ 动态监测样地中 95 种树种的数量及空间分布特征，各树种信息包括：

(1)树种序号(按重要值进行排序)。

(2)树种中文名称/拉丁学名/地方名(主要参考 Flora of China 和《中国植物志》)。

(3)所属科中文名称/拉丁学名、所属属中文名称/拉丁学名。

(4)树种照片。

(5)树种重要值、个体数(含/不含分枝数)、最大胸径值(cm)。

(6)树种径级结构分布图：以柱状图表示，横坐标表示树木胸径大小(*DBH*，cm)，纵坐标表示该树种在不同径级中的个体数量(abundance，株)。

(7)树种空间分布图：在 200m×200m 样地中，以等高线地形图为底图，按各树种所有个体在样地中的坐标位置进行绘制，其中●表示 1cm≤*DBH* <5cm 的树木个体、⊠表示 5cm≤*DBH* <20cm 的树木个体、⊗ 表示 20cm≤*DBH* <50cm 的树木个体、⊕表示 *DBH*≥50cm 的树木个体。

(8)树种空间格局分析图：用 Ripley's $L(t)$ 函数来估计各树种在不同空间尺度 t 的分布，并用 Monte-Carlo 随机模型进行拟合检验。以不同空间尺度 t 为横坐标，以 100 次(置信水平 99%) Monte-Carlo 随机模拟的最大值和最小值生成的上下包迹线为纵坐标进行绘图。如果用树种实际分布数据计算得到的不同尺度下的 $L(t)$ 函数值(实线)在上下包迹线(虚线)以内，表明接受随机假设，空间分布为随机分布；如果 $L(t)$ 函数值在包迹线以上，则为聚集分布，如果 $L(t)$ 函数值在包迹线以下，则为均匀分布(覃林，2009)。

❶多花山矾（豆青果）*Symplocos ramosissima* Wall. ex G. Don

山矾科 Symplocaceae 山矾属 *Symplocos*

个体数(含/不含分枝数)= 837 / 969

最大胸径(cm)= 34. 1

重要值=4. 15

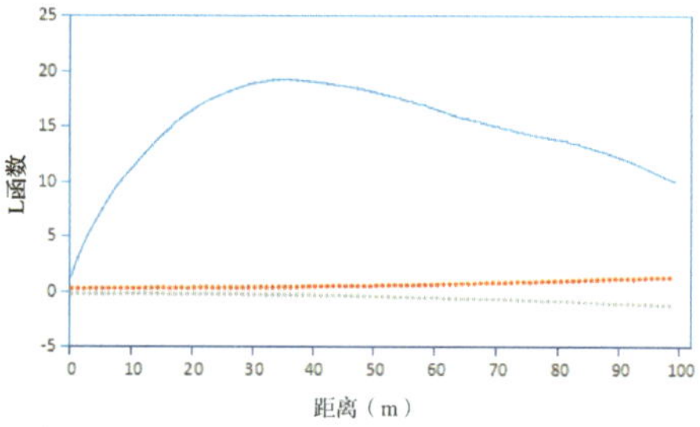

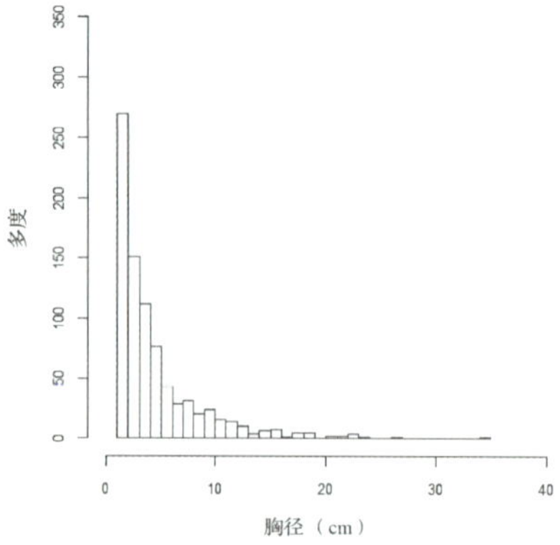

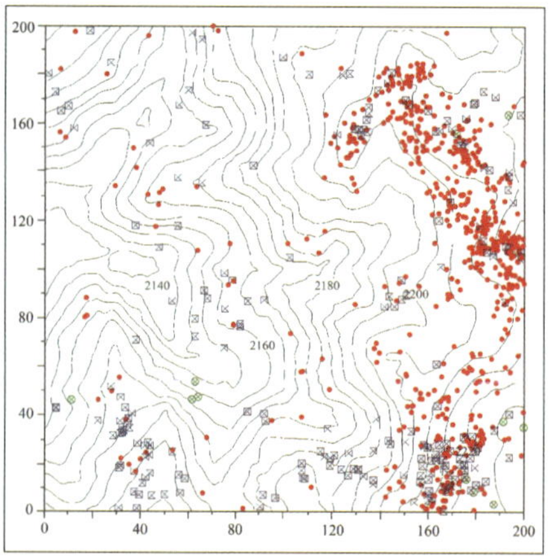

❷肖樱叶柃(雀果子树) *Eurya pseudocerasifera* Kobuski

山茶科 Theaceae 柃木属 *Eurya*

个体数(含/不含分枝数)= 454 / 517

最大胸径(maximum DBH)= 46. 4

重要值(importance value)= 3. 95

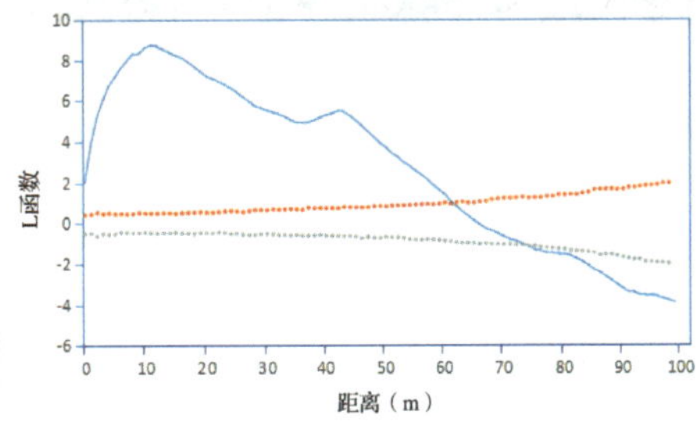

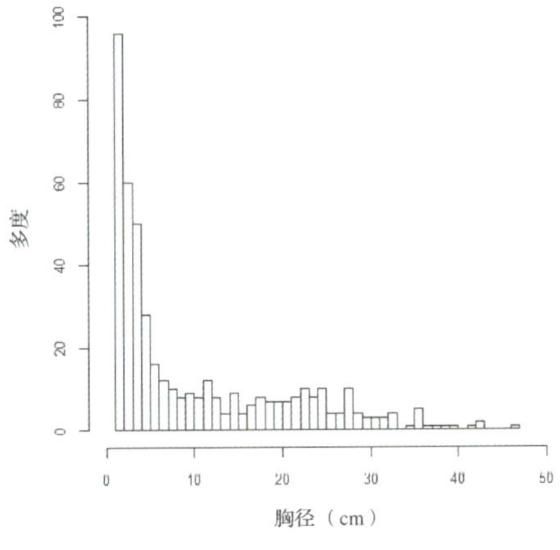

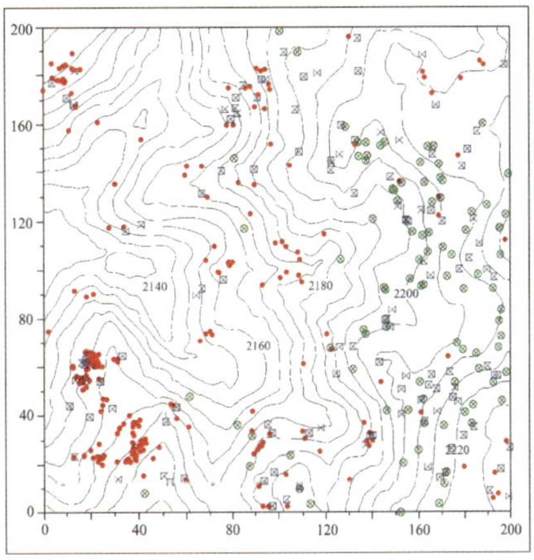

③长果大头茶(茶果树) *Polyspora longicarpa* (Hung T. Chang) C. X. Ye ex B. M. Bartholomew & T. L. Ming

山茶科 Theaceae 大头茶属 *Polyspora*

个体数(含/不含分枝数)= 181 / 220

最大胸径(cm)= 120.3

重要值=3.69

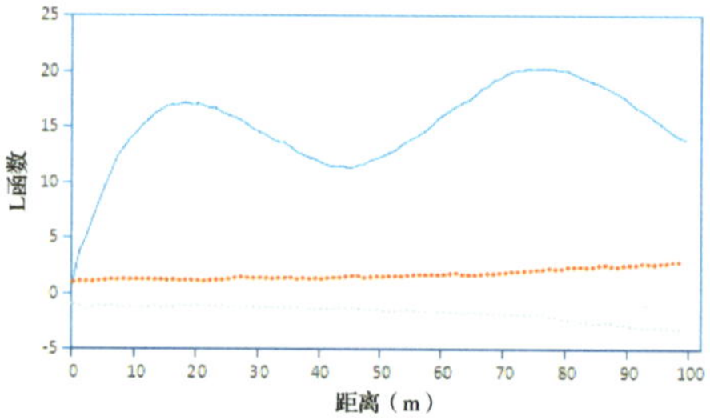

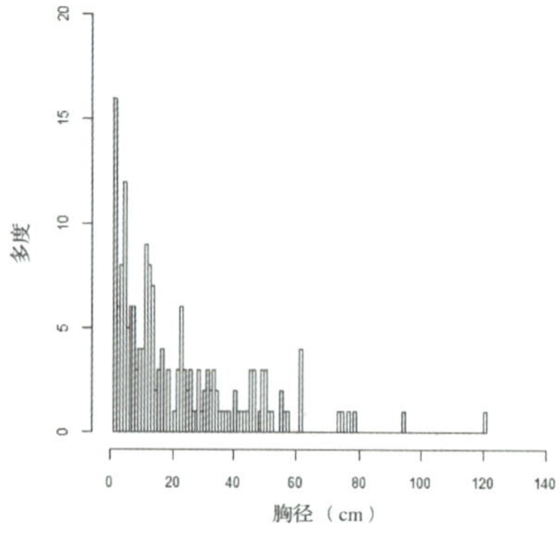

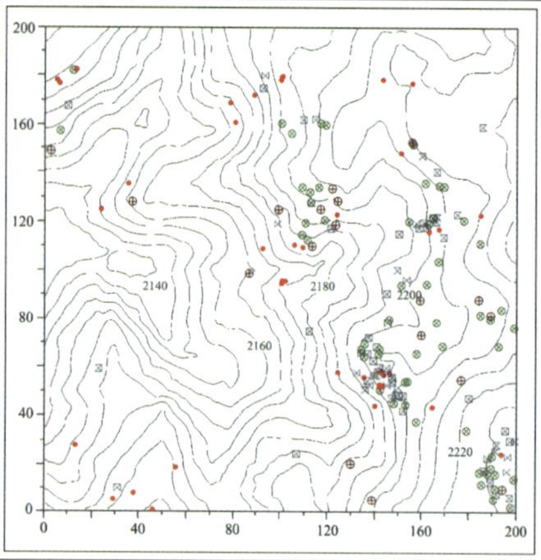

❹龙陵新木姜子(狗头骨、香果树)*Neolitsea lunglingensis* H. W. Li

樟科 Lauraceae 新木姜子属 *Neolitsea*

个体数(含/不含分枝数)= 518 / 945

最大胸径(cm)= 48. 5

重要值=3. 53

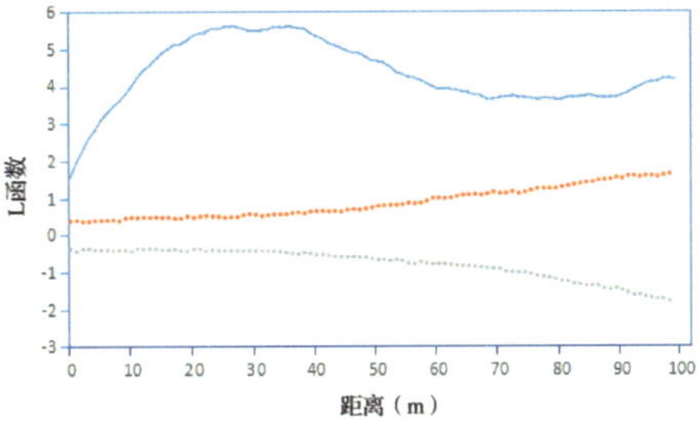

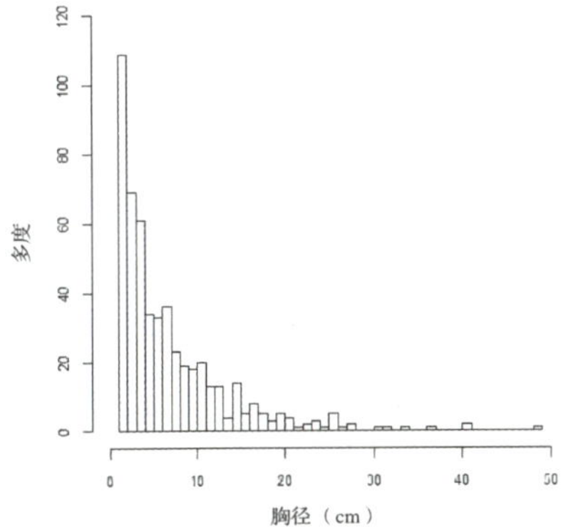

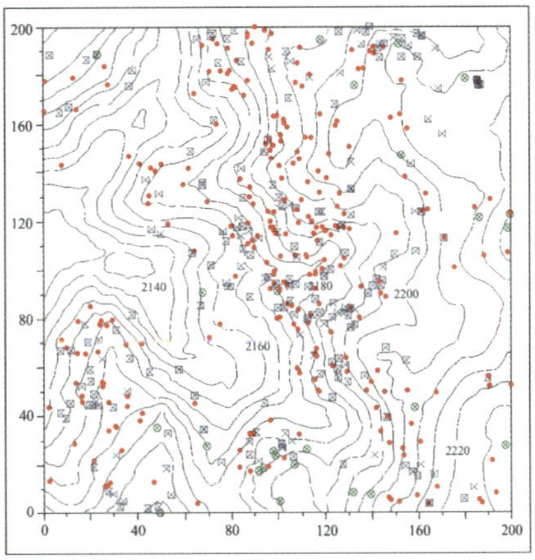

❺硬斗柯（羊屎栎、硬斗石栎）*Lithocarpus hancei*（Benth.）Rehd.

壳斗科 Fagaceae 柯属 *Lithocarpus*

个体数（含/不含分枝数）= 474 / 823

最大胸径（cm）= 54.9

重要值 = 3.45

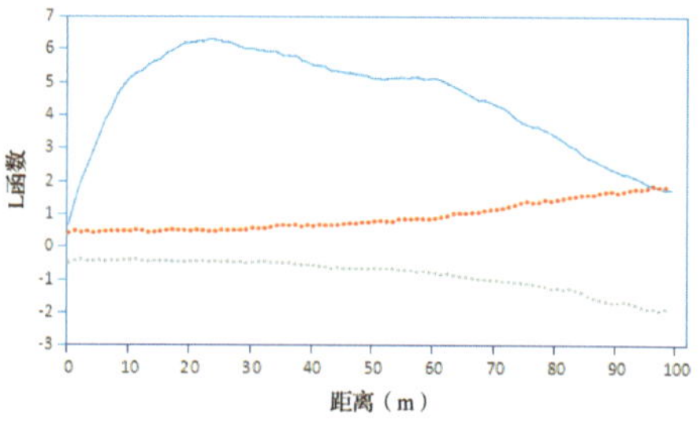

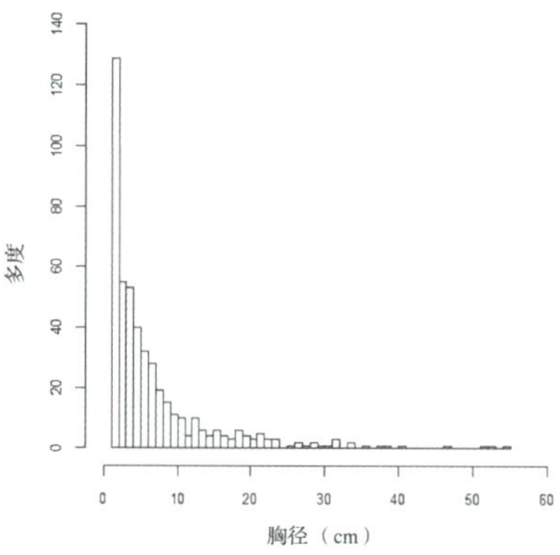

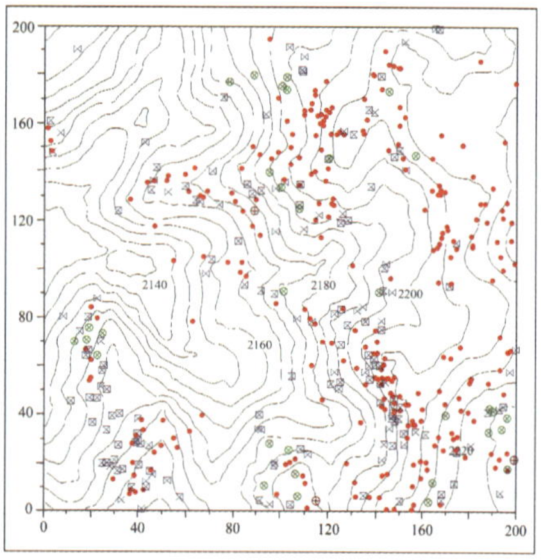

❻薄片青冈(包头栎) *Cyclobalanopsis lamellosa* (Smith) Oersted

壳斗科 Fagaceae 青冈属 *Cycobalanopsis*

个体数(含/不含分枝数)= 213 / 260

最大胸径(cm)= 83.7

重要值=3.42

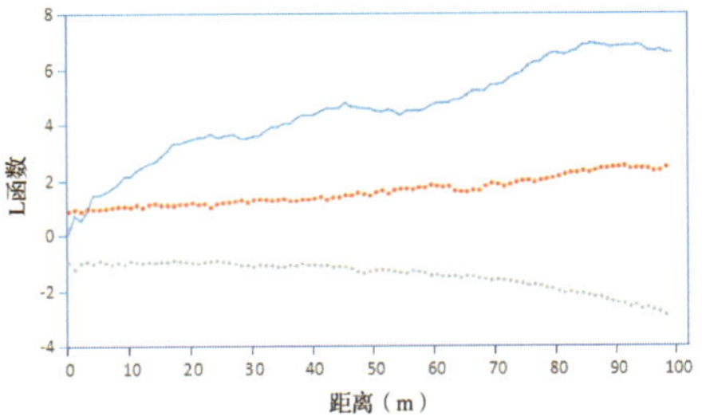

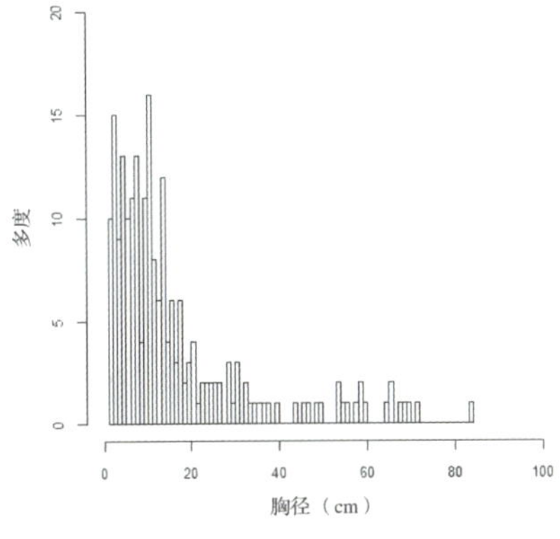

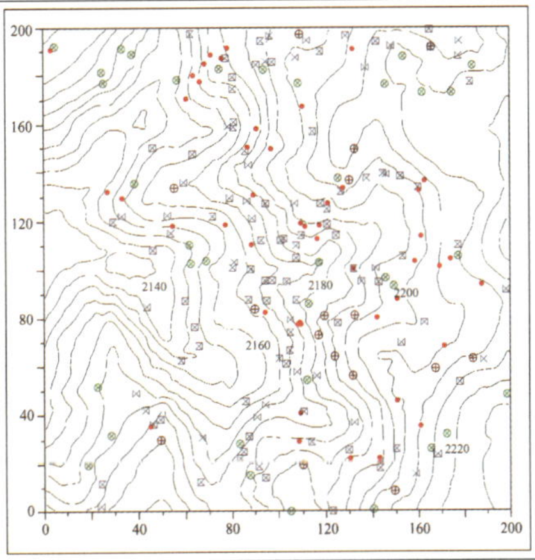

❼毛柄槭 *Acer pubipetiolatum* Hu et Cheng

槭树科 Aceraceae 槭属 *Acer*

个体数(含/不含分枝数)= 453 / 539

最大胸径(cm)= 61. 1

重要值=3. 41

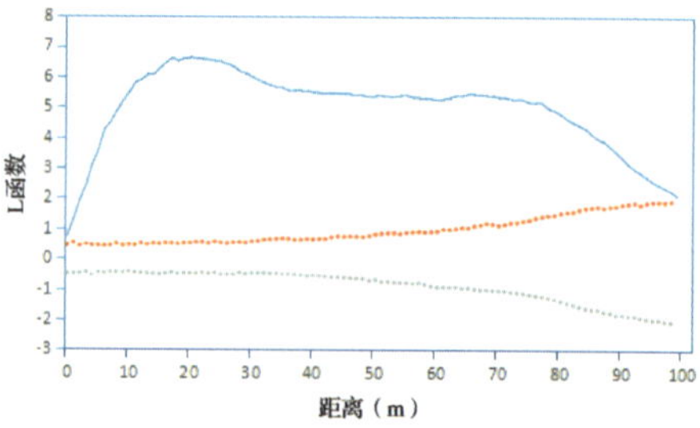

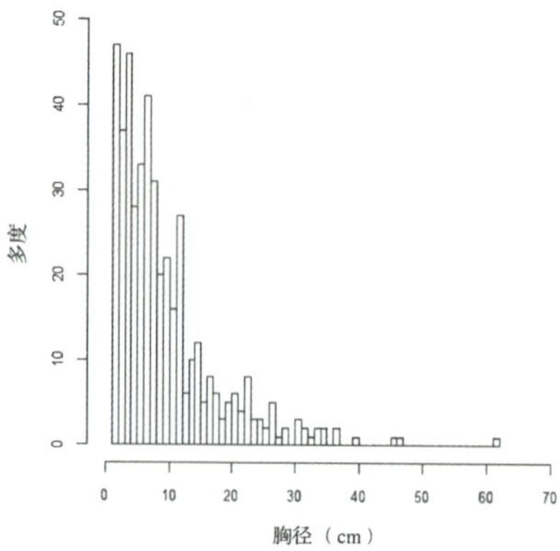

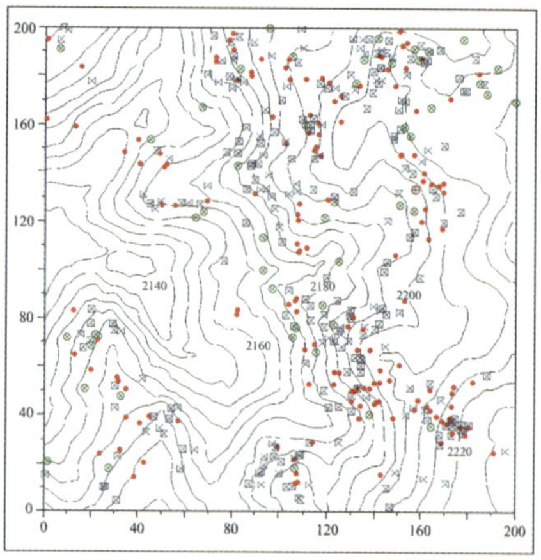

⑧尖叶桂樱（苦桃树）*Laurocerasus undulata*（D. Don）Roem.

蔷薇科 Rosaceae 桂樱属 *Laurocerasus*

个体数（含/不含分枝数）= 337 / 463

最大胸径（cm）= 49.6

重要值 = 3.40

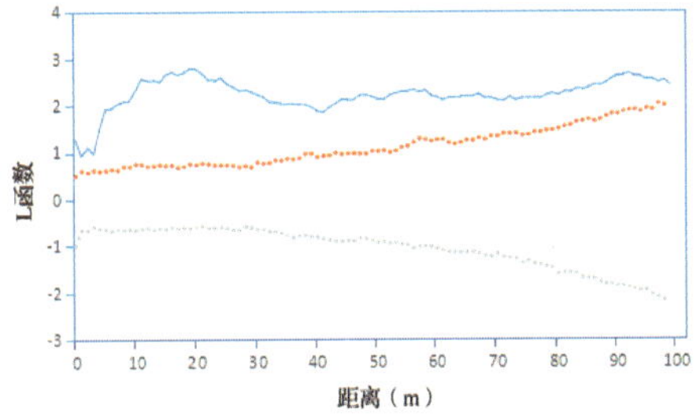

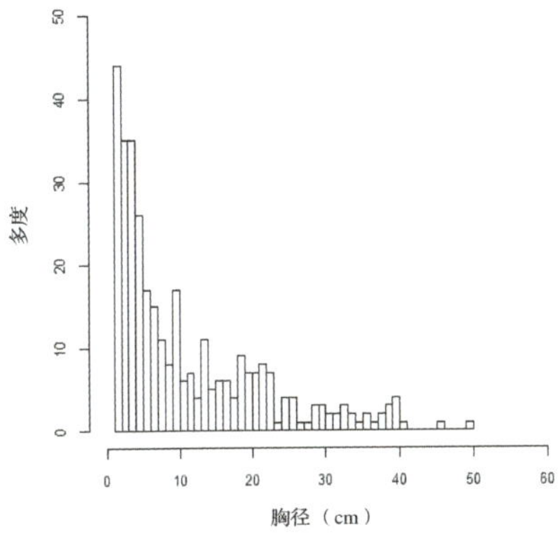

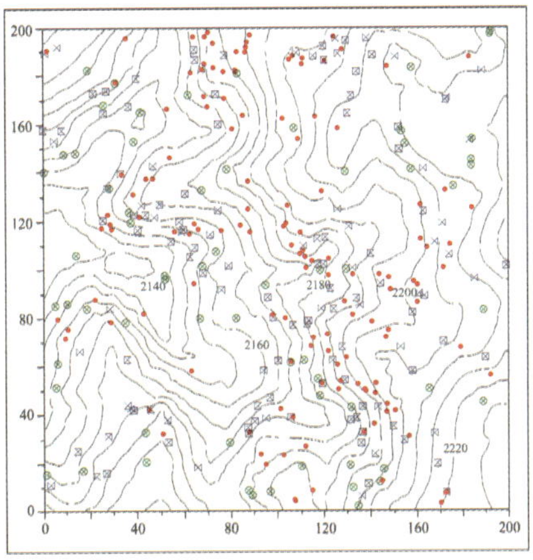

⑨多沟杜英（克地劳）*Elaeocarpus lacunosus* Wall. ex Kurz

杜英科 Elaeocarpaceae 杜英属 *Elaeocarpus*

个体数（含/不含分枝数）= 192 / 222

最大胸径（cm）= 68.1

重要值 = 3.21

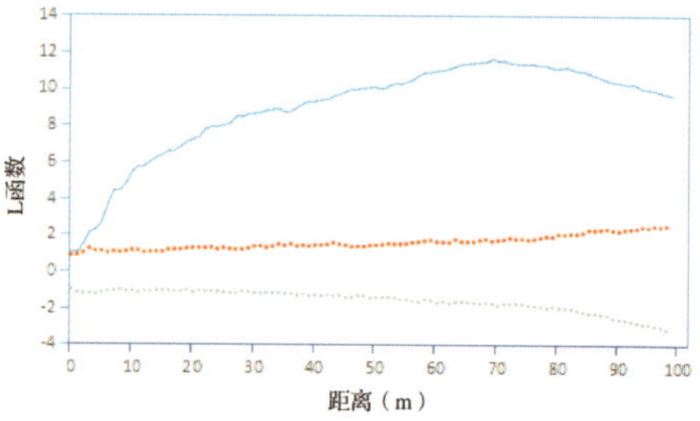

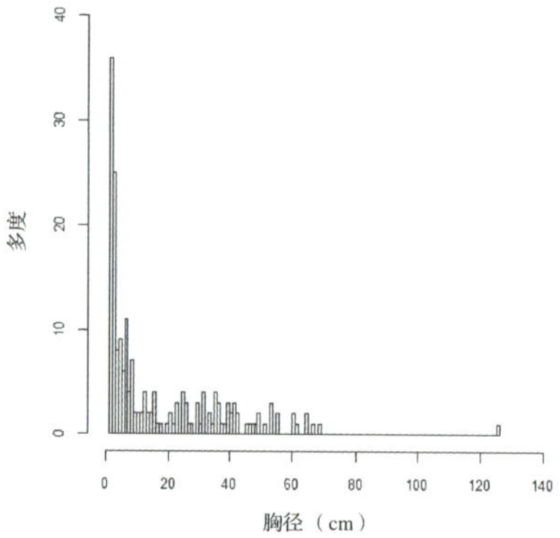

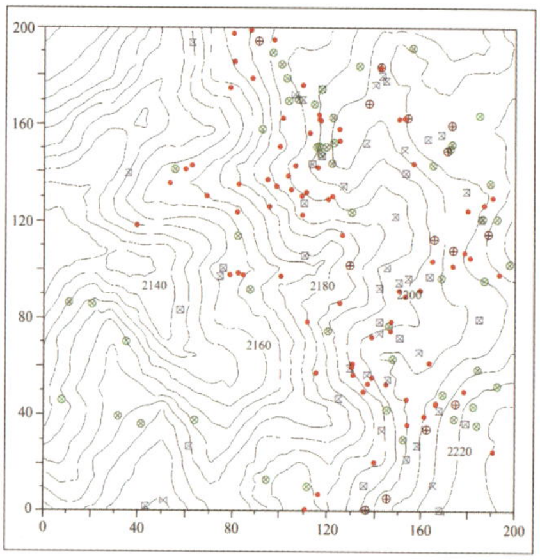

⑩星毛鹅掌柴(空通树) *Schefflera minutistellata* Merr. ex Li

五加科 Araliaceae 鹅掌柴属 *Schefflera*

个体数(含/不含分枝数)= 277 / 314

最大胸径(cm)= 49.0

重要值=3.11

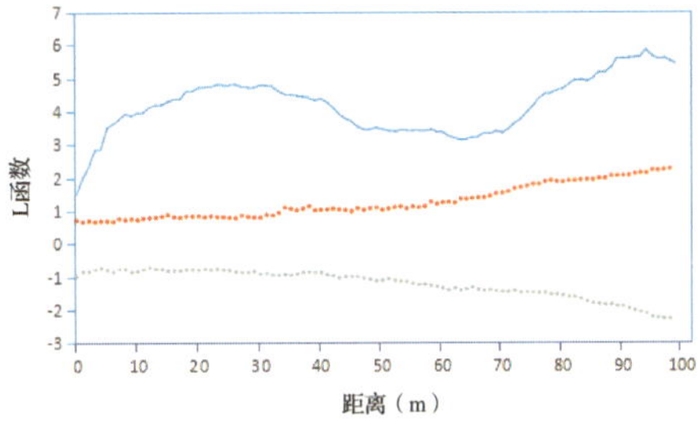

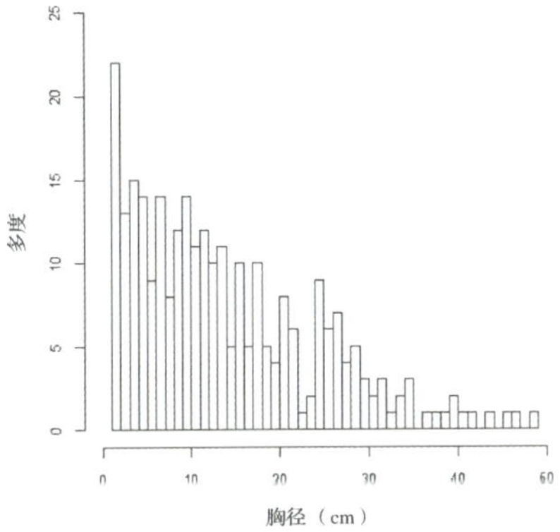

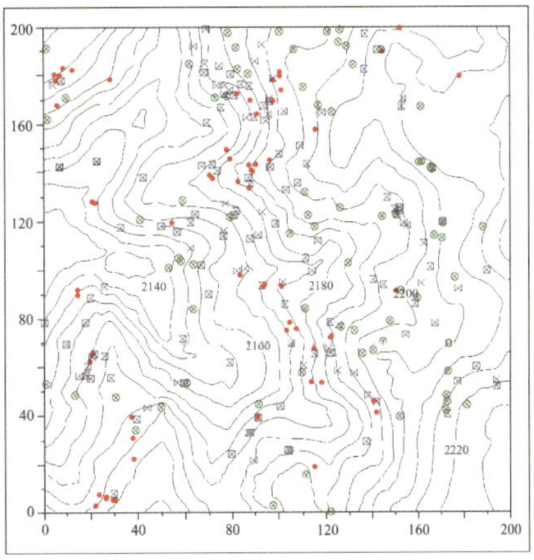

⑪针齿铁仔(铁剑削) *Myrsine semiserrata* Wall.

紫金牛科 Myrsinaceae 铁仔属 *Myrsine*

个体数(含/不含分枝数)= 575 / 978

最大胸径(cm)= 22.8

重要值=3.09

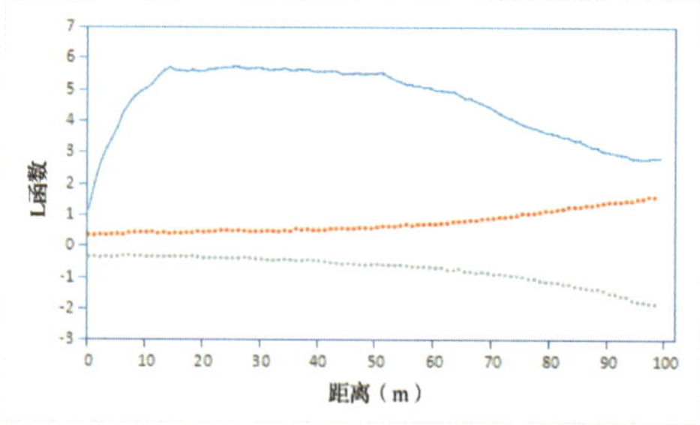

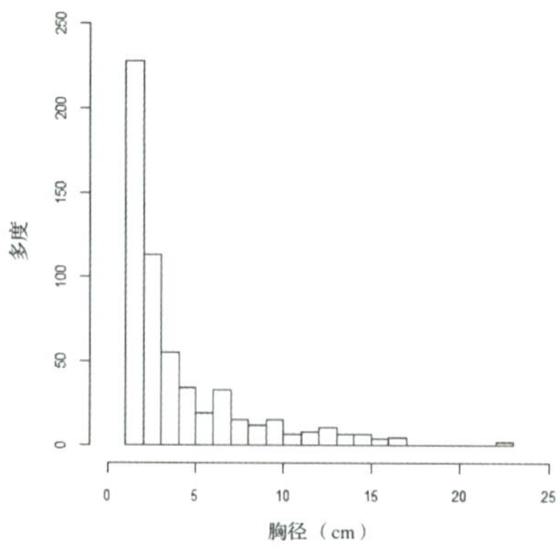

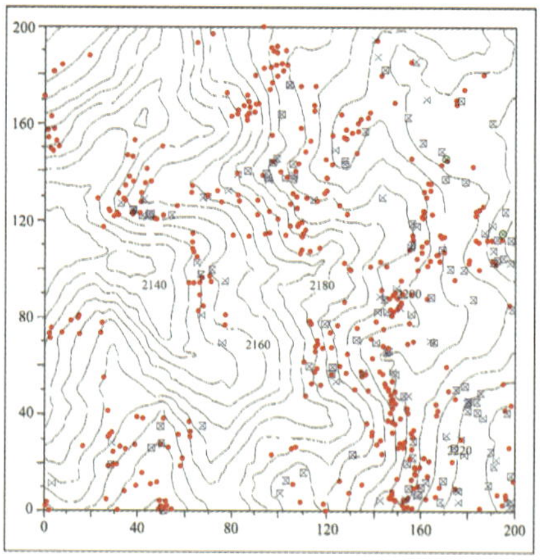

⑫红锥（刺栲、锥栗树）*Castanopsis hystrix* A. DC.

壳斗科 Fagaceae 锥属 *Castanopsis*

个体数（含/不含分枝数）= 206 / 419

最大胸径（cm）= 77.0

重要值 = 2.94

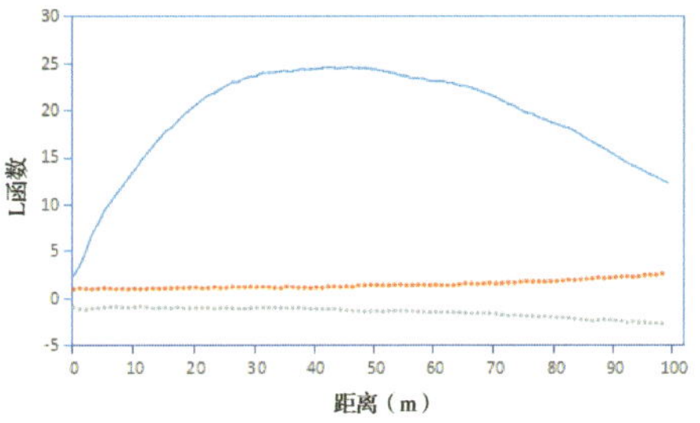

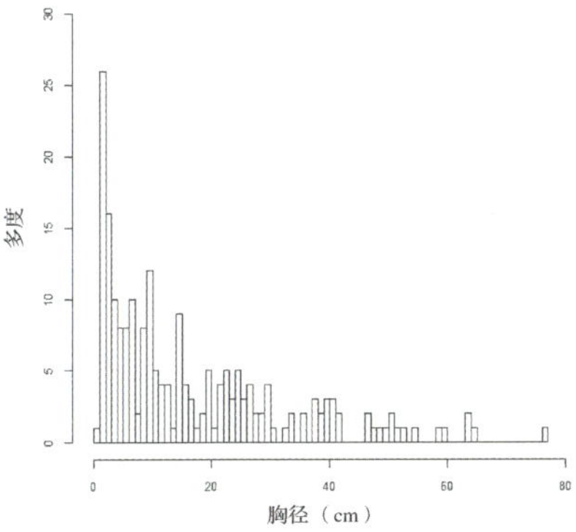

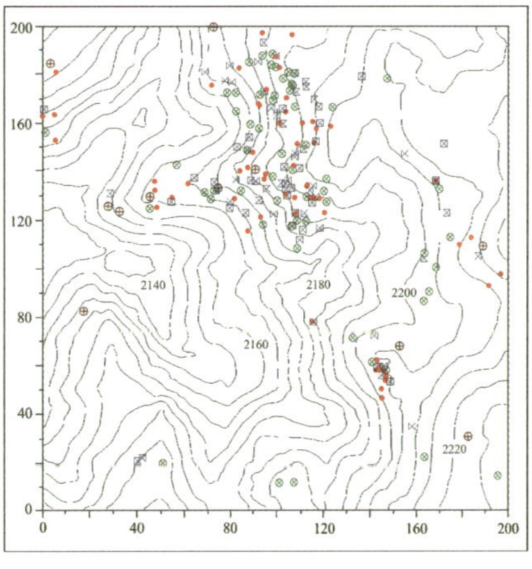

⑬窄叶连蕊茶 *Camellia tsaii* Hu

山茶科 Theaceae 茶属 *Camellia*

个体数(含/不含分枝数)= 460 / 675

最大胸径(cm)= 30.6

重要值=2.88

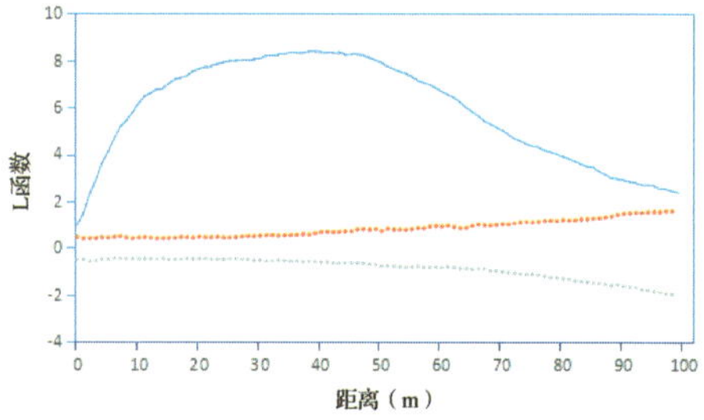

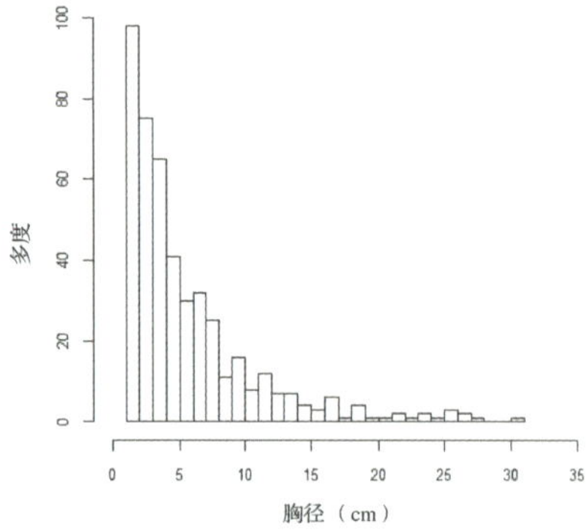

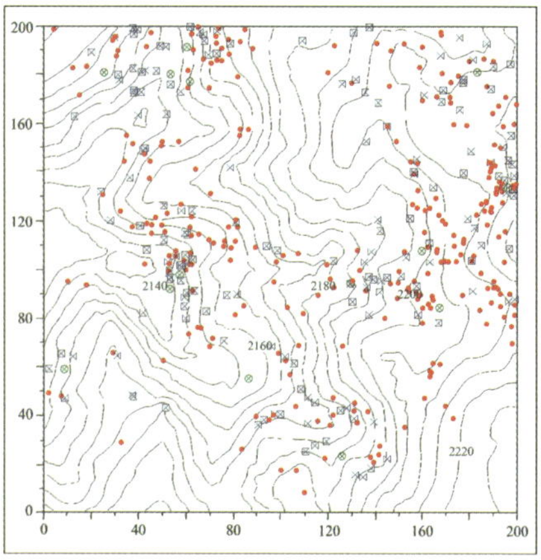

⑭瑞丽山龙眼(母猪栎) *Helicia shweliensis* W. W. Smith

山龙眼科 Proteaceae 山龙眼属 *Helicia*

个体数(含/不含分枝数)= 364 / 483

最大胸径(cm)= 58.9

重要值=2.52

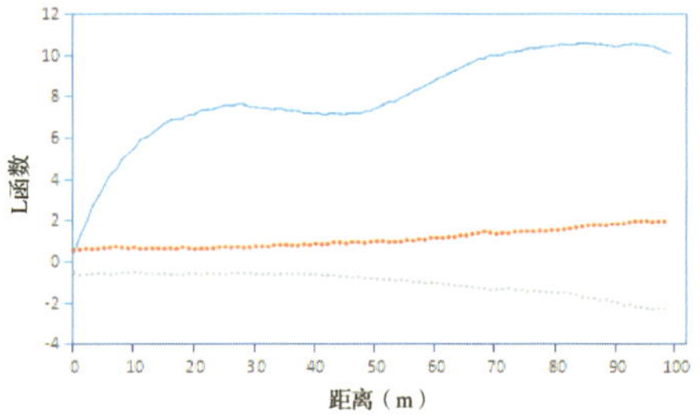

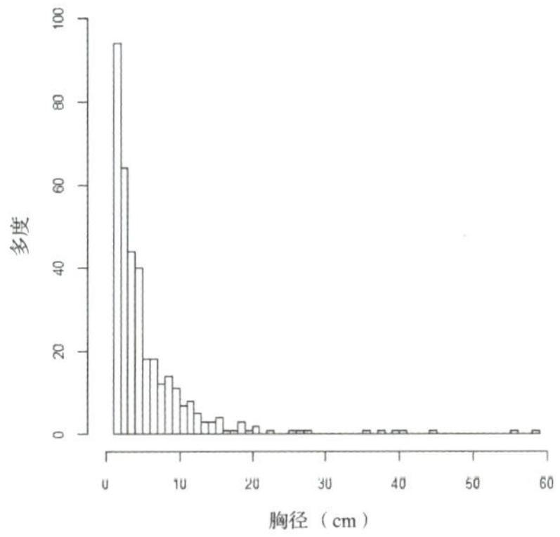

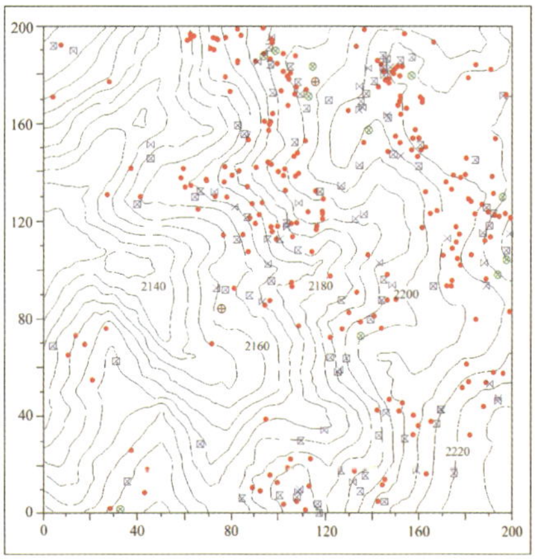

⑮金平木姜子 *Litsea chinpingensis* Yang et P. H. Huang

樟科 Lauraceae 木姜子属 *Litsea*

个体数(含/不含分枝数)= 246 / 280

最大胸径(cm)= 75.5

重要值= 2.46

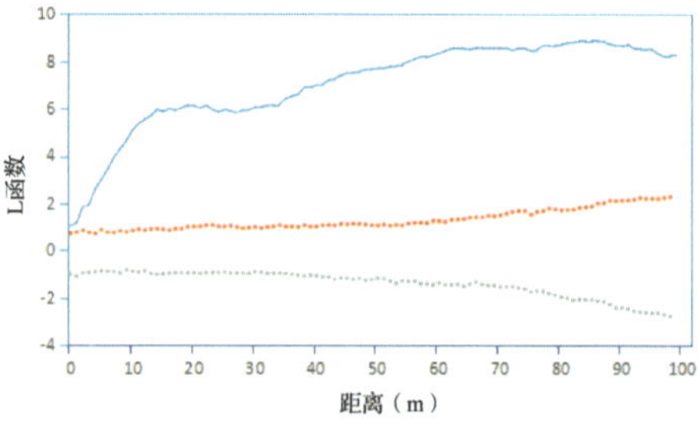

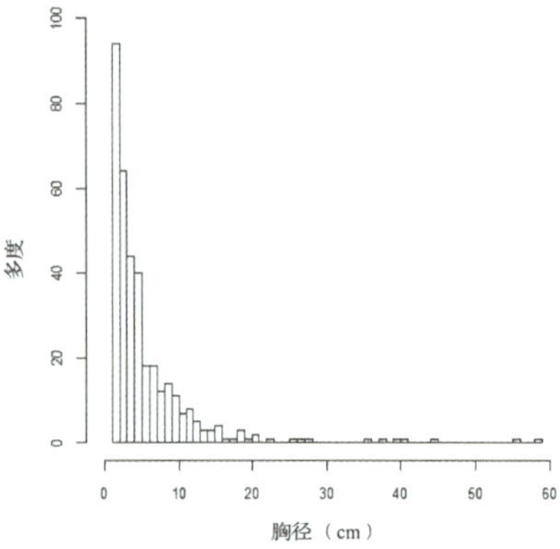

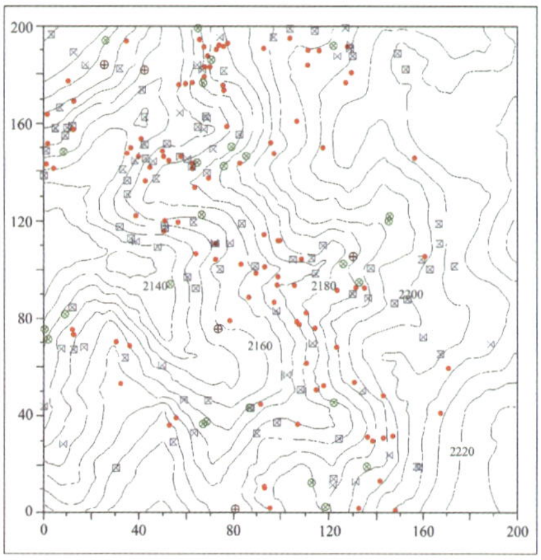

⑯少花桂 *Cinnamomum pauciflorum* Nees

樟科 Lauraceae 樟属 *Cinnamomum*

个体数(含/不含分枝数)= 279 / 451

最大胸径(cm)= 51.6

重要值= 2.46

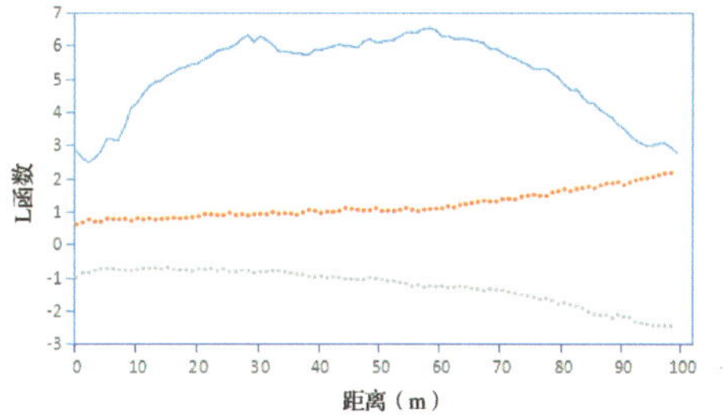

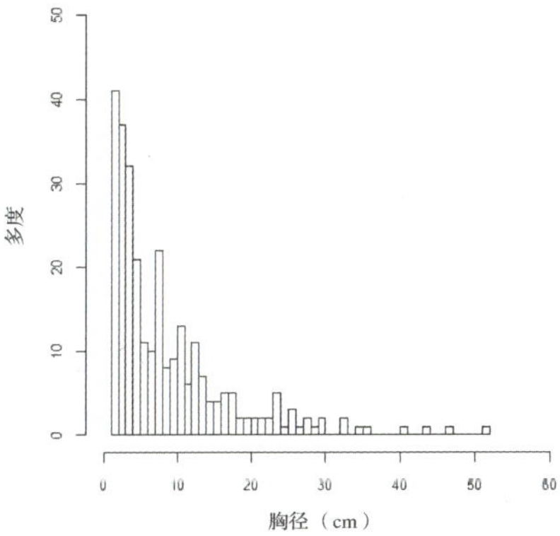

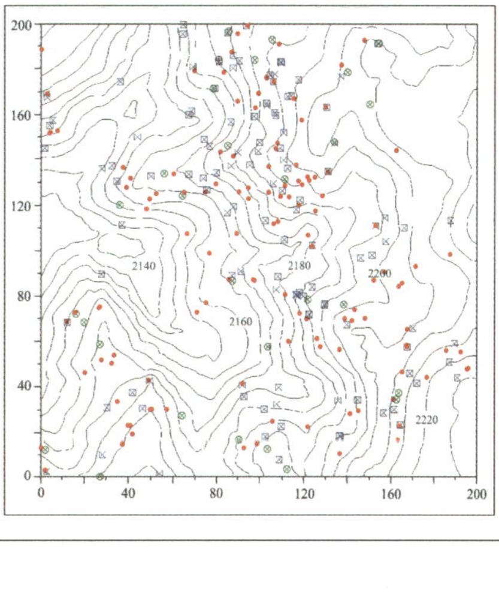

⑰南亚含笑（黑心树）*Michelia doltsopa* Buch. -Ham. ex DC.

木兰科 Magnoliaceae 含笑属 *Michelia*

个体数（含/不含分枝数）= 79 / 126

最大胸径（cm）= 91.0

重要值= 2.40

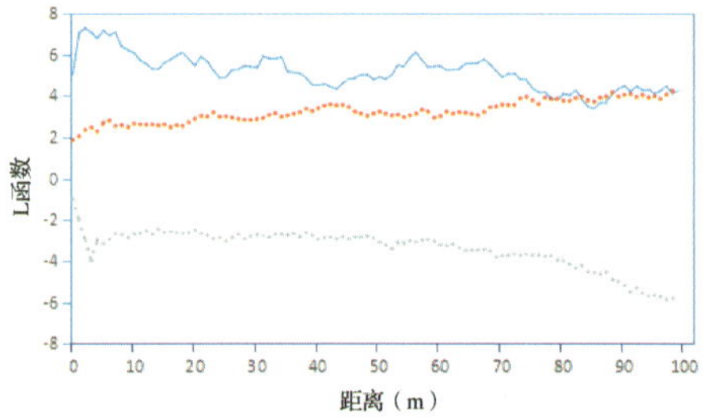

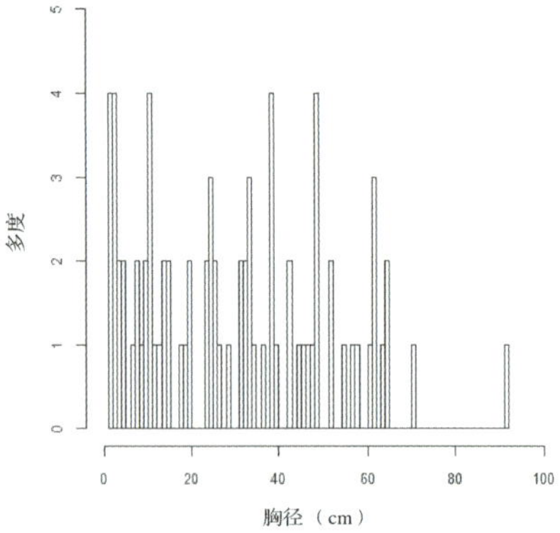

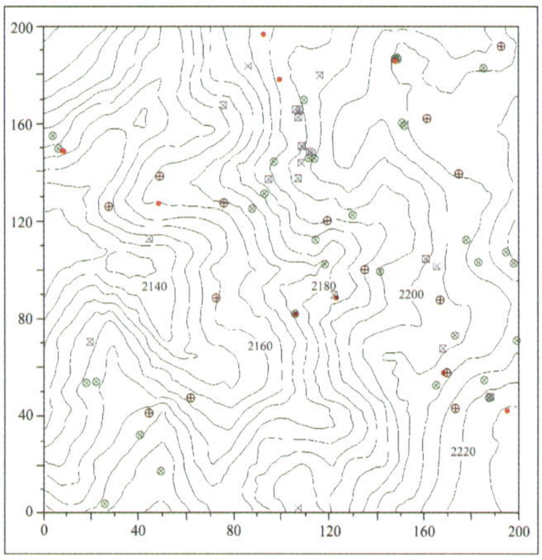

⑱双齿山茉莉（脆皮树）*Huodendron biaristatum*（W. W. Smith）Rehd.

野茉莉科 Styracaceae 山茉莉属 *Huodendron*

个体数（含/不含分枝数）= 152 / 216

最大胸径（cm）= 95.6

重要值 = 2.22

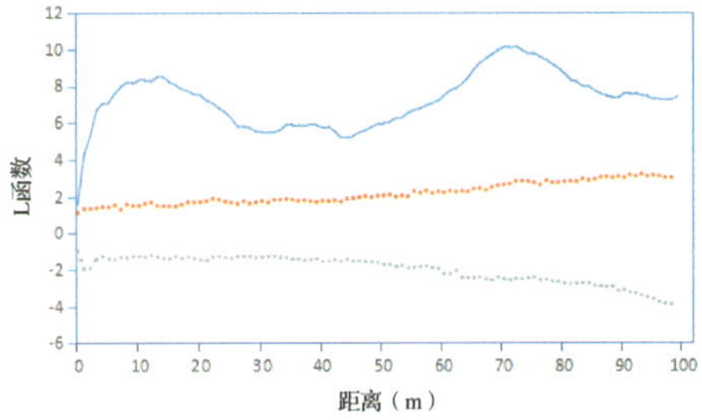

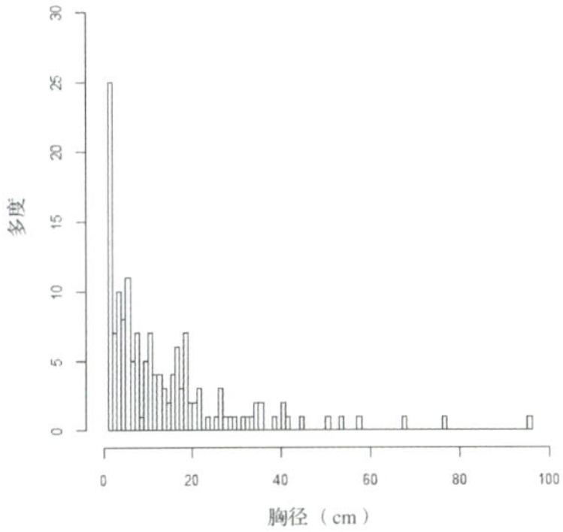

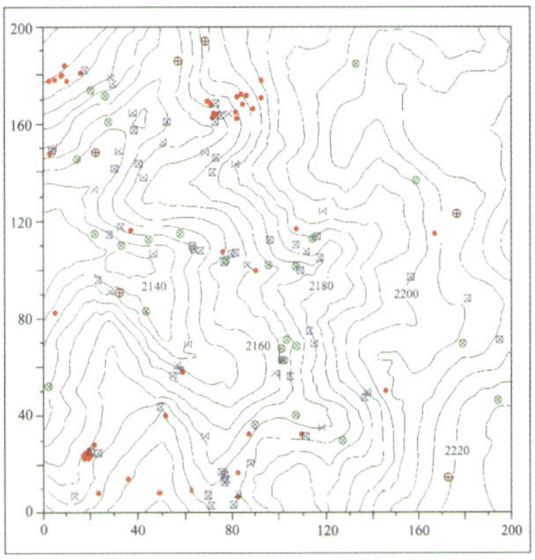

⑲红花木莲（木莲花）*Manglietia insignis*（Wall.）Bl.

木兰科 Magnoliaceae 木莲属 *Manglietia*

个体数（含/不含分枝数）= 96 / 148

最大胸径（cm）= 89.8

重要值 = 2.17

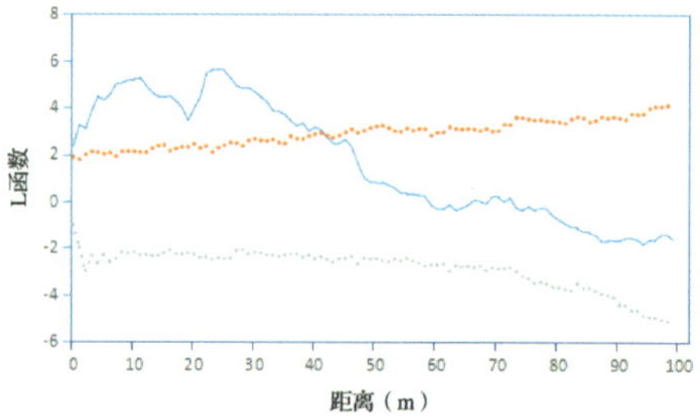

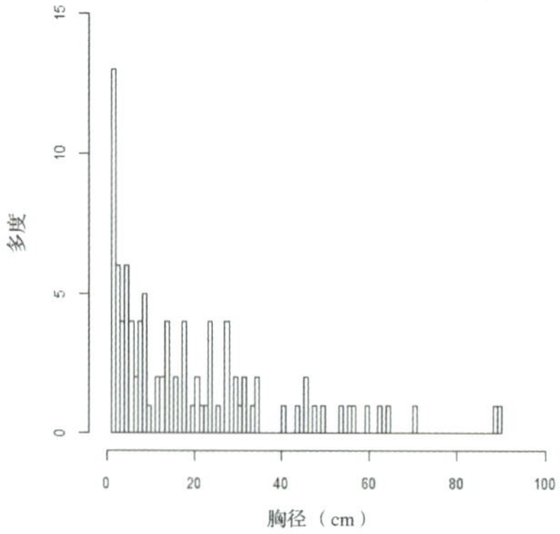

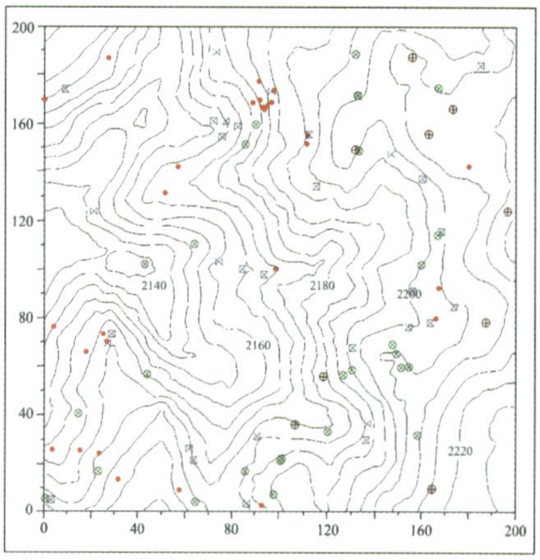

⑳森林榕（故宫叶）*Ficus neriifolia* J. E. Sm.

桑科 Moraceae 榕属 *Ficus*

个体数（含/不含分枝数）= 200 / 225

最大胸径（cm）= 46.7

重要值 = 1.99

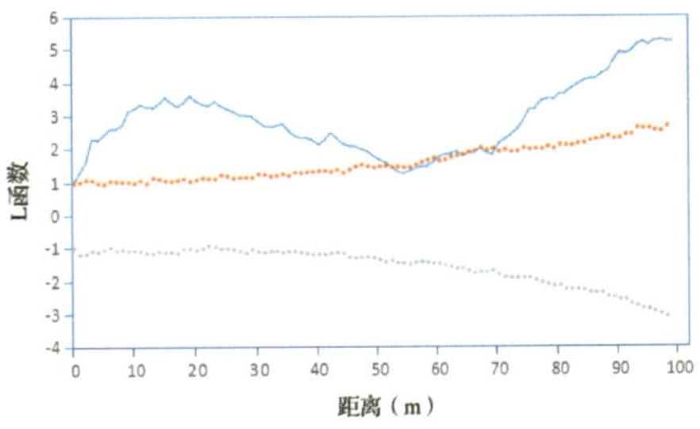

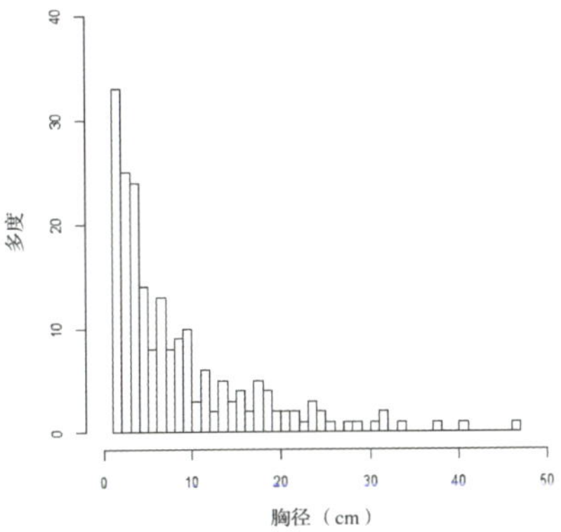

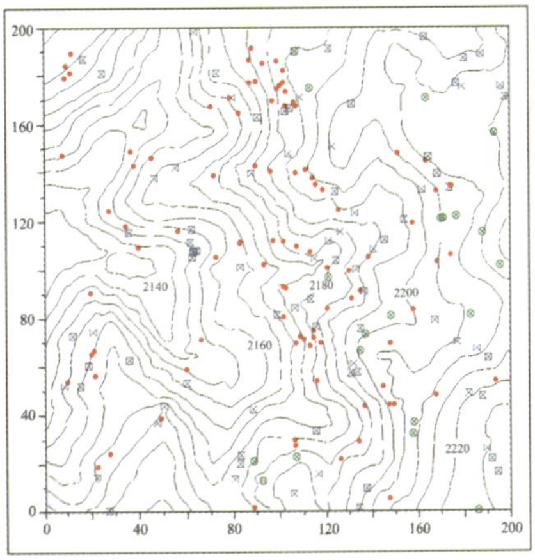

㉑腾越枇杷（山枇杷）*Eriobotrya tengyuehensis* W. W. Smith.

蔷薇科 Rosaceae 枇杷属 *Eriobotrya*

个体数（含/不含分枝数）= 226 / 246

最大胸径（cm）= 50.1

重要值 = 1.87

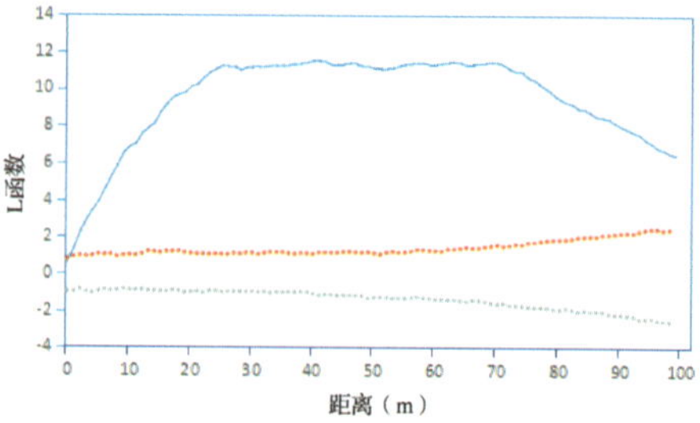

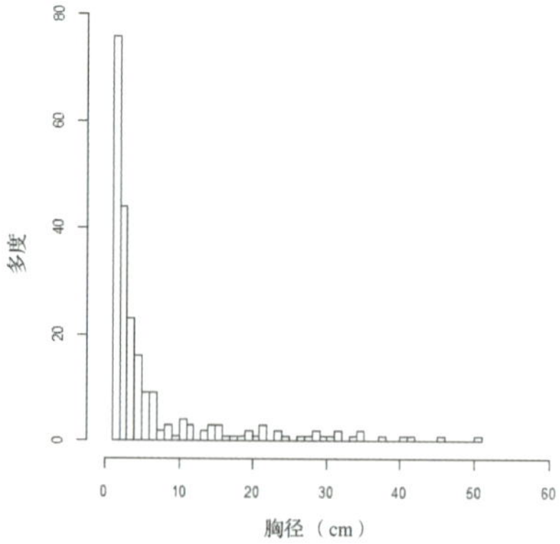

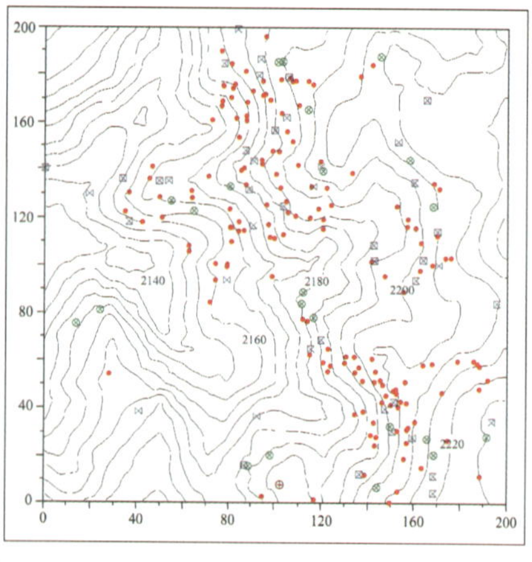

㉒滇琼楠(大叶香) Beilschmiedia yunnanensis Hu

樟科 Lauraceae 琼楠属 *Eriobotrya*

个体数(含/不含分枝数)= 89 / 143

最大胸径(cm)= 81.0

重要值= 1.82

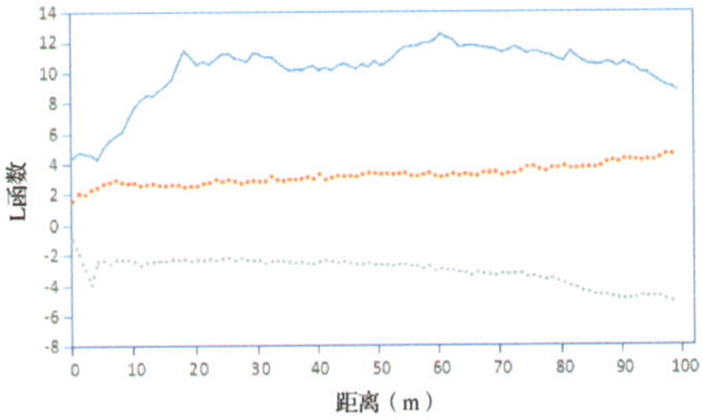

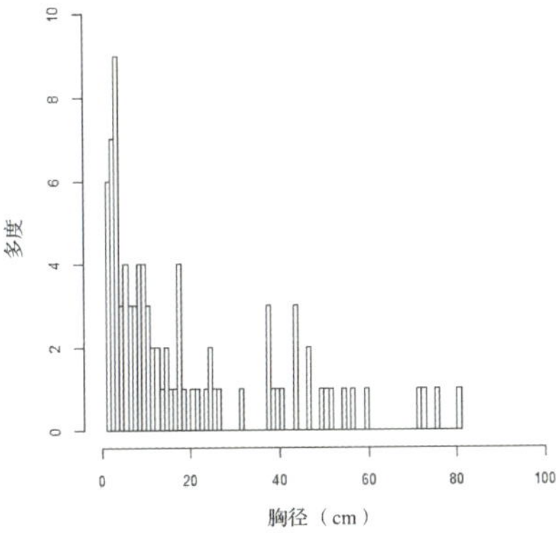

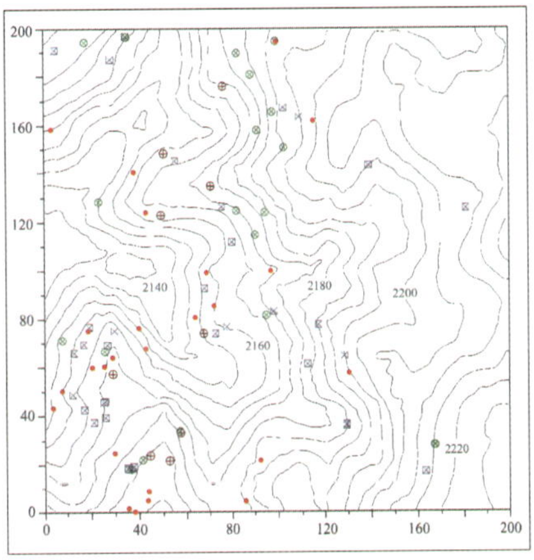

㉓长蕊木兰（黄心树）*Alcimandra cathcartii* (Hook. f. et Thorns.) Dandy

木兰科 Magnoliaceae 长蕊木兰属 *Alcimandra*

个体数（含/不含分枝数）= 119 / 134

最大胸径（cm）= 104.0

重要值 = 1.81

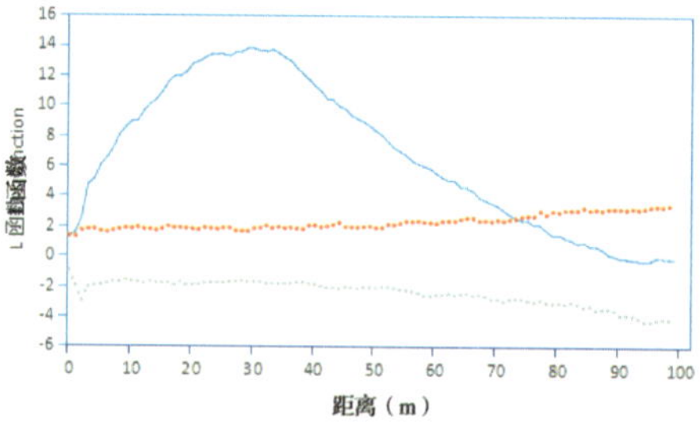

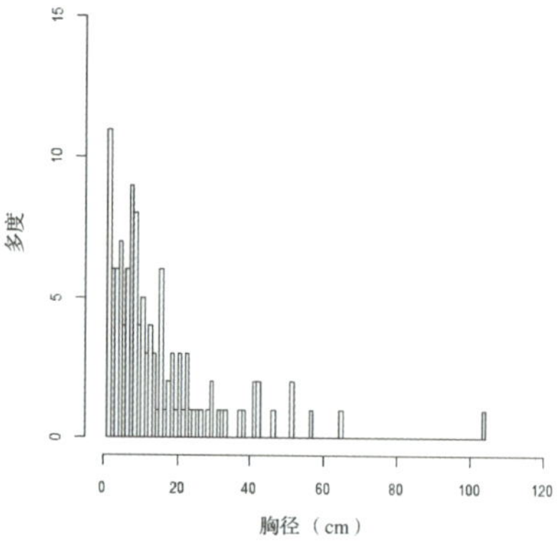

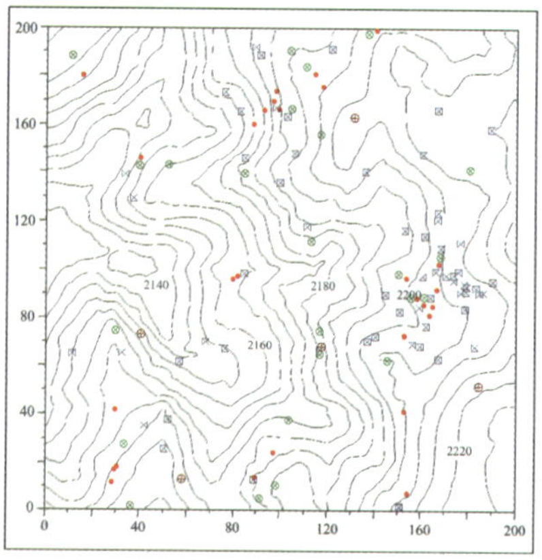

㉔马蹄荷(合掌木) *Exbucklandia populnea*（R. Brown ex Griffith）R. W. Brown

金缕梅科 Hamamelidaceae 马蹄荷属 *Exbucklandia*

个体数(含/不含分枝数)= 178 / 183

最大胸径(cm)= 85.6

重要值= 1.73

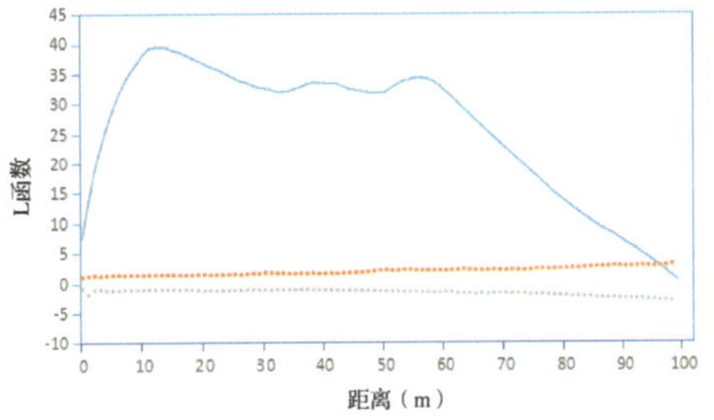

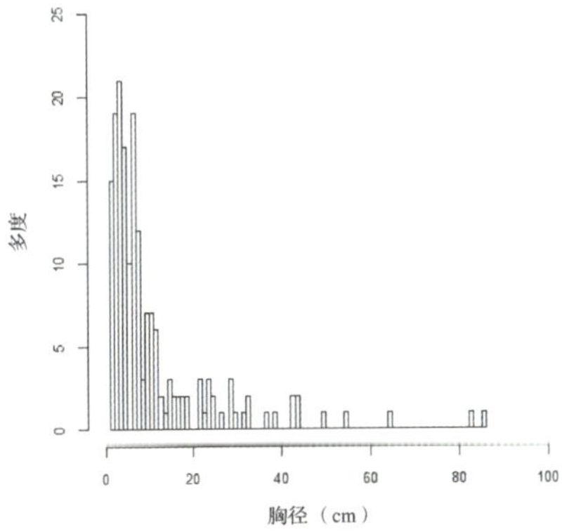

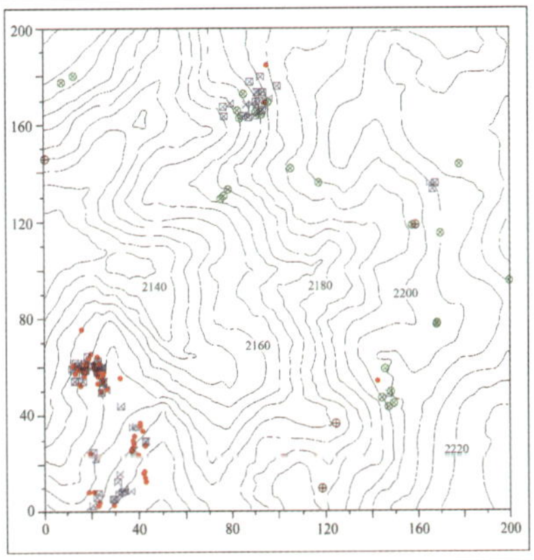

㉕星毛柯（红栎树、沙坝石栎）*Lithocarpus petelotii* A. Camus

壳斗科 Fagaceae 柯属 *Lithocarpus*

个体数（含/不含分枝数）= 136 / 187

最大胸径（cm）= 79.0

重要值 = 1.69

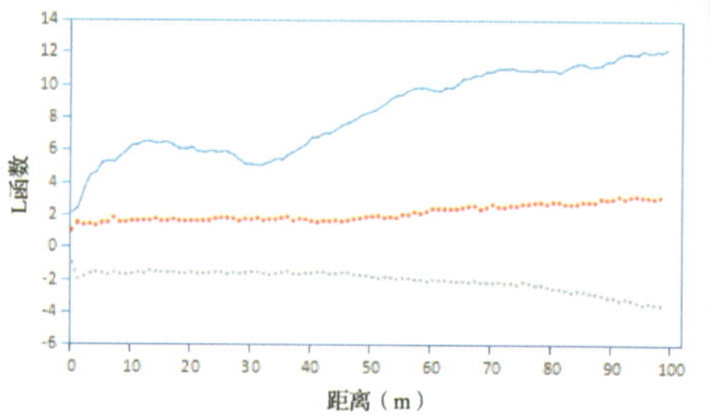

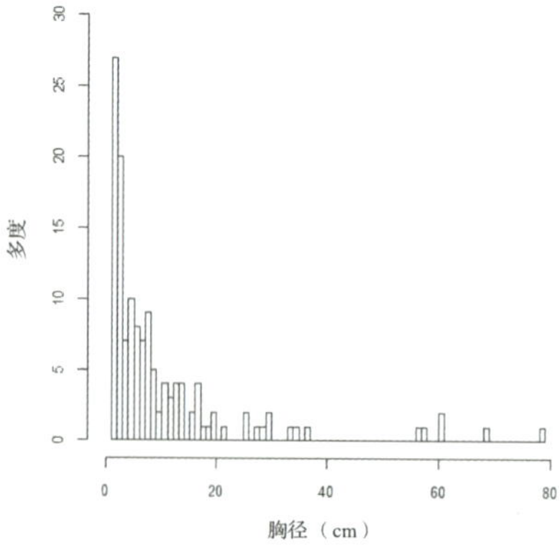

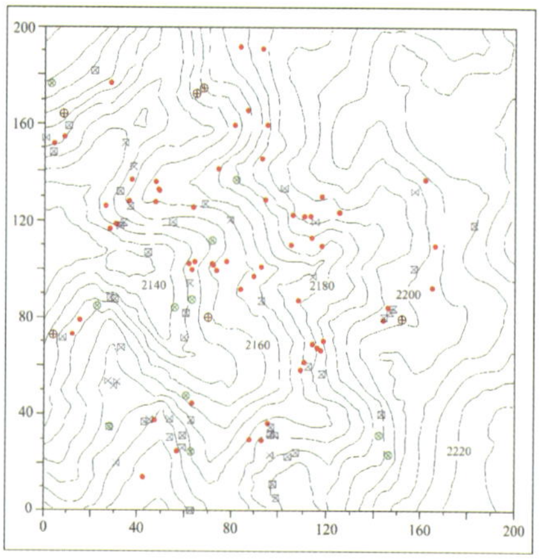

㉖枝花流苏树(黑皮插柚紫) *Chionanthus ramiflorus* Roxburgh.

木樨科 Oleaceae 流苏树属 *Chionanthus*

个体数(含/不含分枝数)= 196 / 230

最大胸径(cm)= 44.7

重要值= 1.63

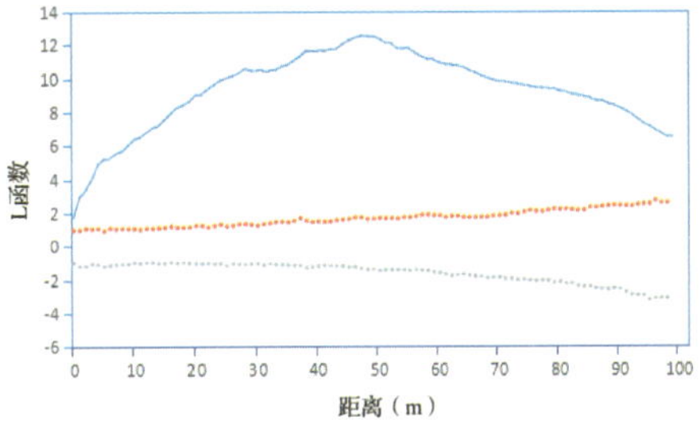

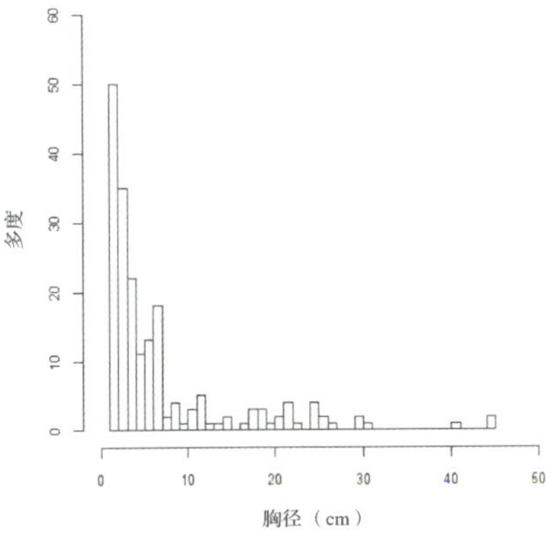

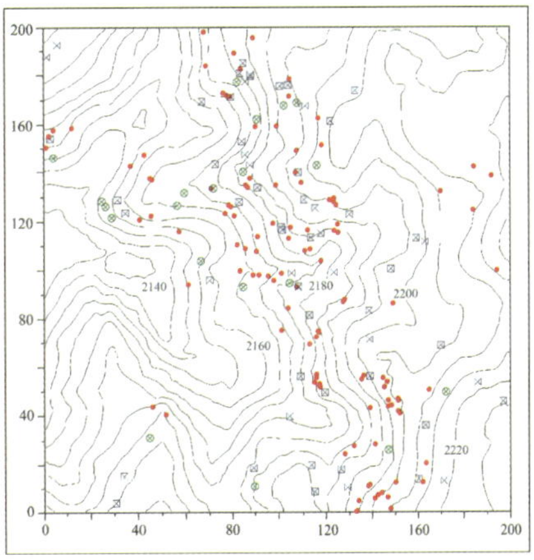

27 大理茶(野茶树) *Camellia taliensis* (W. W. Smith) Melchior

山茶科 Theaceae 茶属 *Camellia*

个体数(含/不含分枝数)= 207 / 363

最大胸径(cm)= 18.8

重要值= 1.52

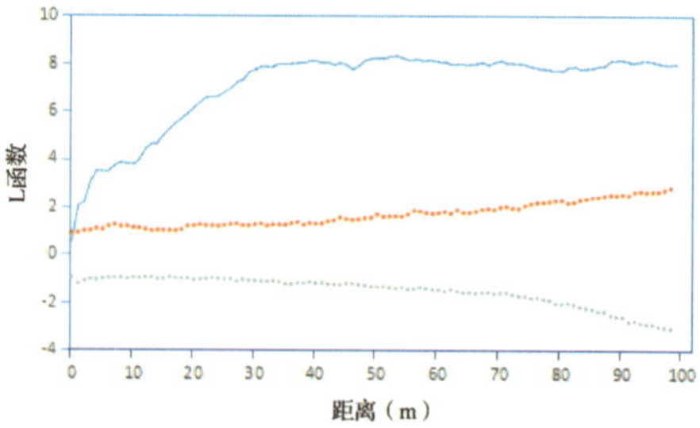

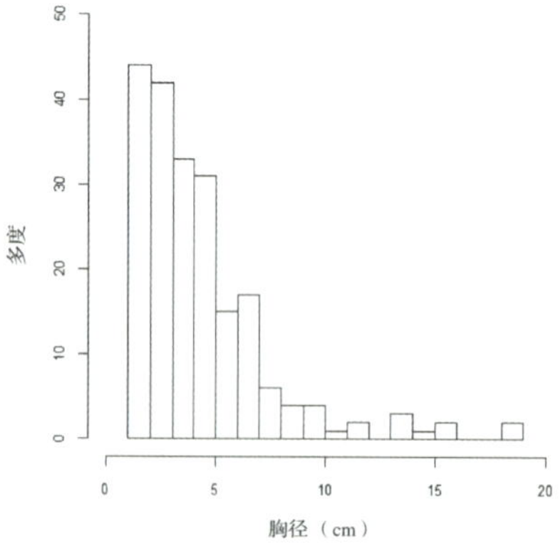

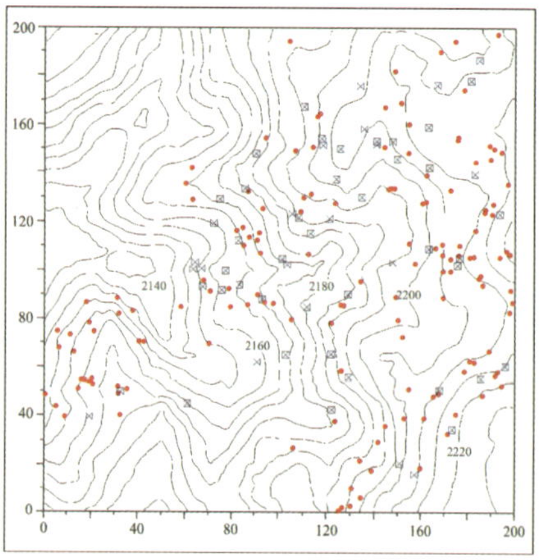

㉘黄牛奶树 *Symplocos cochinchinensis* var. *laurina*（Retzius）Nooteboom

山矾科 Symplocaceae 山矾属 *Symplocos*

个体数(含/不含分枝数)= 211 / 234

最大胸径(cm)= 22.9

重要值= 1.46

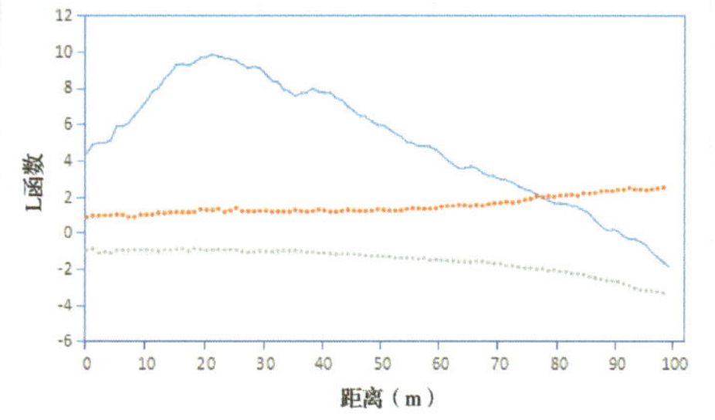

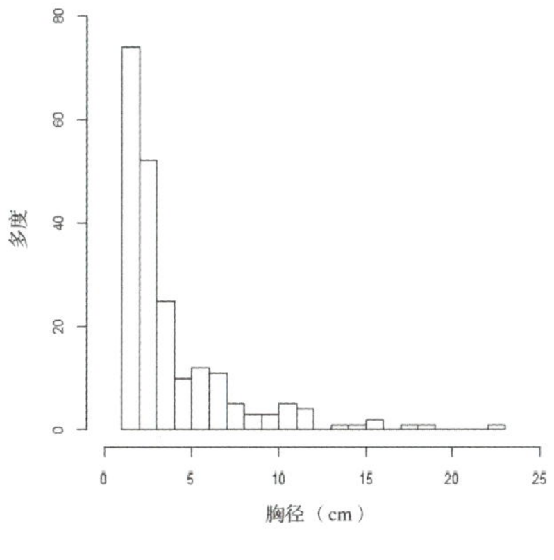

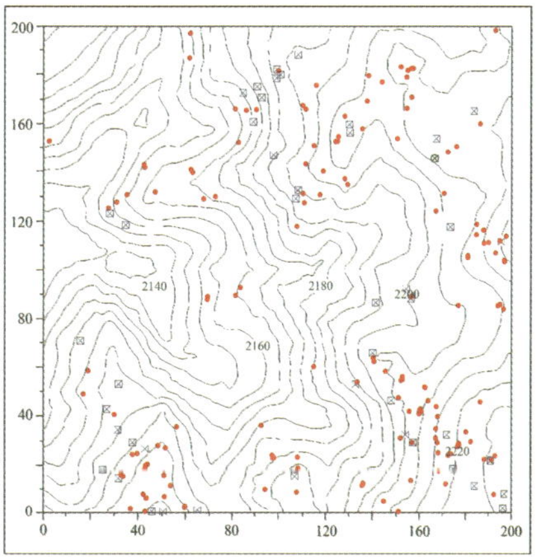

㉙瑞丽茜树（保山茜、闹狗瓜）*Fosbergia shweliensis*（J. Anthony）Tirvengadum & Sastre

茜草科 Rubiaceae 大果茜属 *Fosbergia*

个体数（含/不含分枝数）= 142 / 166

最大胸径（cm）= 38.3

重要值 = 1.37

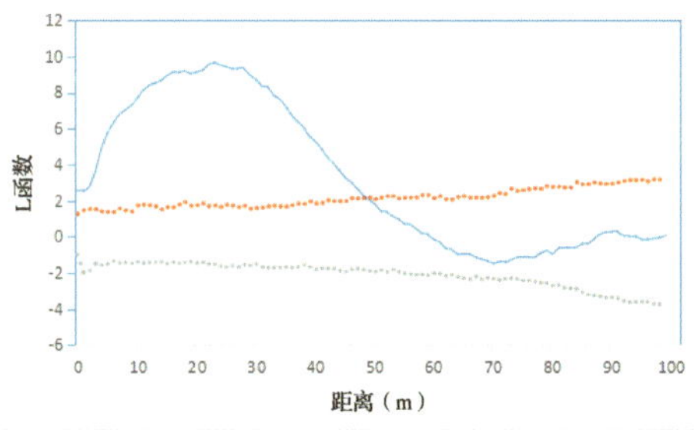

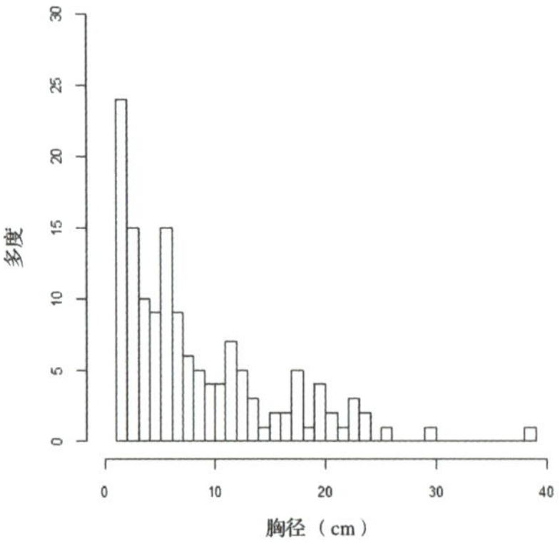

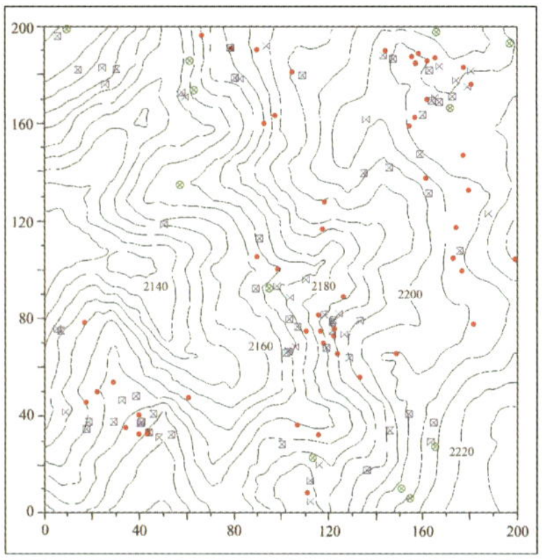

㉚团花新木姜子（三股筋）*Neolitsea homilantha* Allen

樟科 Lauraceae 新木姜子属 *Neolitsea*

个体数（含/不含分枝数）= 140 / 181

最大胸径（cm）= 39.3

重要值 = 1.30

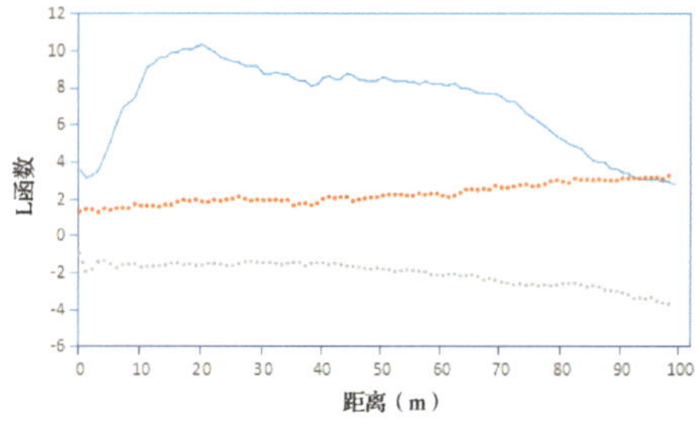

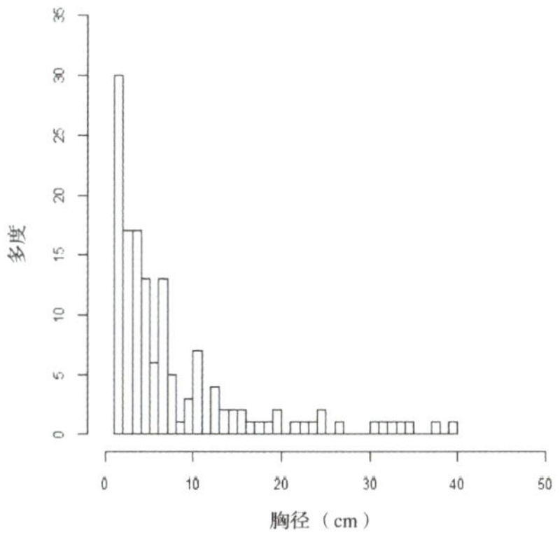

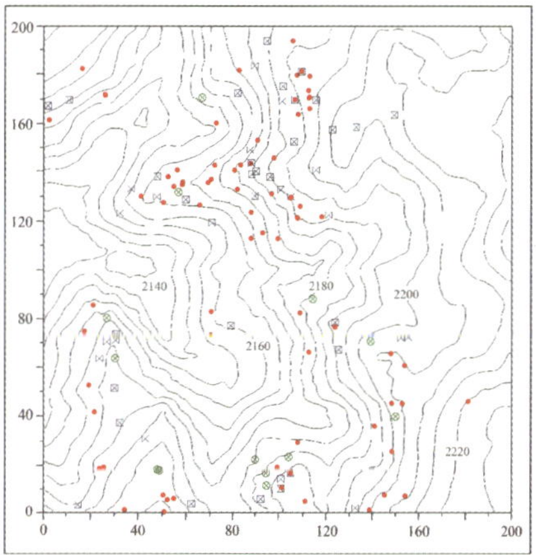

㉛波叶新木姜子（马叉楠）*Neolitsea undulatifolia*（Lévl.）Allen

樟科 Lauraceae 新木姜子属 *Neolitsea*

个体数（含/不含分枝数）= 113 / 153

最大胸径（cm）= 40.6

重要值 = 1.26

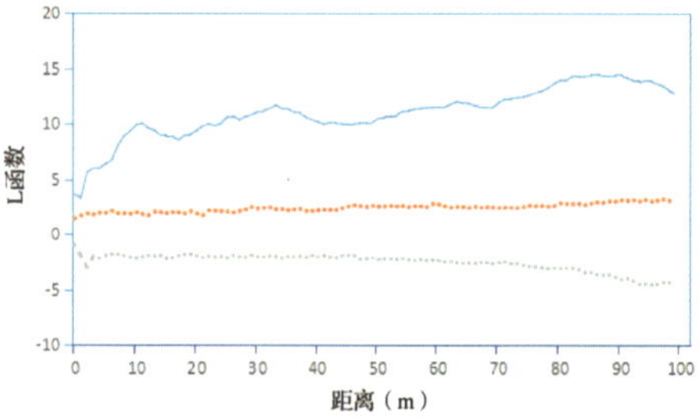

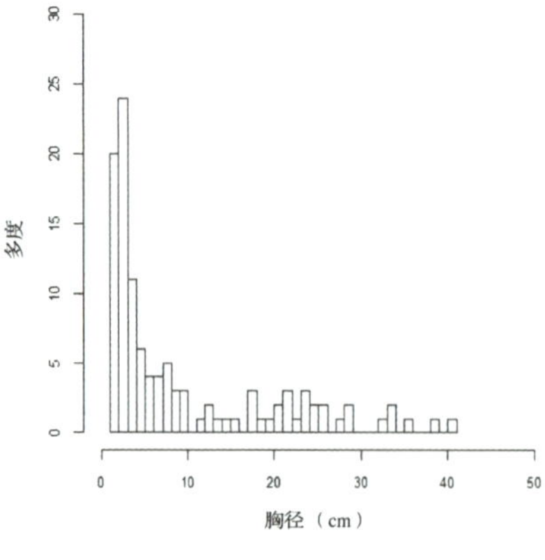

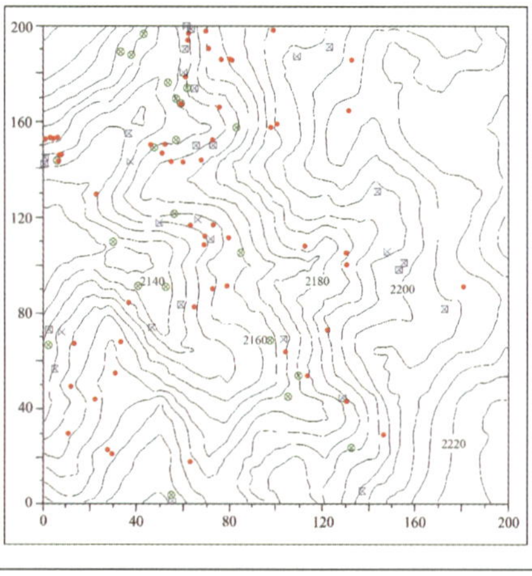

㉜疏花卫矛 *Euonymus laxiflorus* Champ. ex Benth.

卫矛科 Celastraceae 卫矛属 *Euonymus*

个体数(含/不含分枝数)= 263 / 520

最大胸径(cm)= 15.0

重要值= 1.21

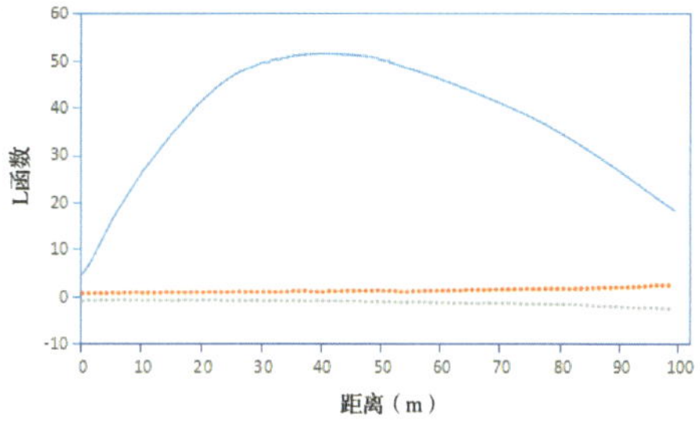

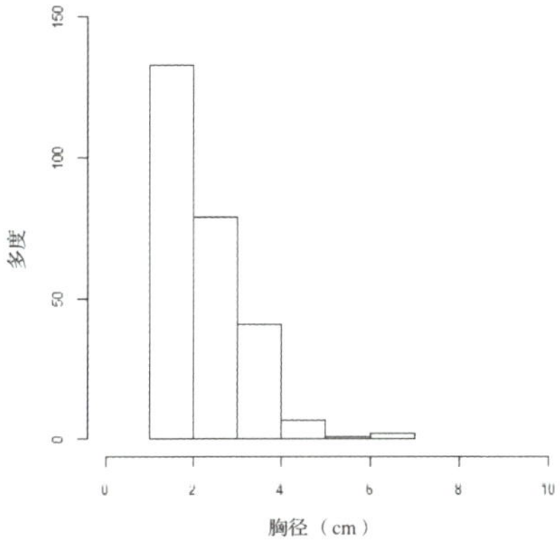

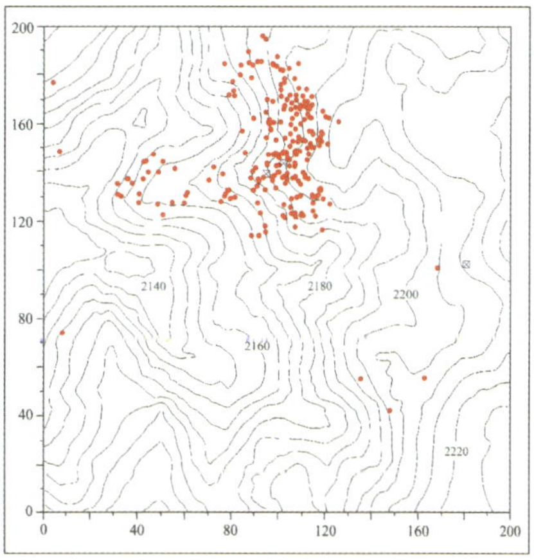

㉝蜂房叶山胡椒 *Lindera foveolata* H. W. Li

樟科 Lauraceae 山胡椒属 *Lindera*

个体数(含/不含分枝数)= 83 / 119

最大胸径(cm)= 41.2

重要值= 1.14

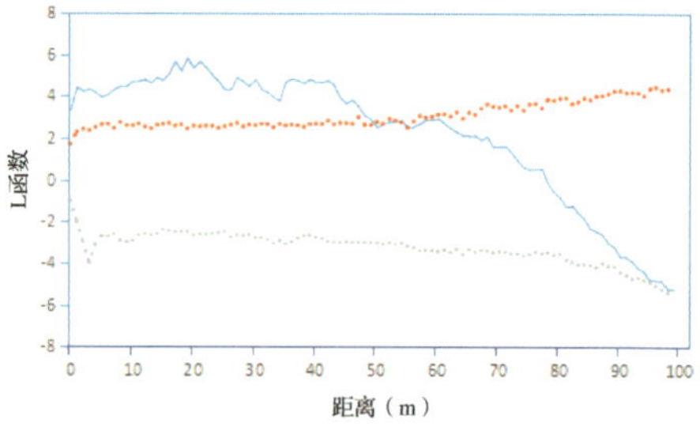

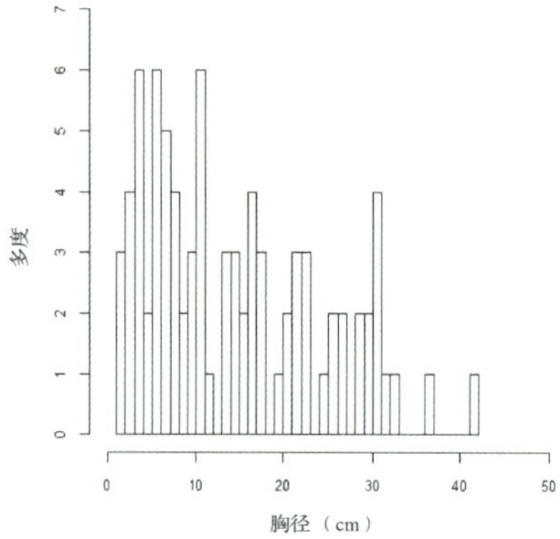

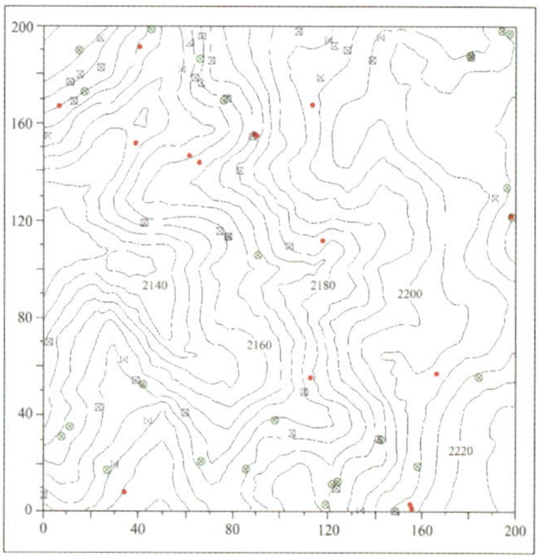

㉞红梗润楠 *Machilus rufipes* H. W. Li

樟科 Lauraceae 润楠属 *Machilus*

个体数(含/不含分枝数)= 105 / 117

最大胸径(cm)= 38.5

重要值= 1.12

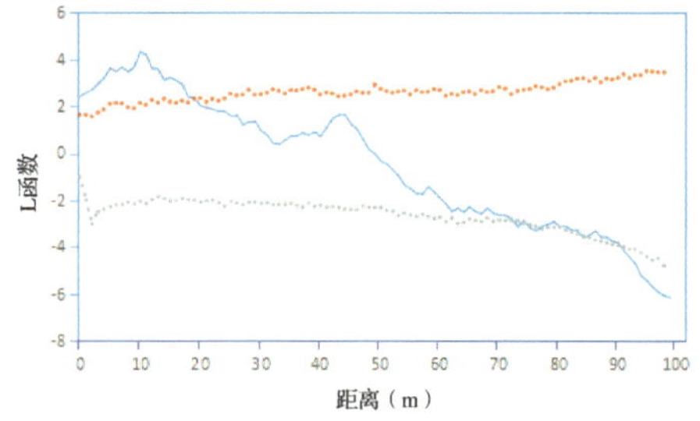

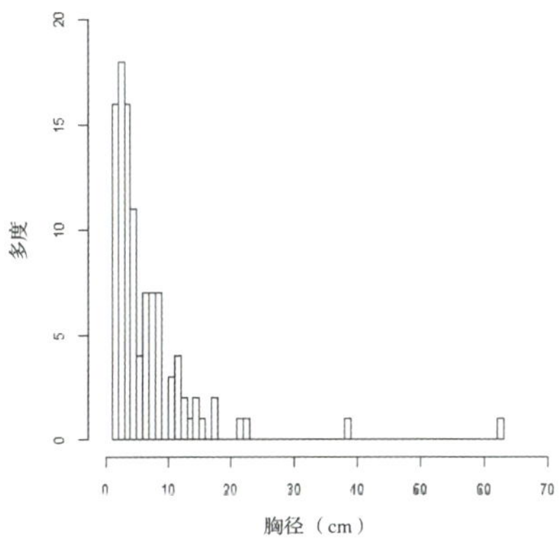

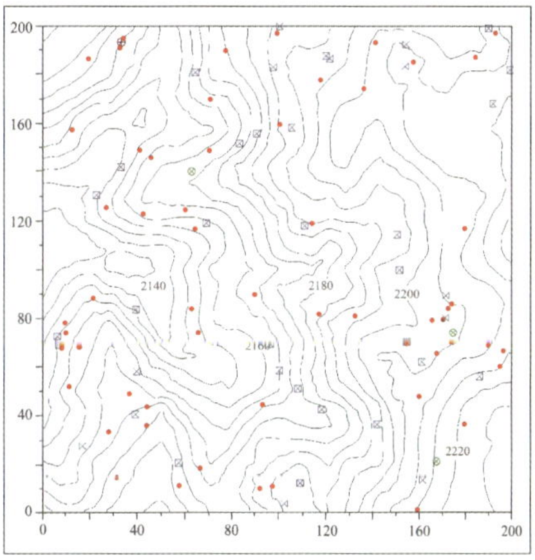

㉟微脉冬青 *Ilex venulosa* Hook. f.

冬青科 Aquifoliaceae 冬青属 *Ilex*

个体数(含/不含分枝数)= 92 / 105

最大胸径(cm)= 80.4

重要值= 1.12

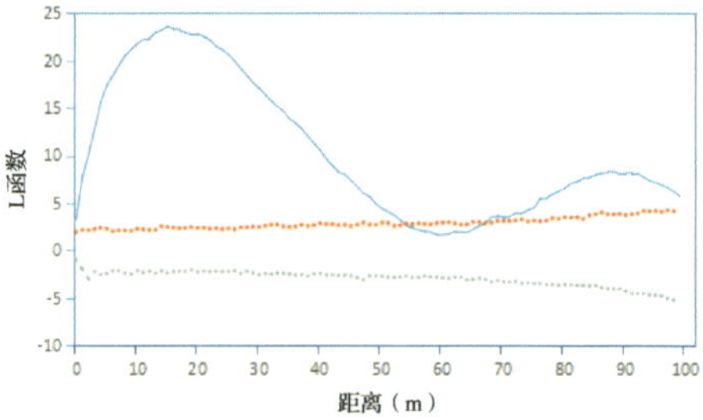

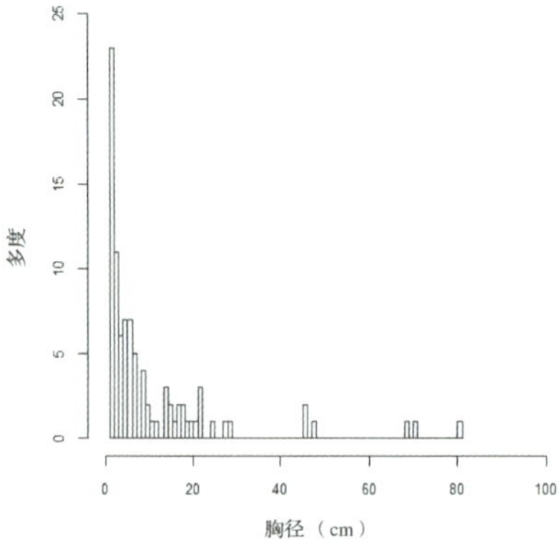

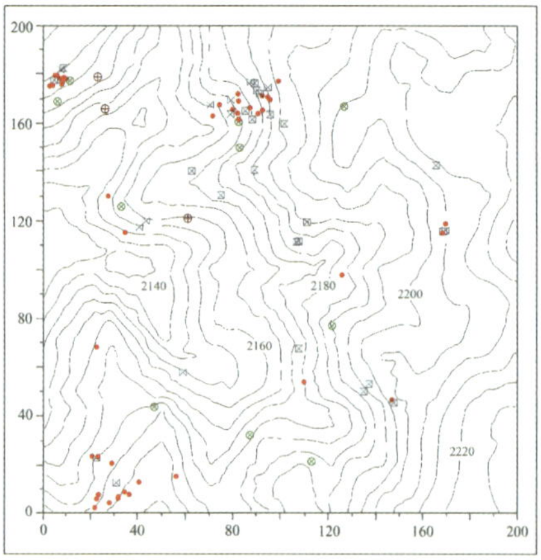

㊱泥柯(白栎树、华南石栎) *Lithocarpus fenestratus* (Roxb.) Rehd.

壳斗科 Fagaceae 柯属 *Lithocarpus*

个体数(含/不含分枝数)= 66 / 97

最大胸径(cm)= 61.0

重要值= 1.09

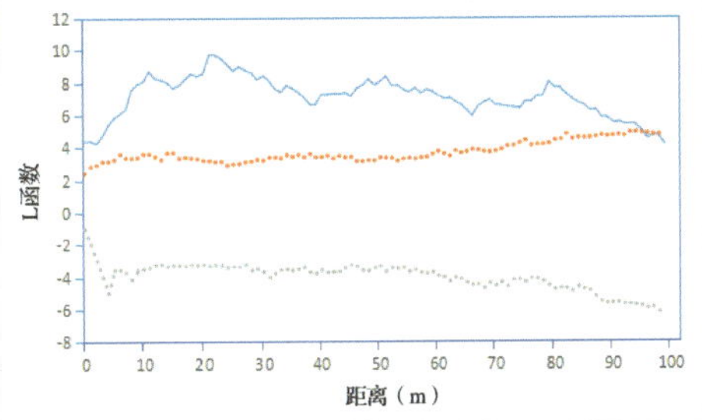

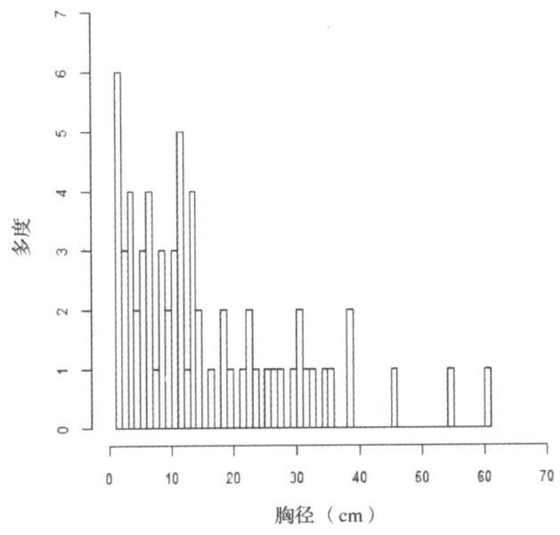

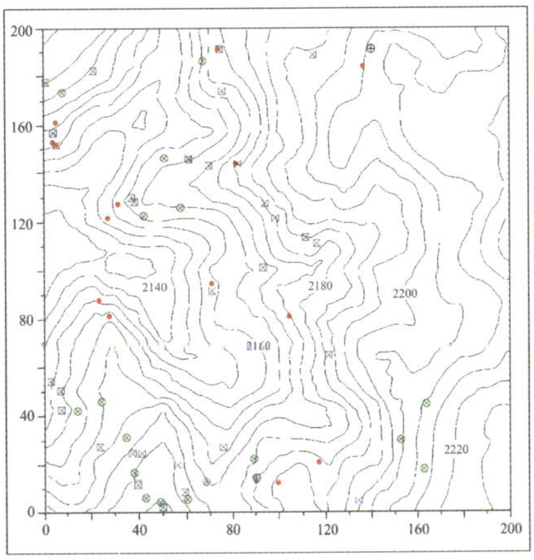

㊲厚边木犀（平顶桂花）*Osmanthus marginatus*（Champion ex Bentham）Hemsley

木樨科 Oleaceae 木犀属 *Osmanthus*

个体数（含/不含分枝数）= 77 / 88

最大胸径（cm）= 62.4

重要值 = 1.06

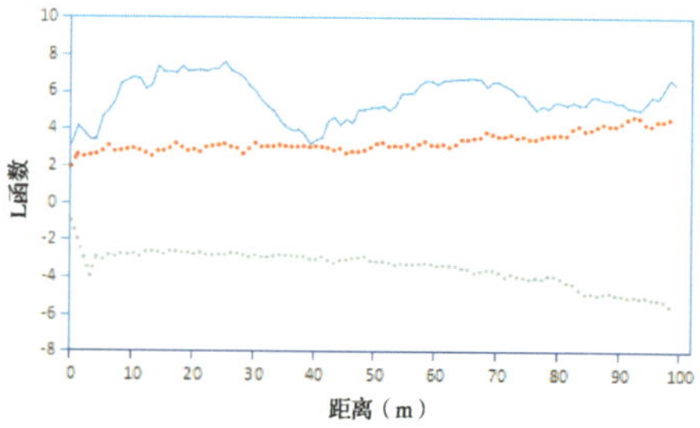

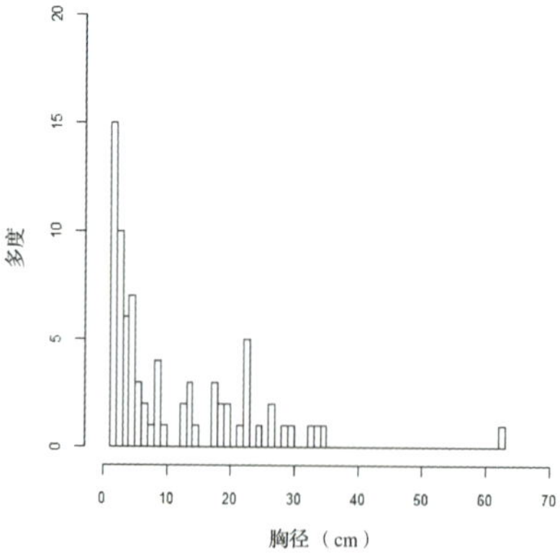

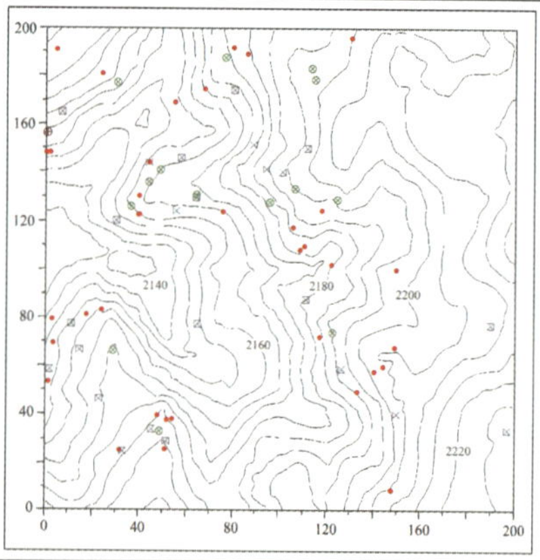

㊳檀梨(油葫芦)*Pyrularia edulis*（Wall.）A. DC.

檀香科 Santalaceae 檀梨属 *Pyrularia*

个体数(含/不含分枝数)= 105 / 128

最大胸径(cm)= 37.6

重要值= 1.05

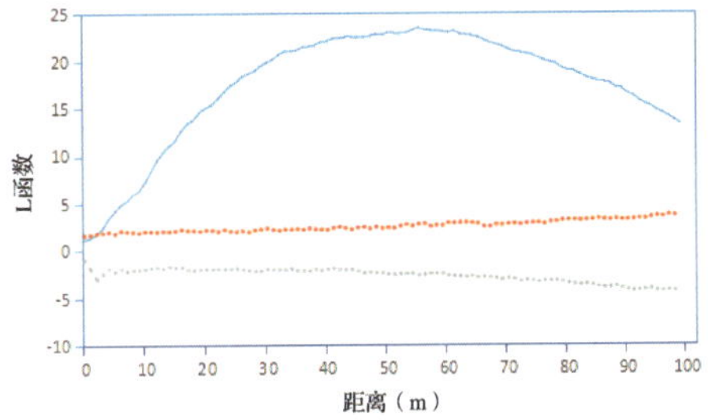

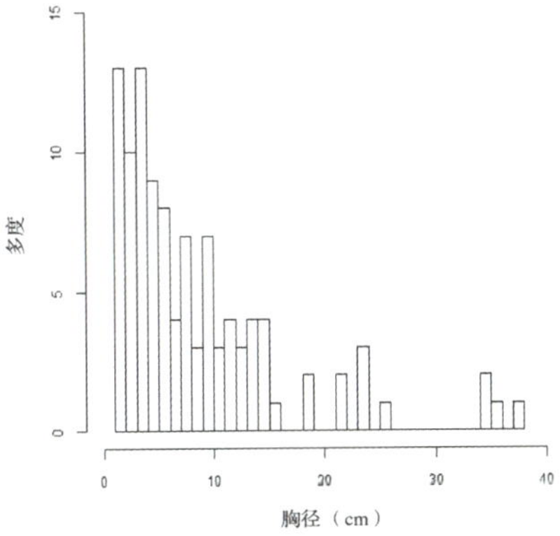

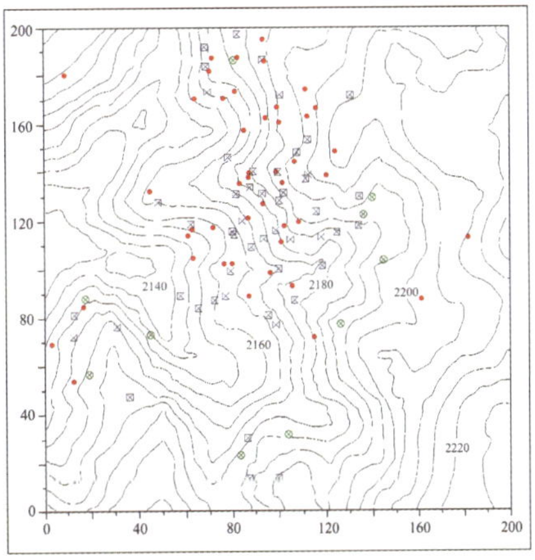

㊴乔木茵芋 *Skimmia arborescens* T. Anderson ex Gamble

芸香科 Rutaceae 茵芋属 *Skimmia*

个体数(含/不含分枝数)= 89 / 115

最大胸径(cm)= 25.2

重要值= 0.98

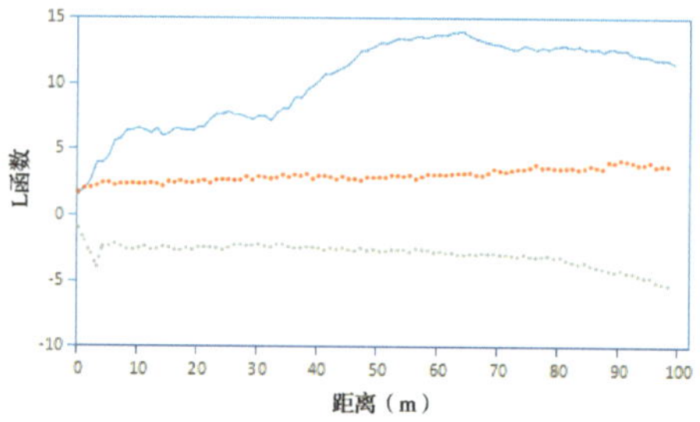

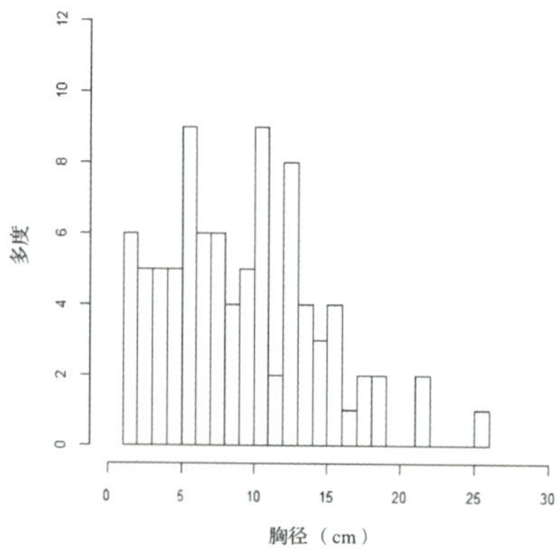

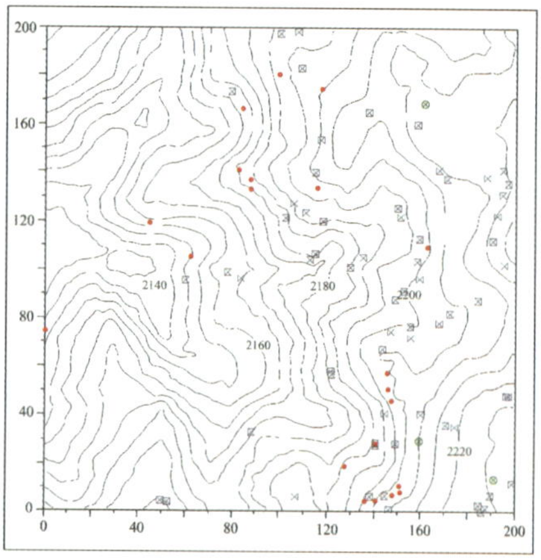

㊵怒江柃(野猫尿) *Eurya tsaii* H. T. Chang

山茶科 Theaceae 柃木属 *Eurya*

个体数(含/不含分枝数)= 172 / 195

最大胸径(cm)= 42.3

重要值= 0.96

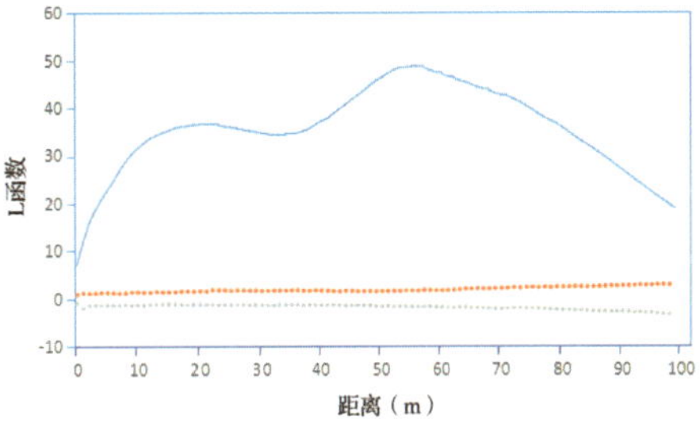

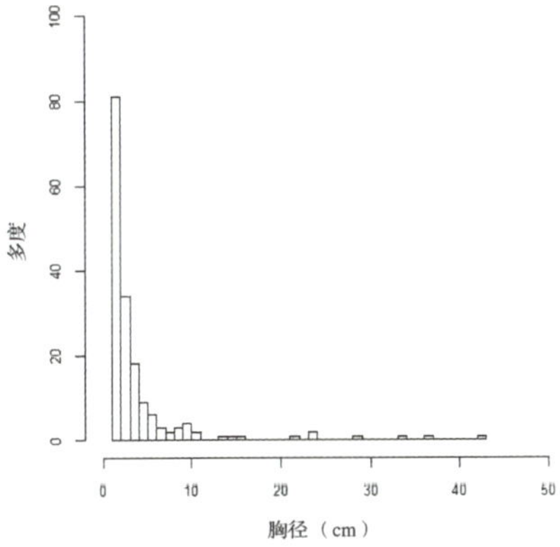

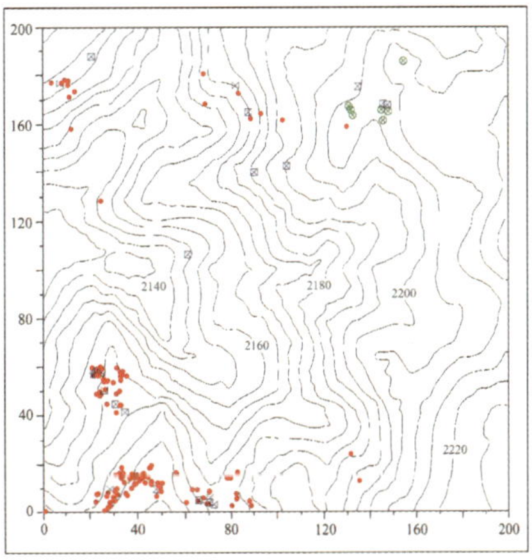

㊶毛果猴欢喜 *Sloanea dasycarpa* (Benth.) Hemsl.

杜英科 Elaeocarpaceae 猴欢喜属 *Sloanea*

个体数(含/不含分枝数)= 22 / 30

最大胸径(cm)= 92.0

重要值= 0.95

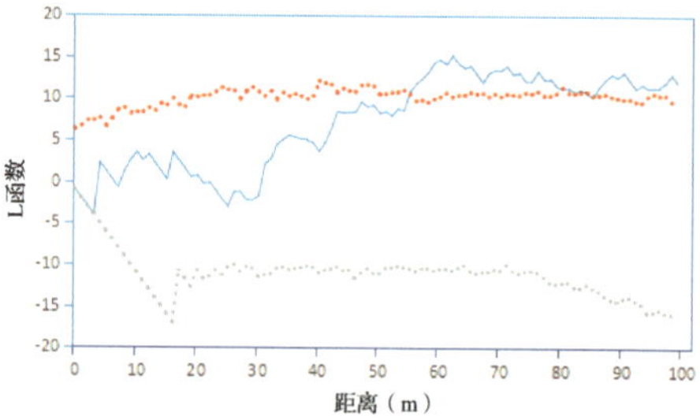

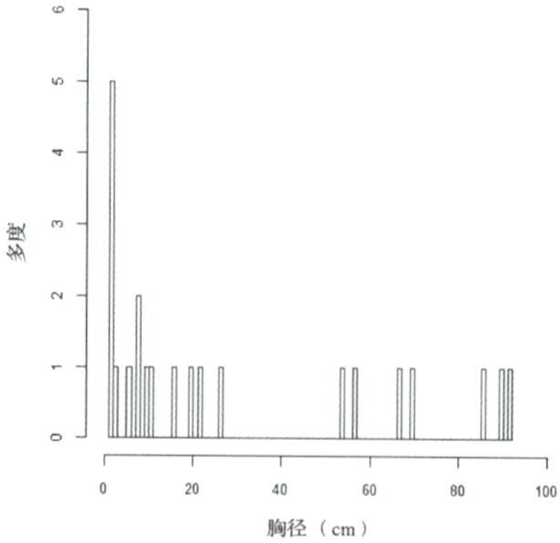

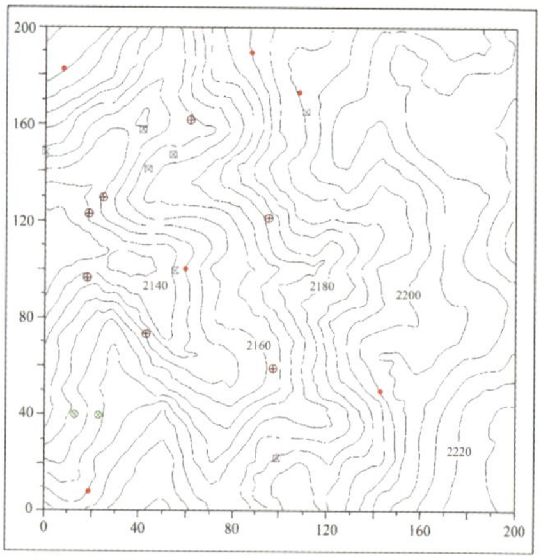

㊷ 腺叶桂樱(野樱桃)*Laurocerasus phaeosticta* (Hance) Schneid.

蔷薇科 Rosaceae 桂樱属 *Laurocerasus*

个体数(含/不含分枝数)= 107 / 115

最大胸径(cm)= 22.2

重要值= 0.95

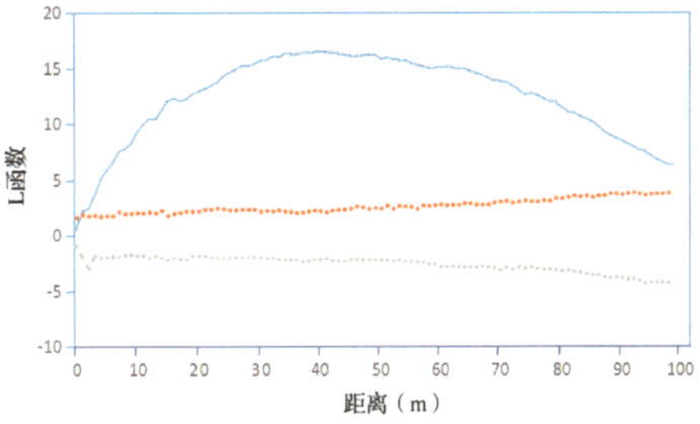

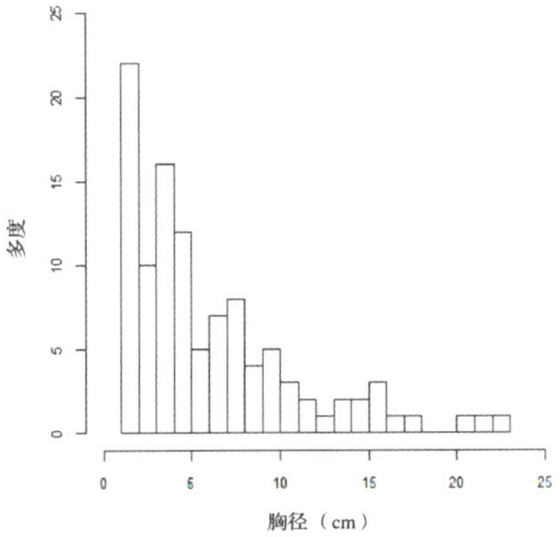

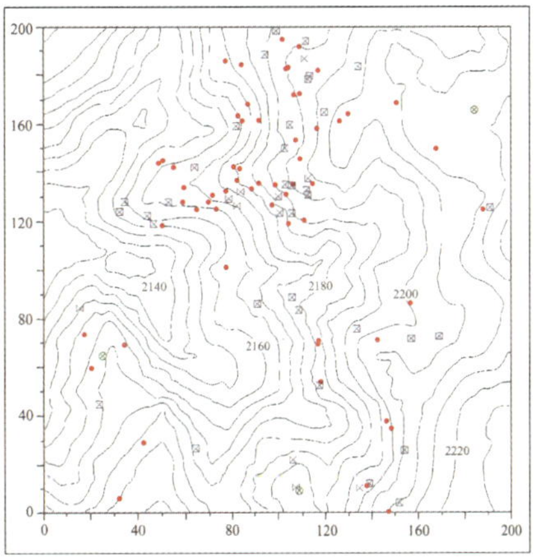

㊸落瓣油茶(茶果树) *Camellia kissii* Wall.

山茶科 Theaceae 山茶属 *Camellia*

个体数(含/不含分枝数)= 162 / 244

最大胸径(cm)= 18.8

重要值= 0.94

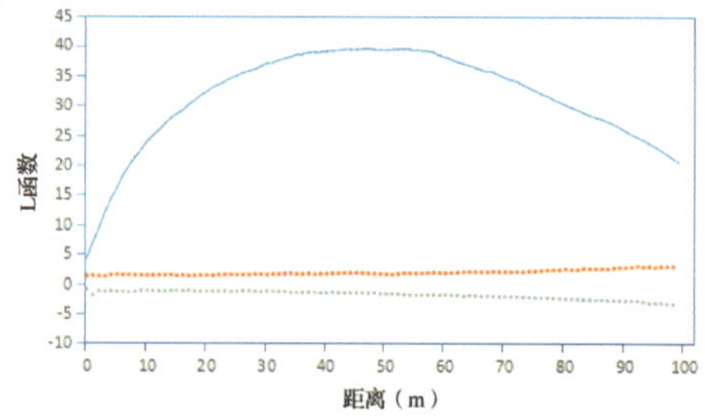

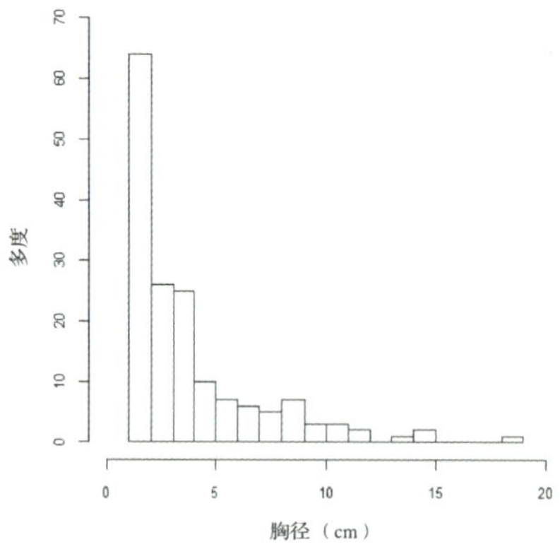

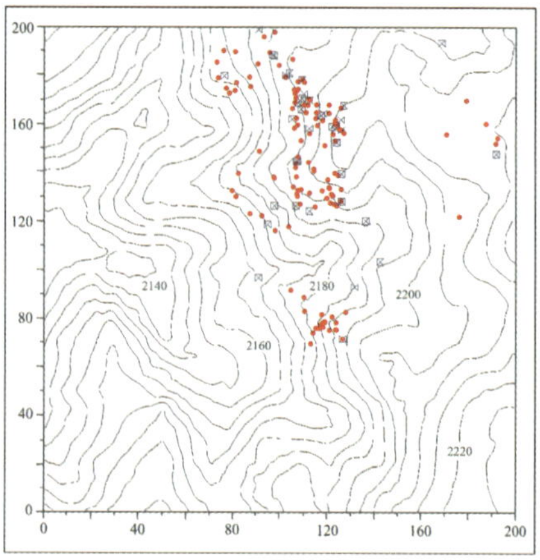

44 薄叶冬青 *Ilex fragilis* Hook. f.

冬青科 Aquifoliaceae 冬青属 *Ilex*

个体数(含/不含分枝数)= 98 / 107

最大胸径(cm)= 24.2

重要值= 0.89

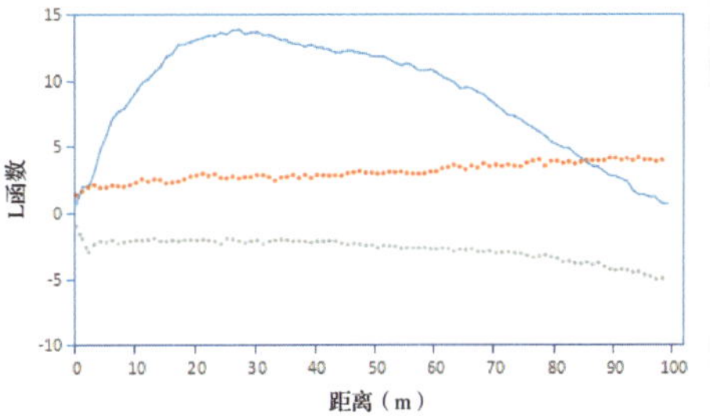

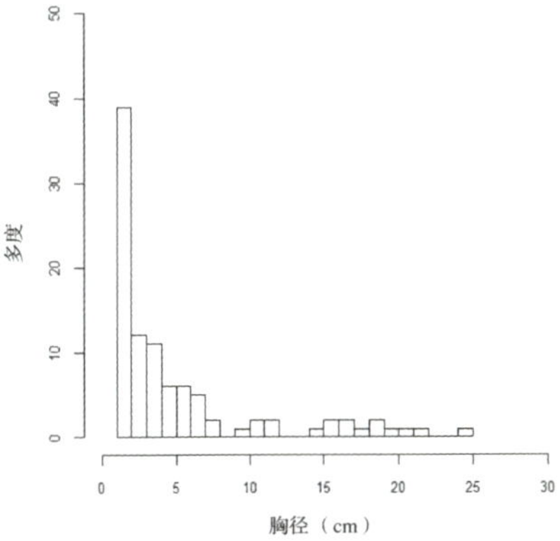

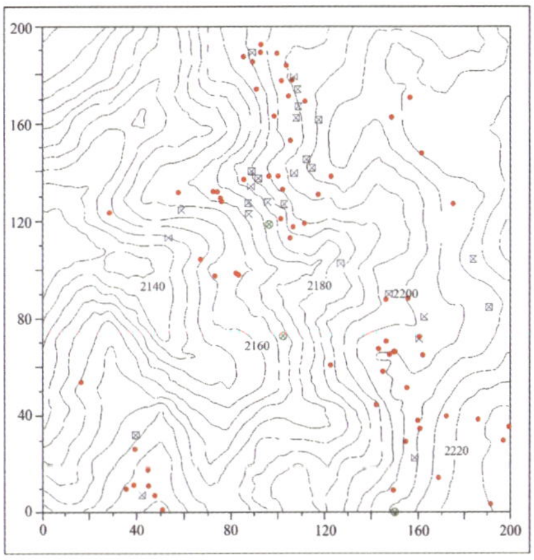

㊺楠叶枫(白叶楸、景东槭) *Acer pinnatinervium* Merrill

槭树科 Aceraceae 槭属 *Acer*

个体数(含/不含分枝数)= 17 / 20

最大胸径(cm)= 100.3

重要值= 0.65

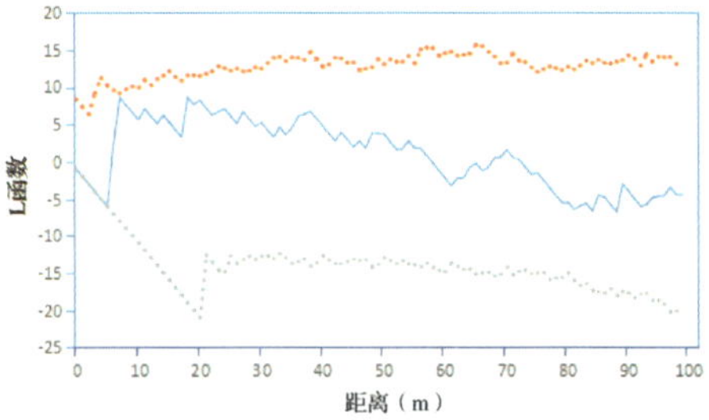

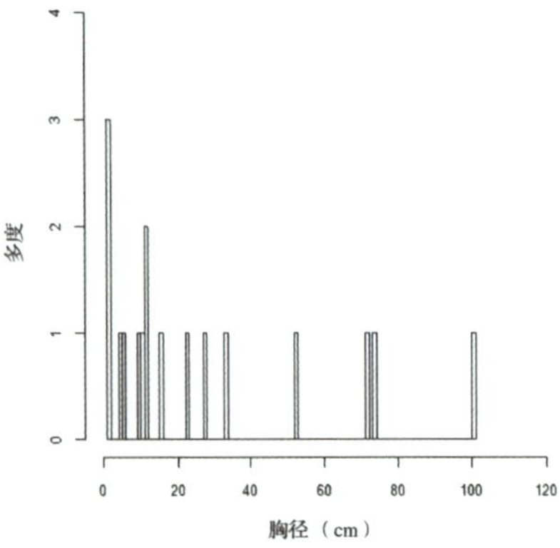

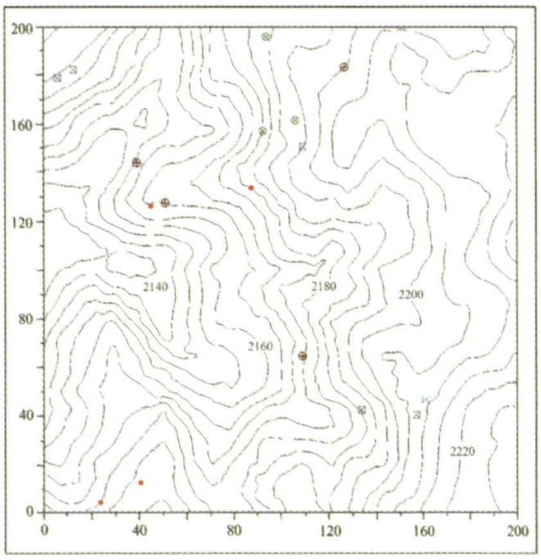

㊻铜绿山矾 *Symplocos stellaris* var. *aenea*（Handel-Mazzetti）Nooteboom

山矾科 Symplocaceae 山矾属 *Symplocos*

个体数(含/不含分枝数)= 106 / 148

最大胸径(cm)= 16.1

重要值= 0.60

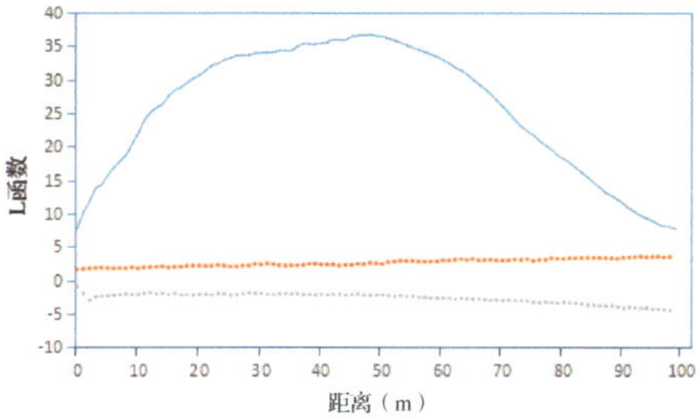

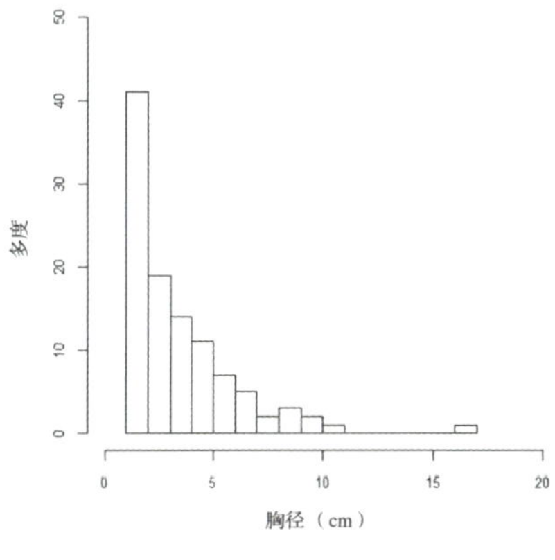

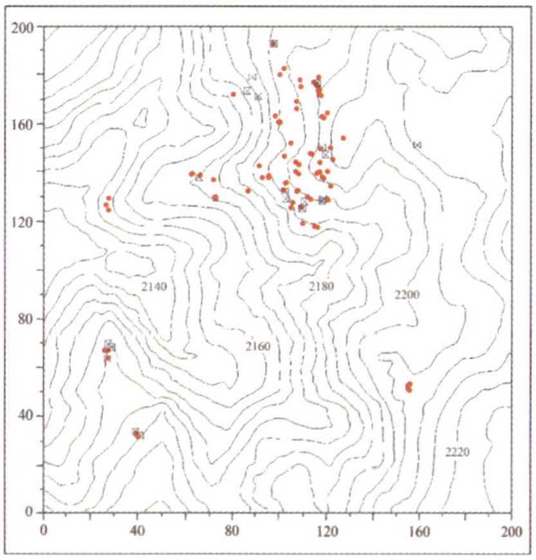

㊼无腺吴萸（棱子吴萸）*Tetradium fraxinifolium*（Hooker）T. G. Hartley

芸香科 Rutaceae 吴茱萸属 *Euodia*

个体数（含/不含分枝数）= 42 / 43

最大胸径（cm）= 25.0

重要值 = 0.57

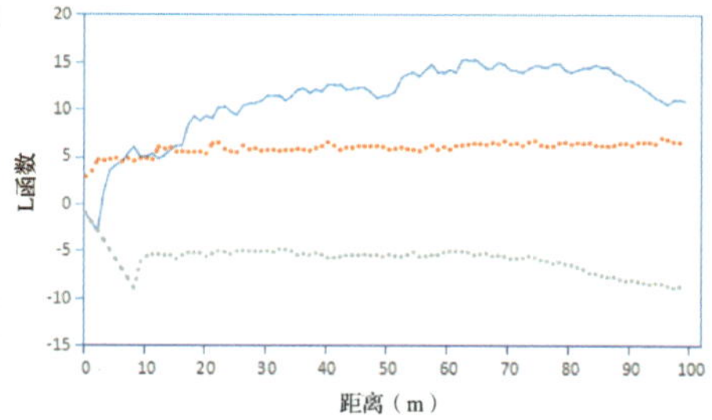

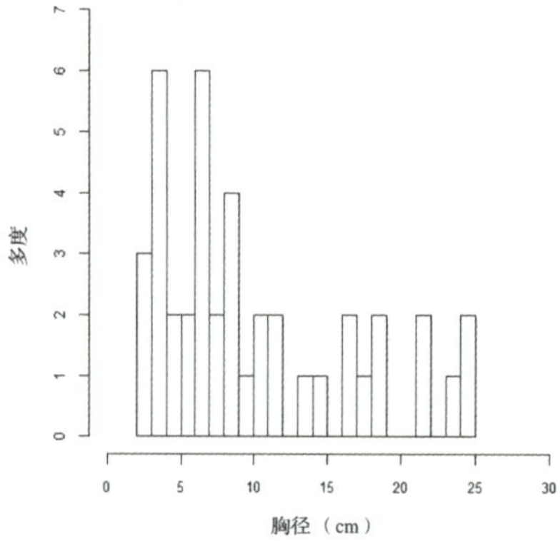

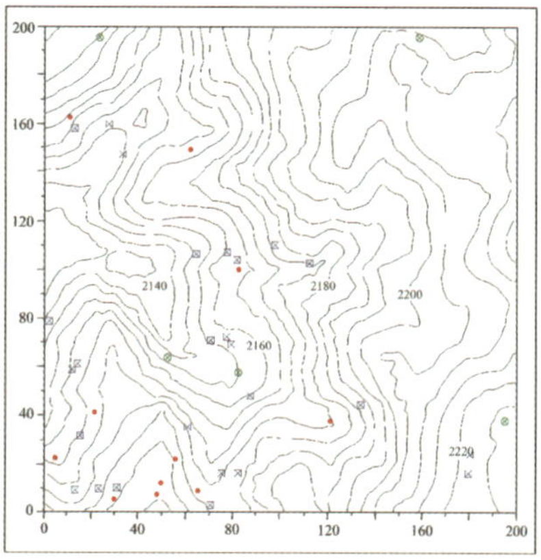

㊽大八角(野八角) *Illicium majus* Hook. f. et Thoms.

八角科 Illiciaceae 八角属 *Illicium*

个体数(含/不含分枝数)= 81 / 90

最大胸径(cm)= 31.2

重要值= 0.53

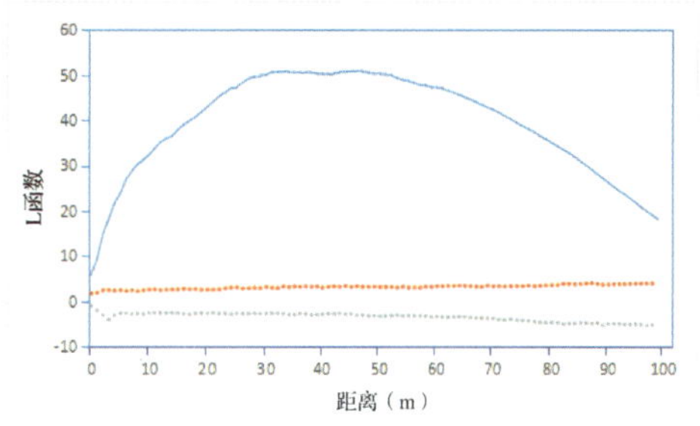

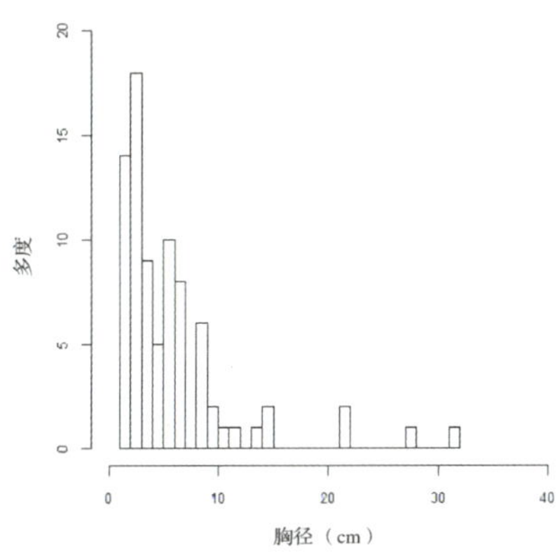

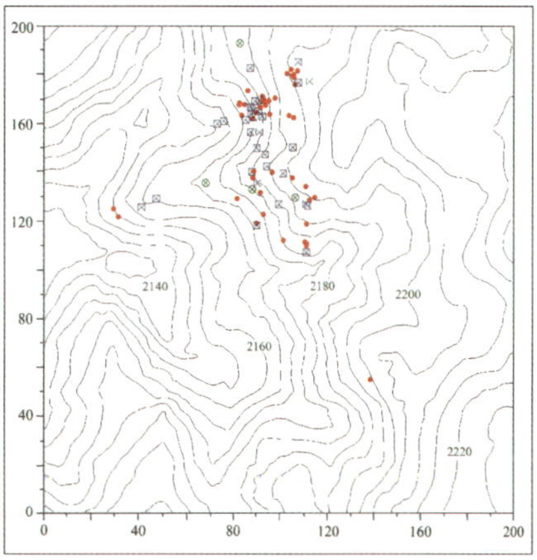

㊾柳叶金叶子(马虱子树) *Craibiodendron henryi* W. W. Smith

杜鹃花科 Ericaceae 金叶子属 *Craibiodendron*

个体数(含/不含分枝数)= 25 / 29

最大胸径(cm)= 60.4

重要值= 0.45

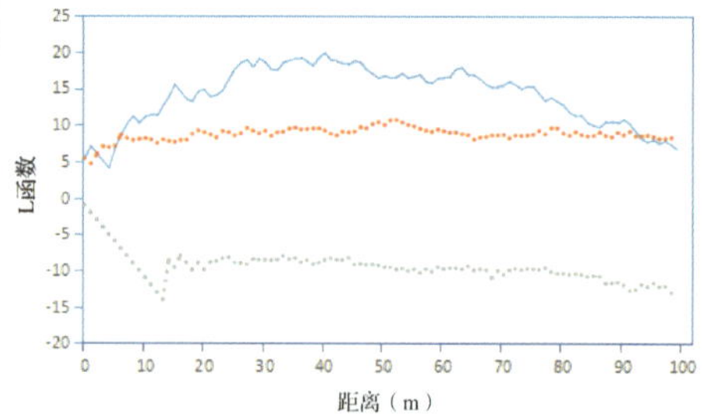

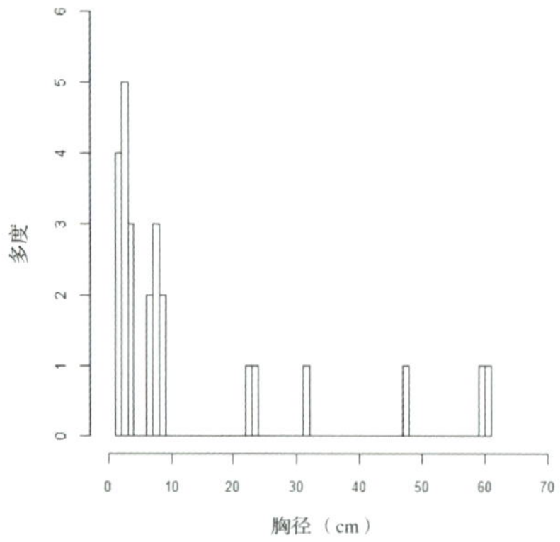

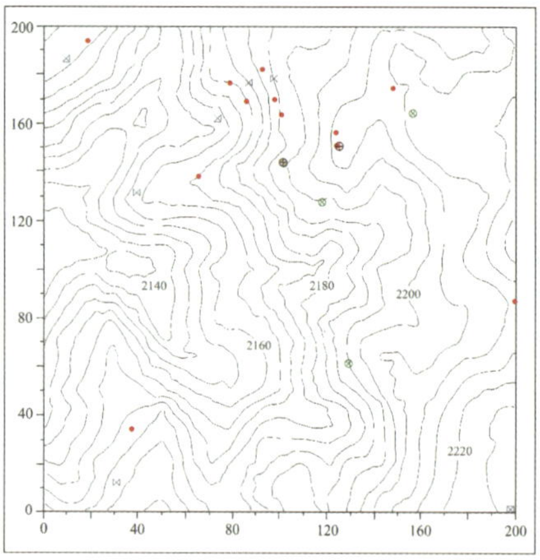

㊿大花红淡比（大花杨桐）*Cleyera japonica* var. *wallichiana*（Candolle）Sealy

山茶科 Theaceae 杨桐属 *Adinandra*

个体数（含/不含分枝数）= 25 / 58

最大胸径（cm）= 55.4

重要值 = 0.43

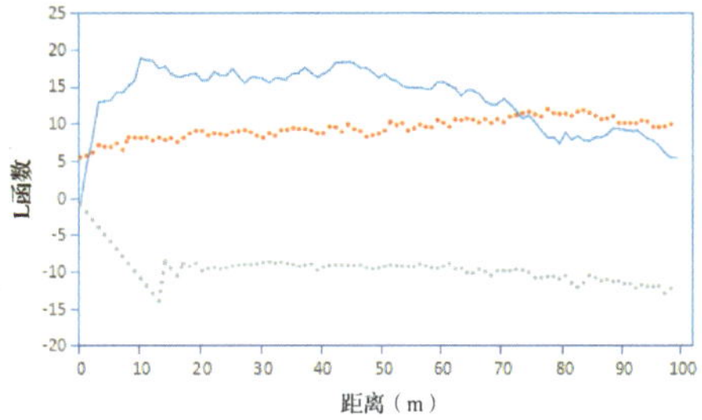

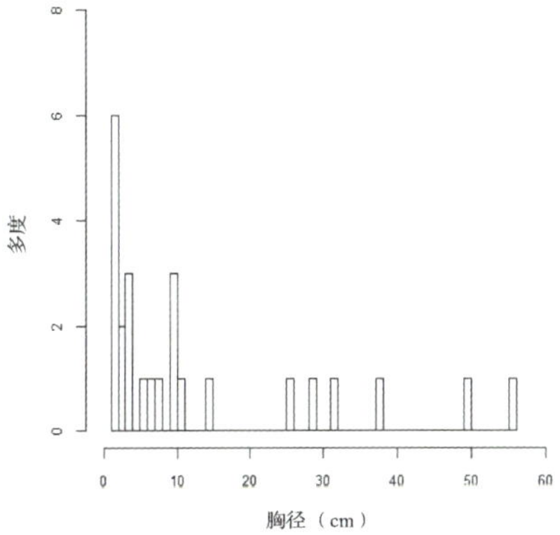

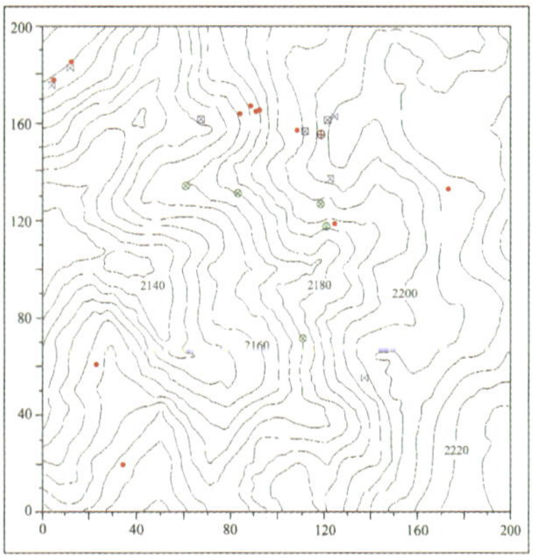

⑤1大籽山香圆 *Turpinia macrosperma* C. C. Huang.

省沽油科 Staphyleaceae 山香圆属 *Turpinia*

个体数(含/不含分枝数)= 33 / 38

最大胸径(cm)= 29.5

重要值= 0.39

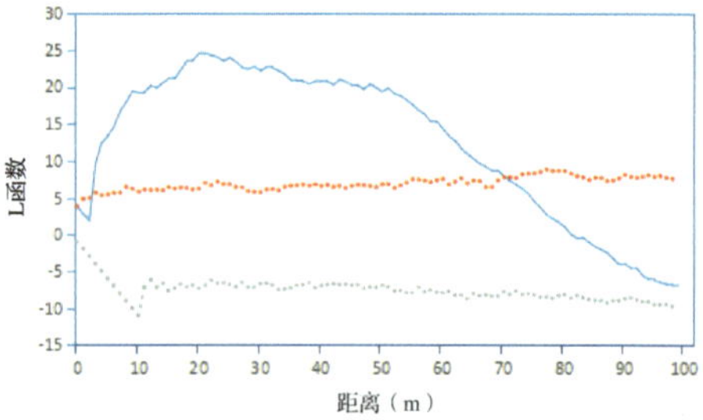

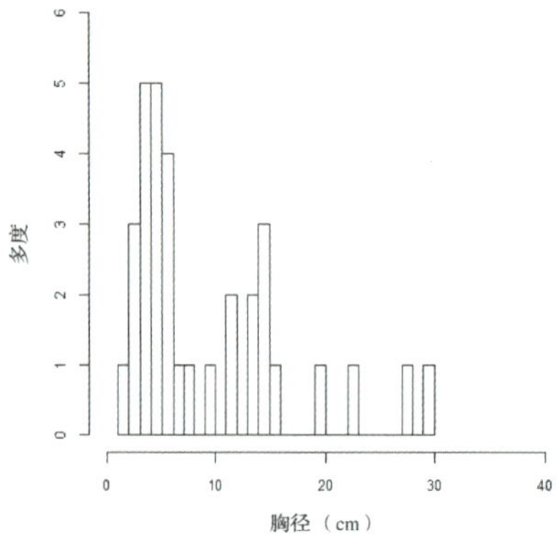

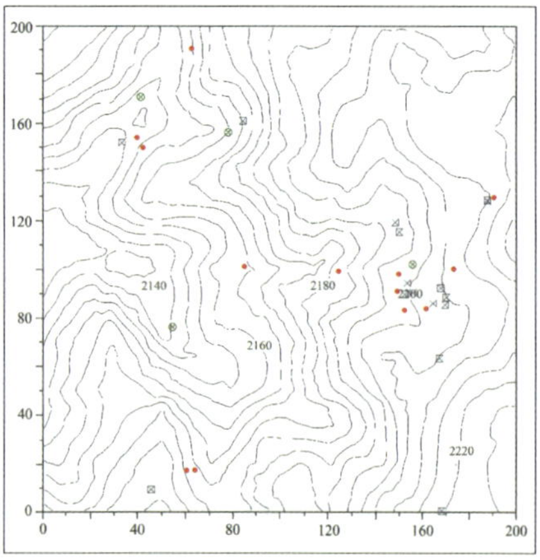

52 常春木（单叶常春木）*Merrilliopanax listeri*（King）Li

五加科 Araliaceae 常春木属 *Merrilliopanax*

个体数（含/不含分枝数）= 60 / 90

最大胸径（cm）= 6.5

重要值 = 0.39

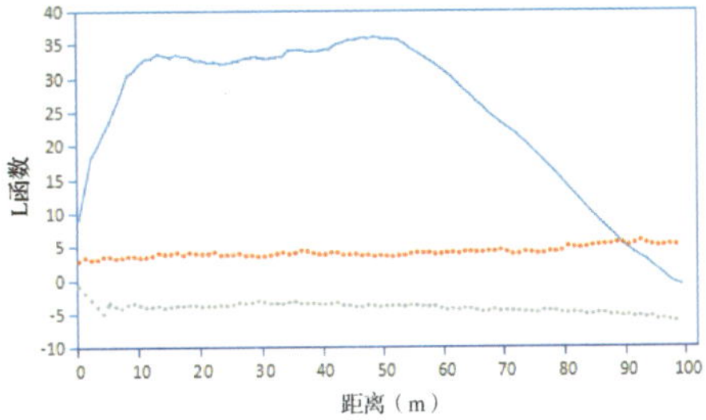

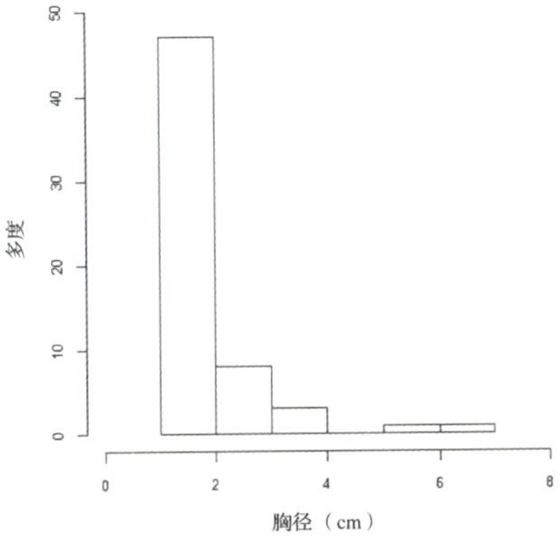

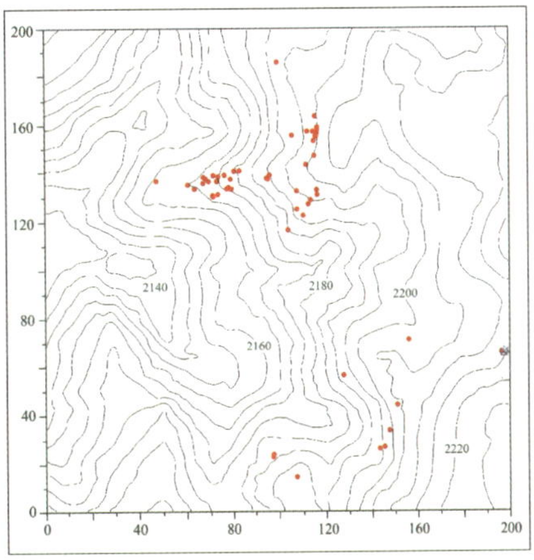

㊸多脉水东哥(鼻涕果) *Saurauia polyneura* C. F. Liang & Y. S. Wang

水东哥科 Saurauiaceae 水东哥属 *Saurauia*

个体数(含/不含分枝数)= 32 / 42

最大胸径(cm)= 30.8

重要值= 0.38

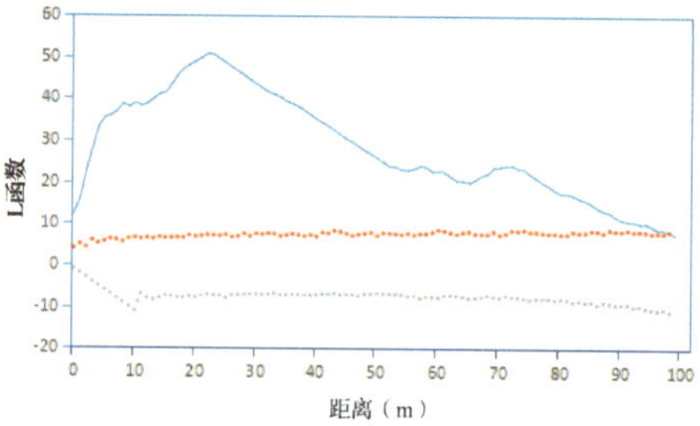

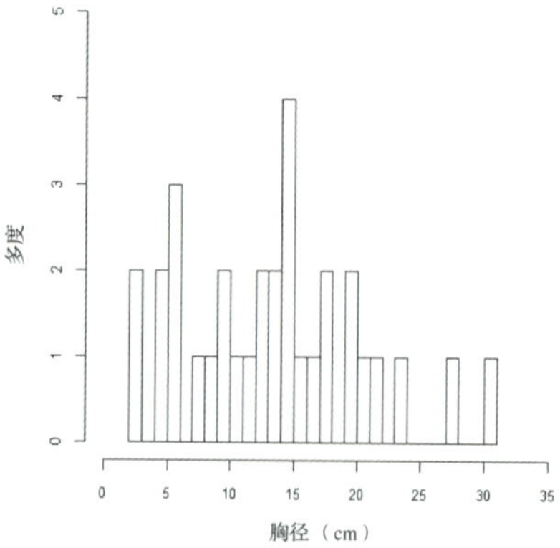

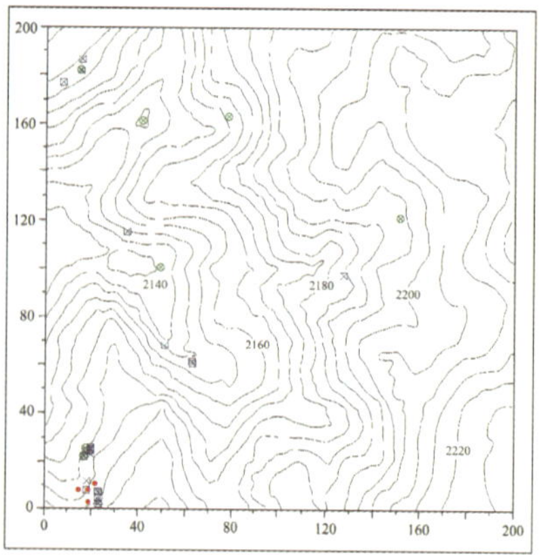

54 娥眉鼠刺 *Itea omeiensis* C. K. Schneider

鼠刺科 Iteaceae 鼠刺属 *Itea*

个体数(含/不含分枝数)= 37 / 64

最大胸径(cm)= 26. 1

重要值= 0. 37

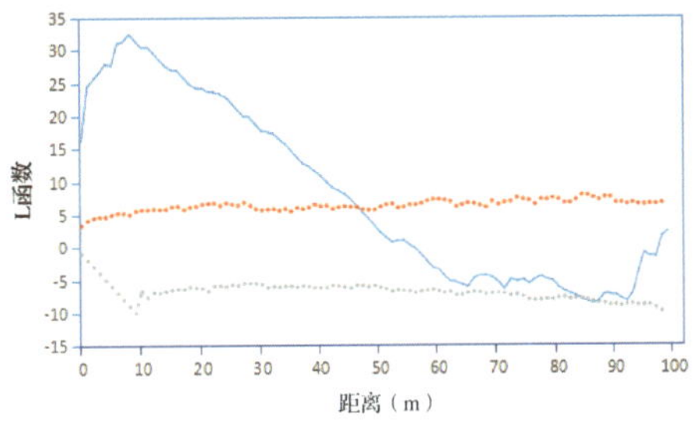

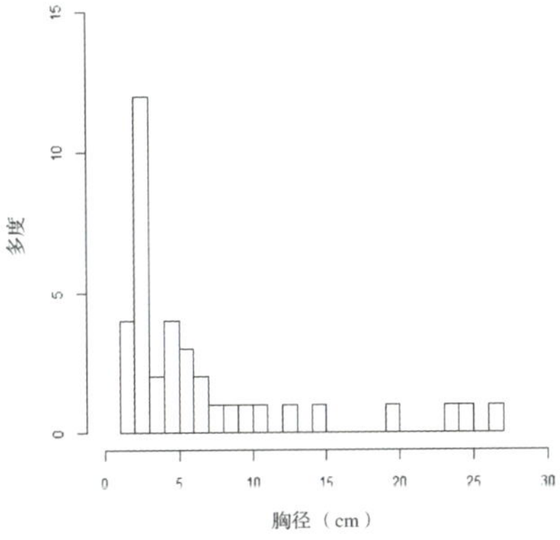

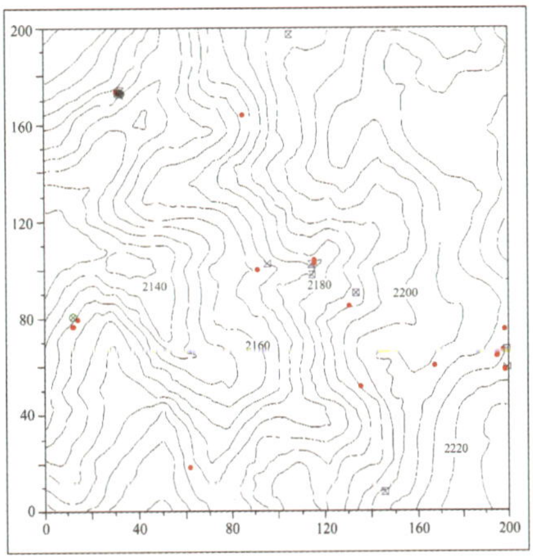

⑤⑤倒卵叶黄肉楠(巴掌叶)*Actinodaphne obovata* Bl.

樟科 Lauraceae 黄肉楠属 *Actinodaphne*

个体数(含/不含分枝数)= 25 / 29

最大胸径(cm)= 27.4

重要值= 0.37

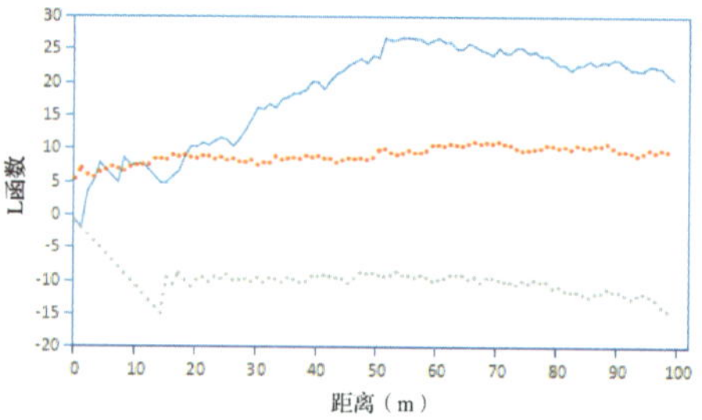

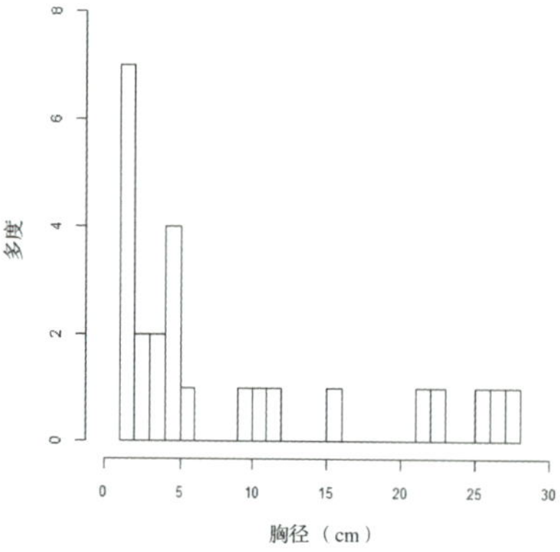

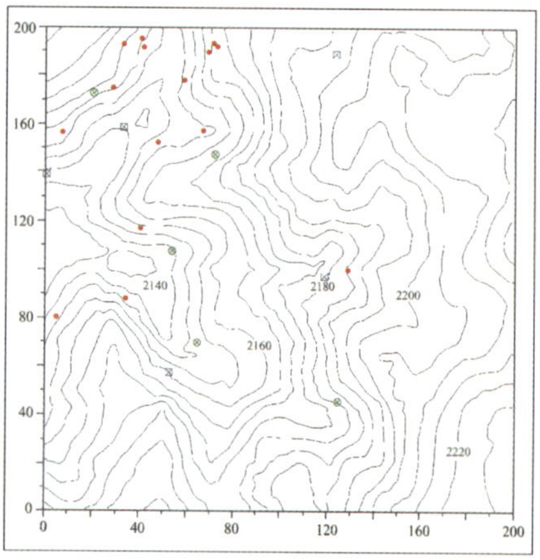

㊻厚皮香 ***Ternstroemia gymnanthera*** **(Wigth et Arn.) Sprague**

山茶科 Theaceae 厚皮香属 *Ternstroemia*

个体数(含/不含分枝数)＝ 24 / 47

最大胸径(cm)＝ 23.5

重要值＝ 0.31

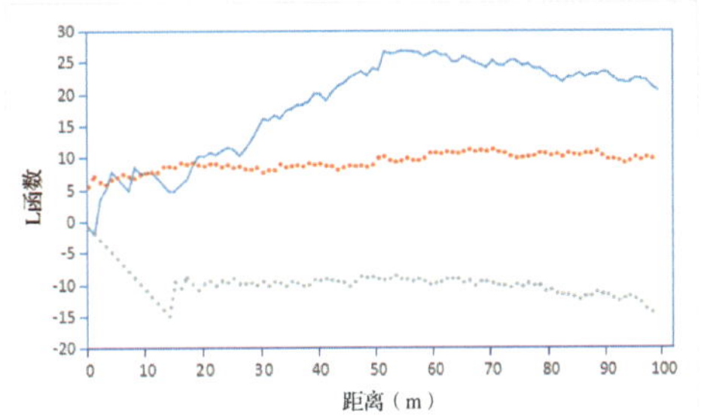

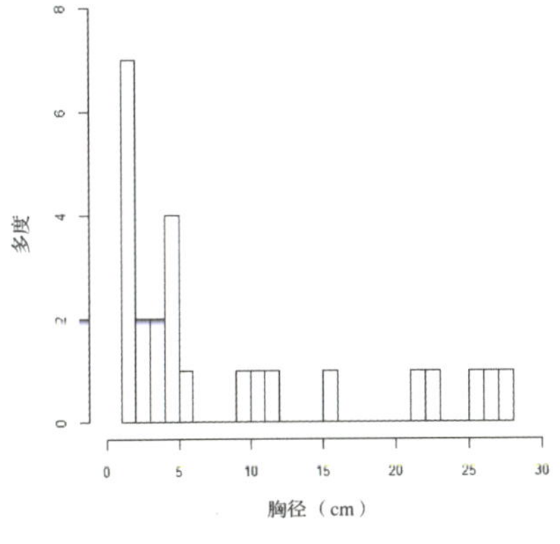

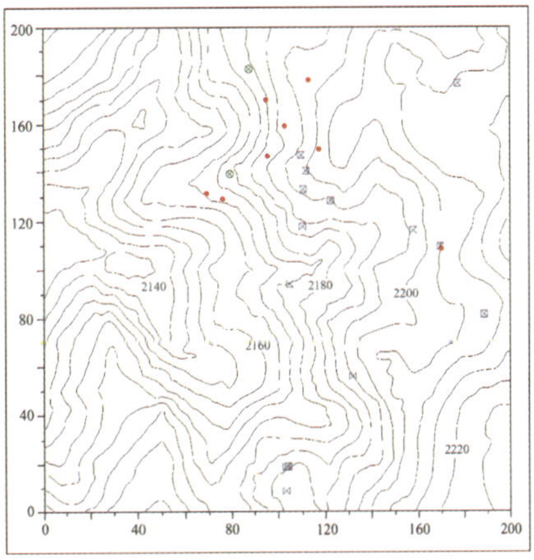

㊼阔叶杨桐 *Adinandra latifolia* Hu ex L. K. Ling

山茶科 Theaceae 杨桐属 *Adinandra*

个体数(含/不含分枝数)= 30 / 31

最大胸径(cm)= 27.7

重要值= 0.30

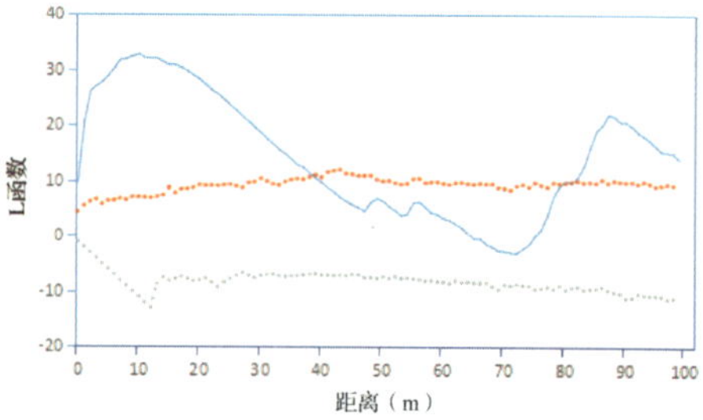

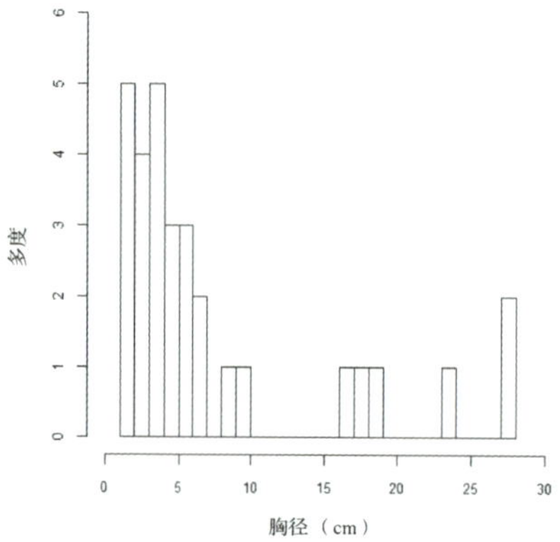

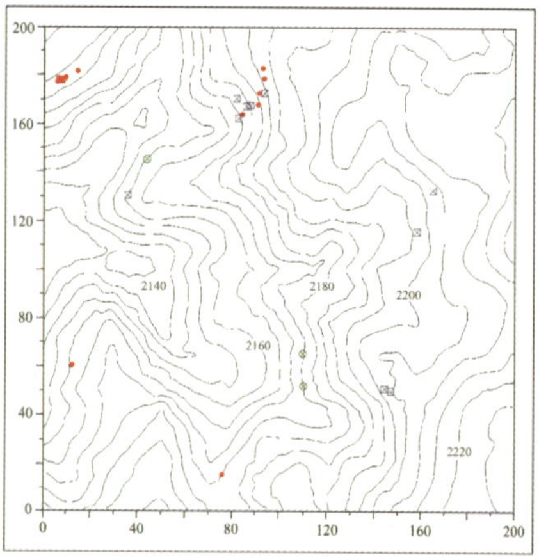

㊳多花含笑 *Michelia floribunda* Finet et Gagnep.

木兰科 Magnoliaceae 含笑属 *Michelia*

个体数(含/不含分枝数)= 21 / 28

最大胸径(cm)= 53.0

重要值= 0.29

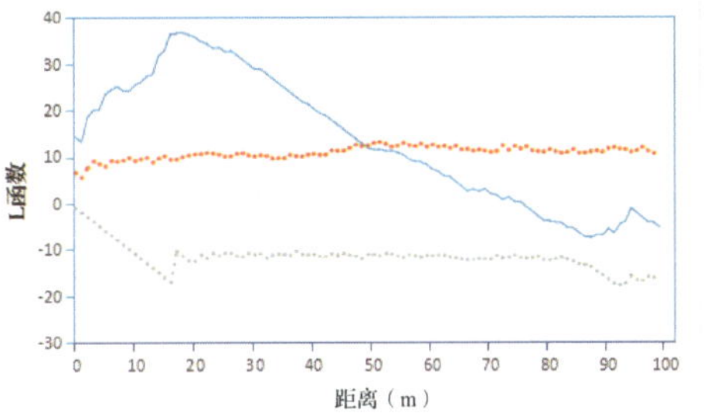

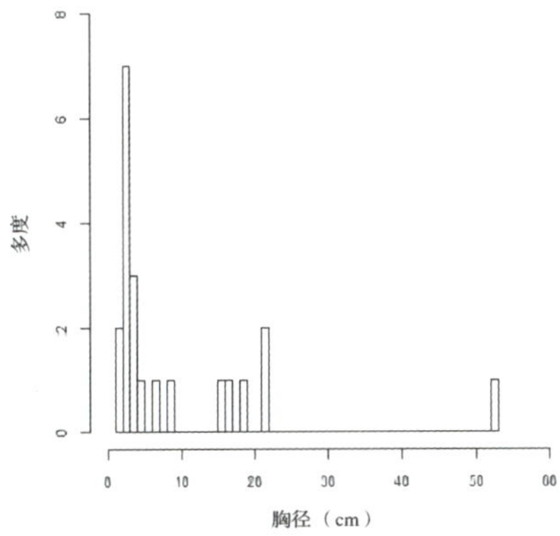

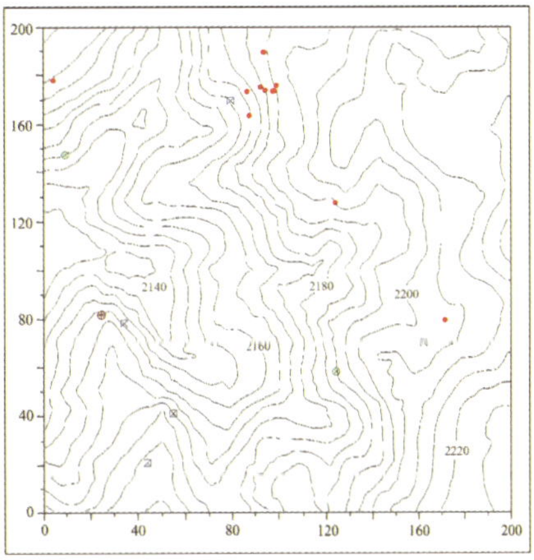

㊾云上杜鹃 *Rhododendron pachypodum* I. B. Balfour & W. W. Smith

杜鹃花科 Ericaceae 杜鹃花属 *Rhododendron*

个体数(含/不含分枝数)= 16 / 28

最大胸径(cm)= 46.0

重要值= 0.19

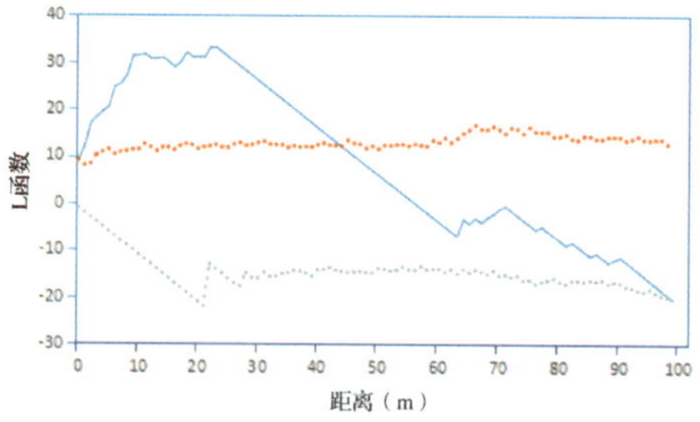

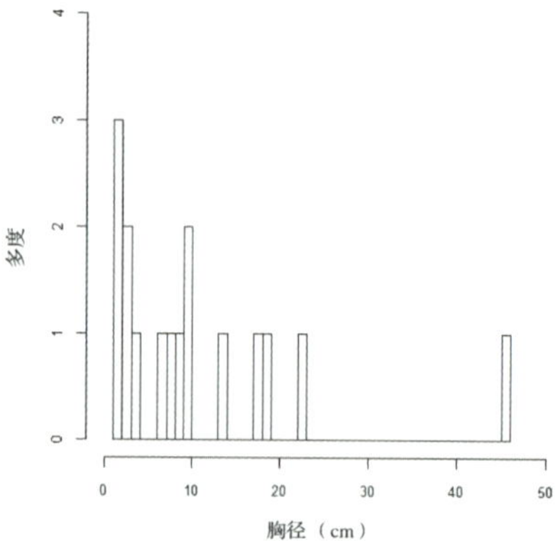

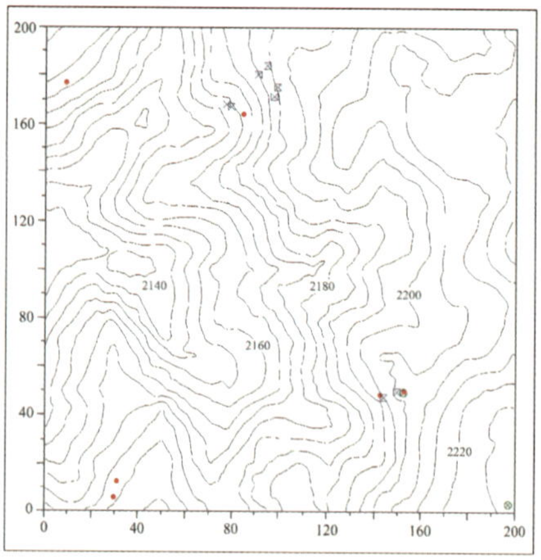

⑥⓪大叶鹅掌柴 *Schefflera macrophylla*（Dunn）Vlguier

五加科 Araliaceae 鹅掌柴属 *Schefflera*

个体数（含/不含分枝数）= 16 / 16

最大胸径（cm）= 16.5

重要值 = 0.19

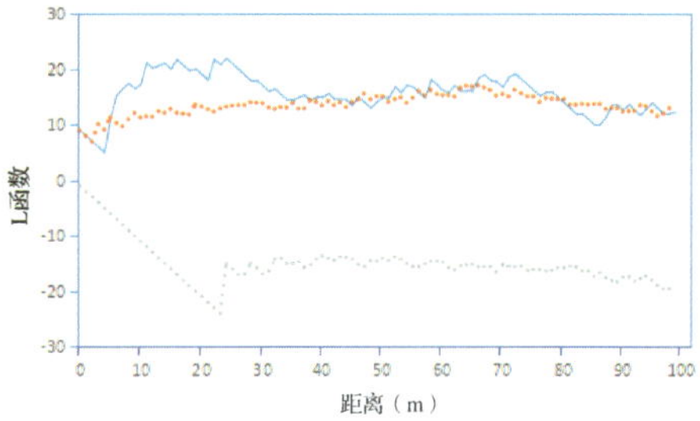

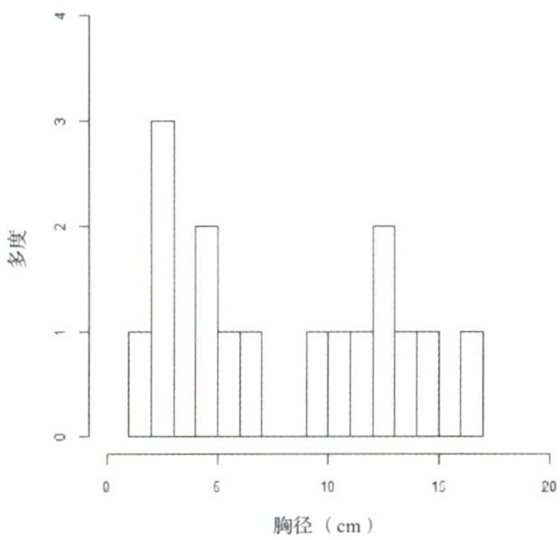

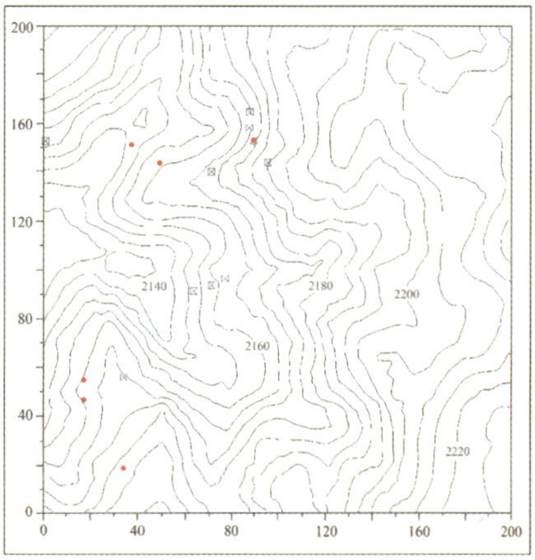

61 长尾冬青 *Ilex longecaudata* Comber

冬青科 Aquifoliaceae 冬青属 *Ilex*

个体数(含/不含分枝数)= 13 / 14

最大胸径(cm)= 16.7

重要值= 0.19

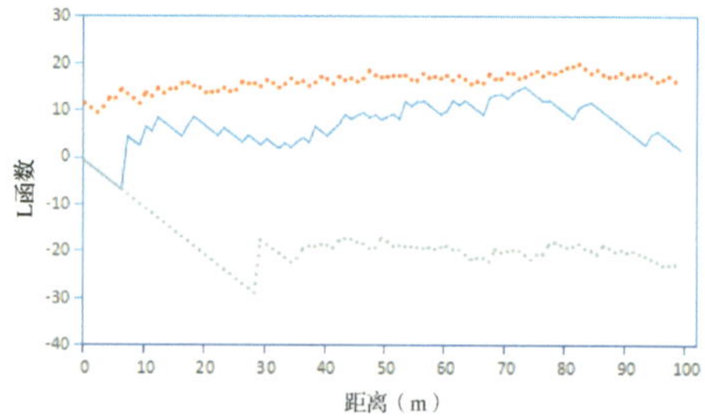

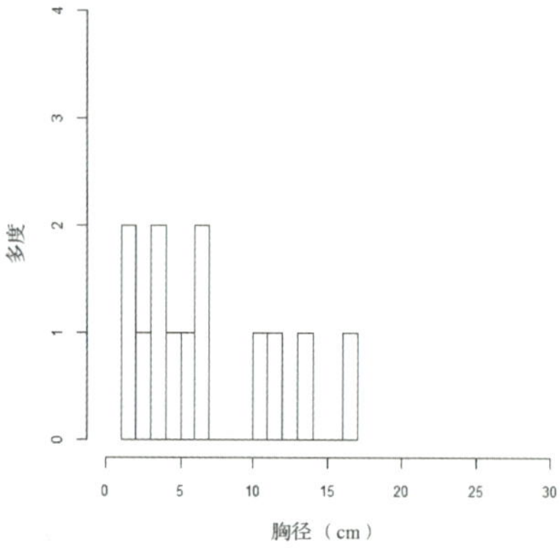

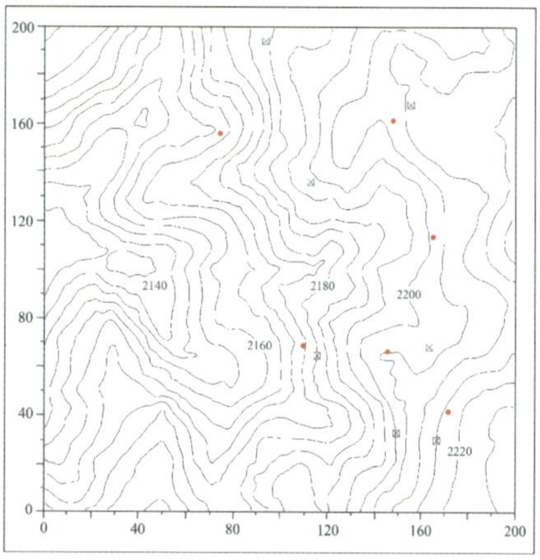

㉖美丽水锦树 *Wendlandia speciosa* Cowan

茜草科 Rubiaceae 水锦树属 *Wendlandia*

个体数(含/不含分枝数)= 19 / 35

最大胸径(cm)= 12.7

重要值= 0.18

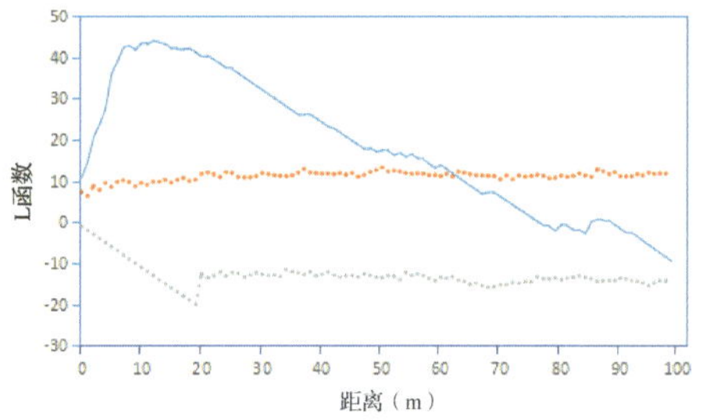

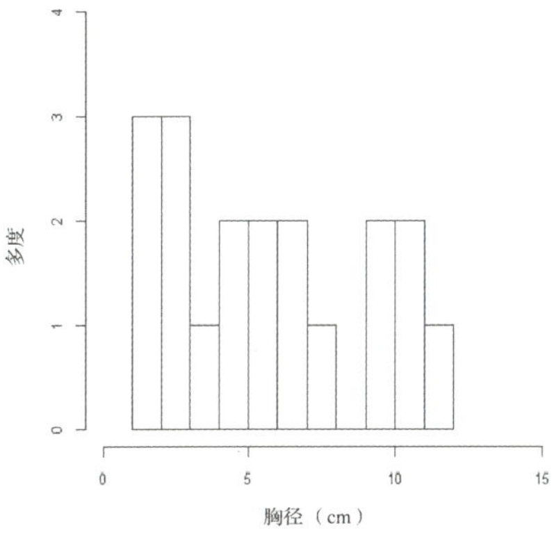

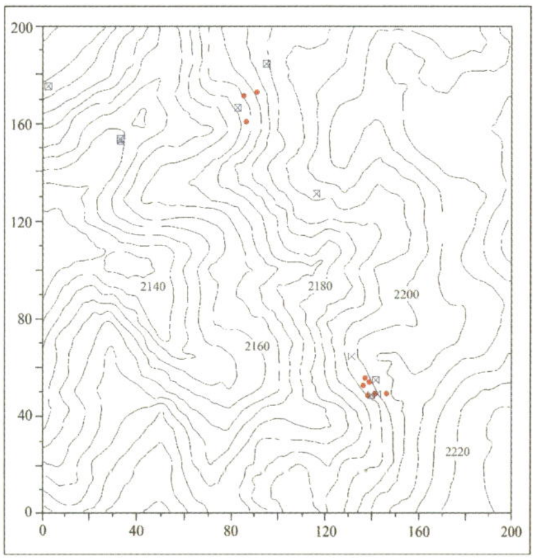

⑥③大叶山矾 *Symplocos grandis* Hand. -Mazz.

山矾科 Symplocaceae 山矾属 *Symplocos*

个体数(含/不含分枝数)= 15 / 18

最大胸径(cm)= 5.7

重要值= 0.17

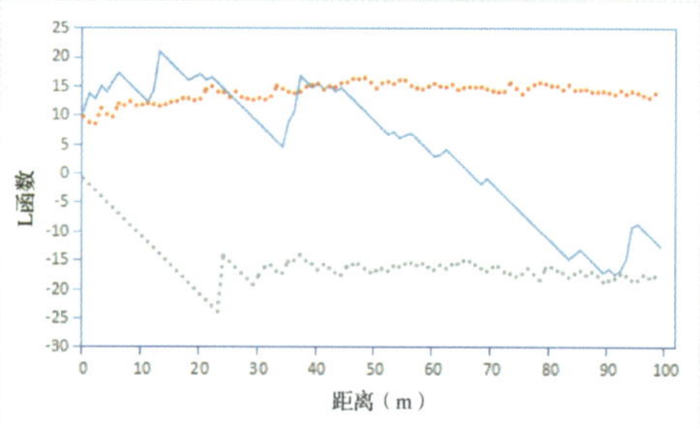

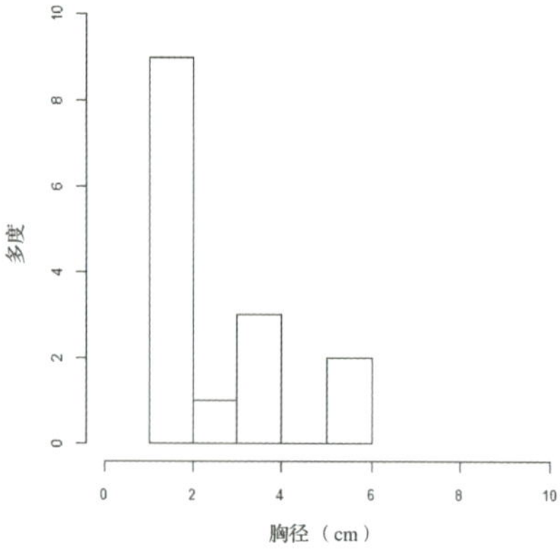

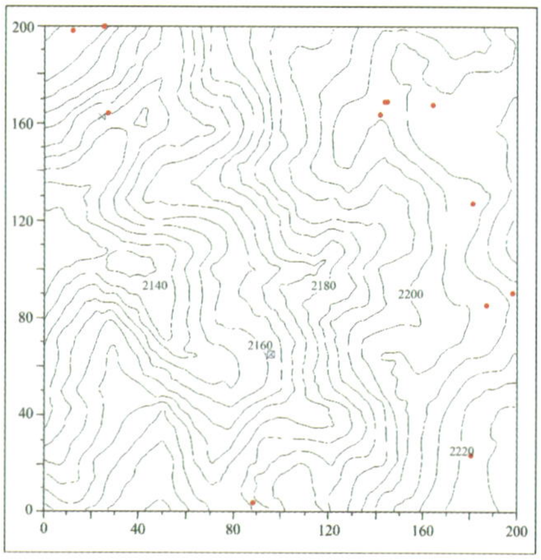

⑥④越南刺榄（具嘴荷包果）*Xantolis boniana*（Dubard）Van Roven

山榄科 Sapotaceae 刺榄属 Xantolis

个体数（含/不含分枝数）= 5 / 11

最大胸径（cm）= 44.0

重要值 = 0.12

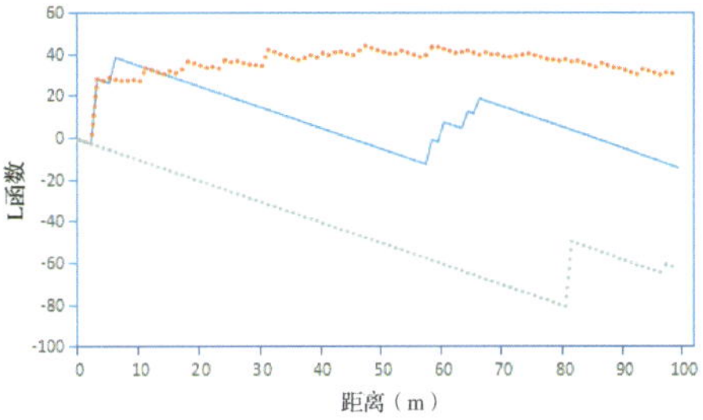

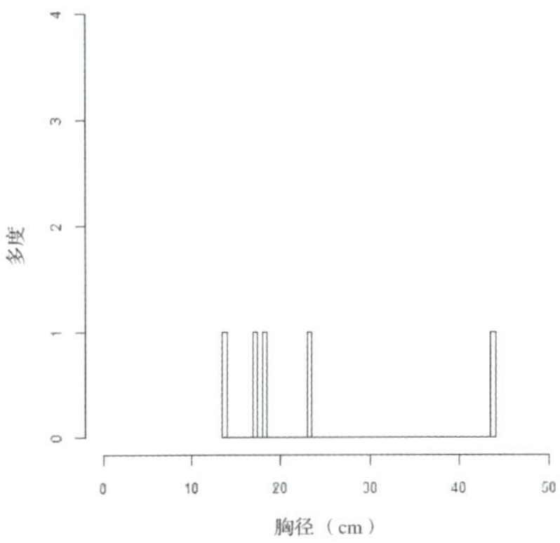

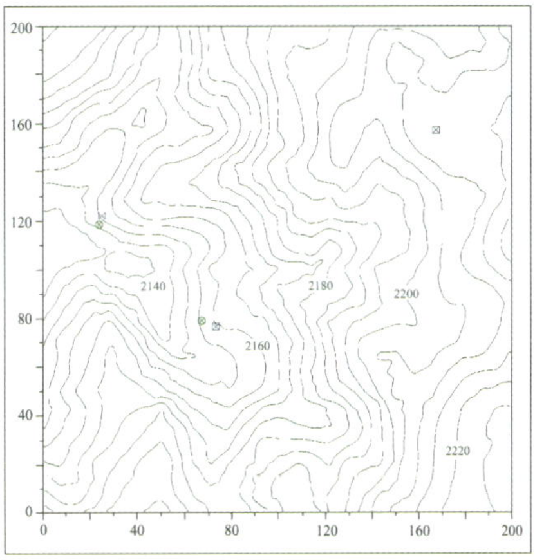

65 瑞丽罗伞(栓瓣柏那参) *Brassaiopsis shweliensis* W. W. Smith

五加科 Araliaceae 罗伞属 *Brassaiopsis*

个体数(含/不含分枝数)= 10 / 12

最大胸径(cm)= 2.0

重要值= 0.10

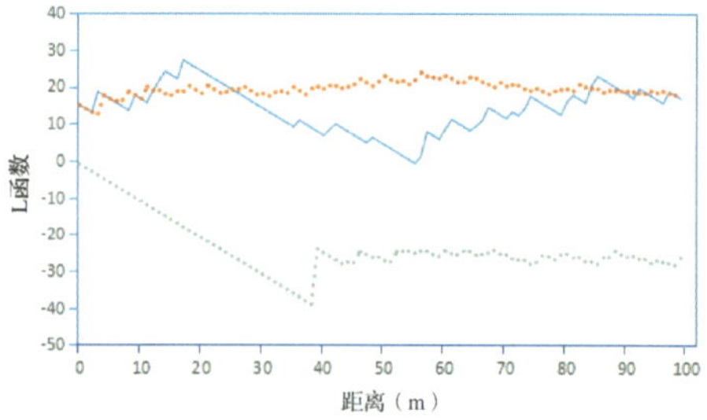

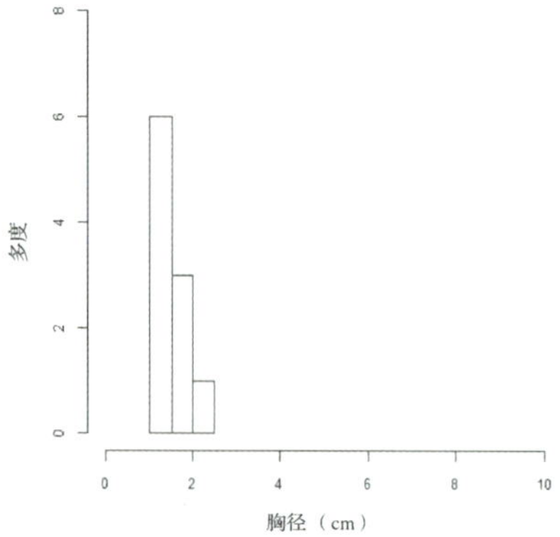

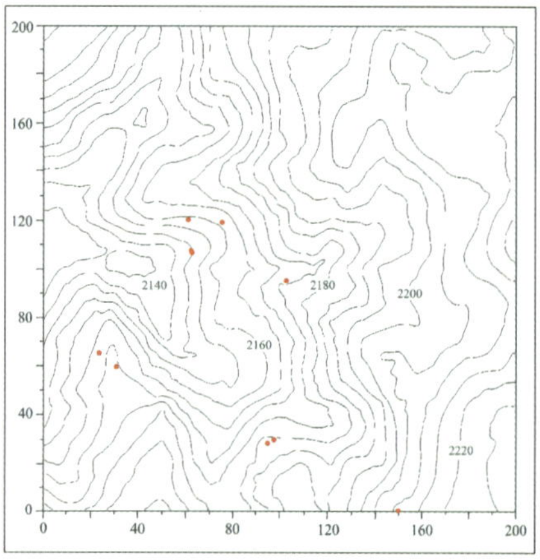

⑯荷包山桂花(九股牛) *Polygala arillata* Buch. -Ham. ex D. Don

远志科 Polygalaceae 远志属 *Polygala*

个体数(含/不含分枝数)= 7 / 8

最大胸径(cm)= 3.5

重要值= 0.09

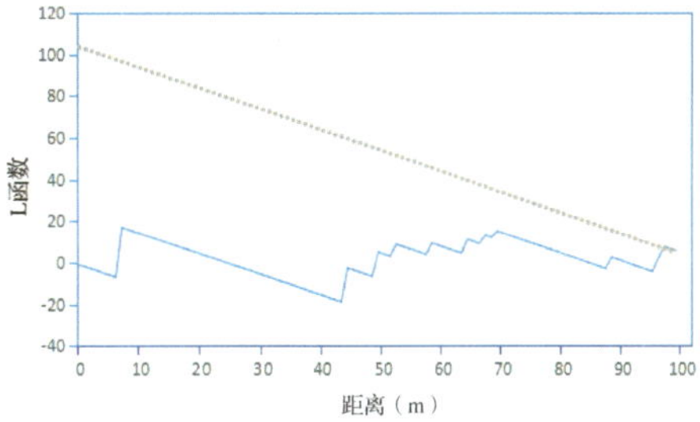

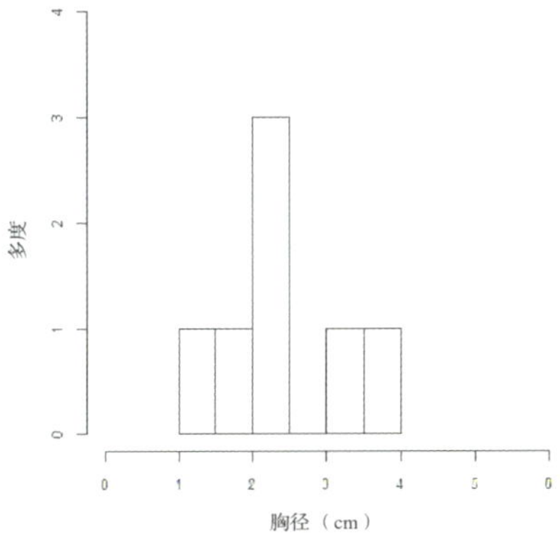

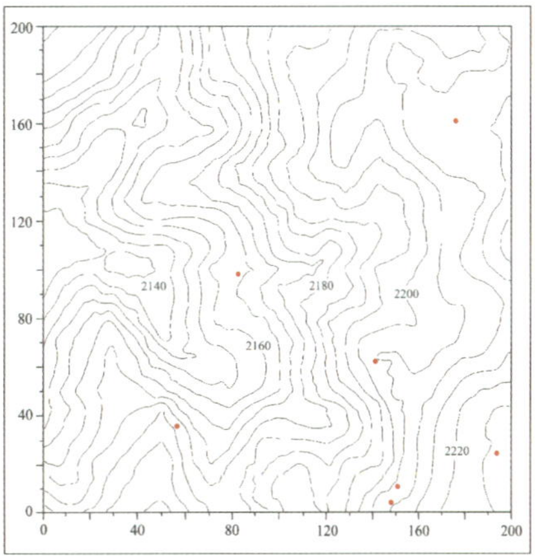

⑥⑦黄樟 *Cinnamomum parthenoxylon*（Jack）Meisner

樟科 Lauraceae 樟属 *Cinnamomum*

个体数(含/不含分枝数)= 6 / 12

最大胸径(cm)= 20.8

重要值= 0.09

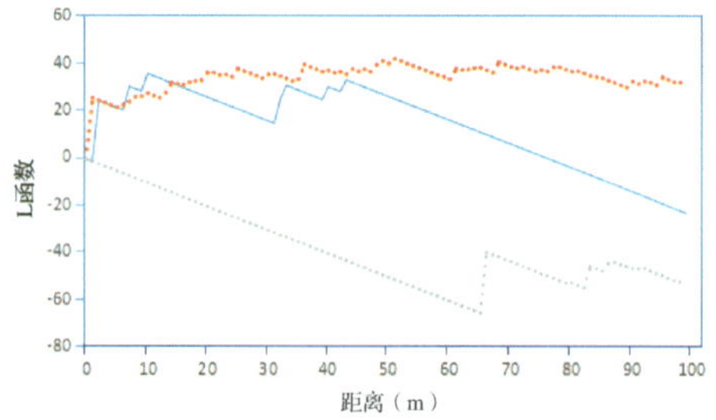

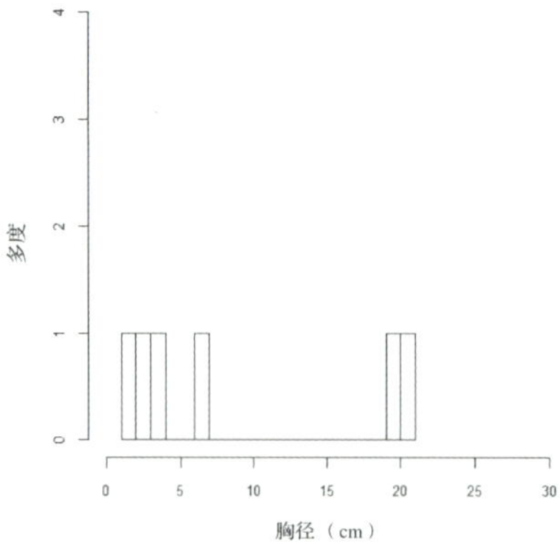

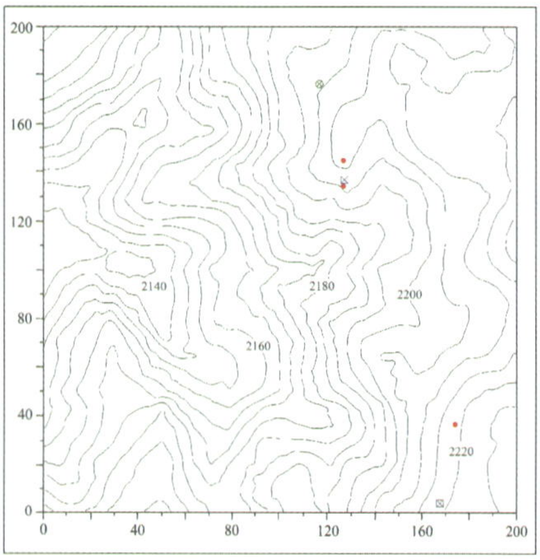

⑥⑧须弥桃叶珊瑚 *Aucuba himalaica* Hoo k. f. et Thoms.

山茱萸科 Cornaceae 桃叶珊瑚属 *Adinandra*

个体数(含/不含分枝数)= 6 / 7

最大胸径(cm)= 2.4

重要值= 0.09

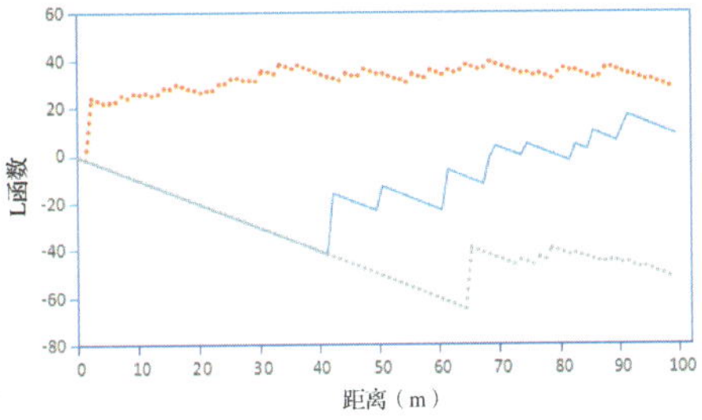

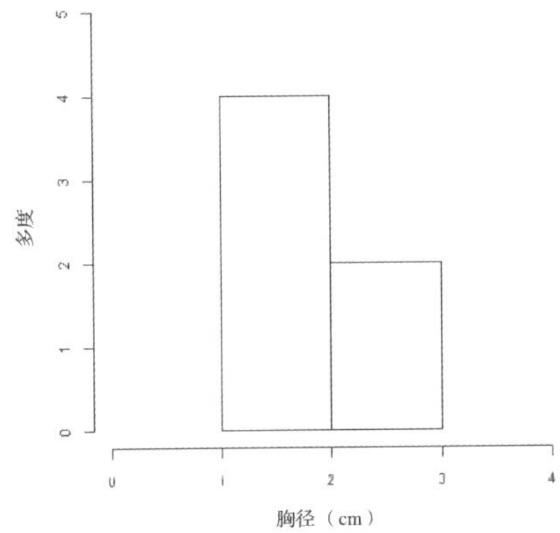

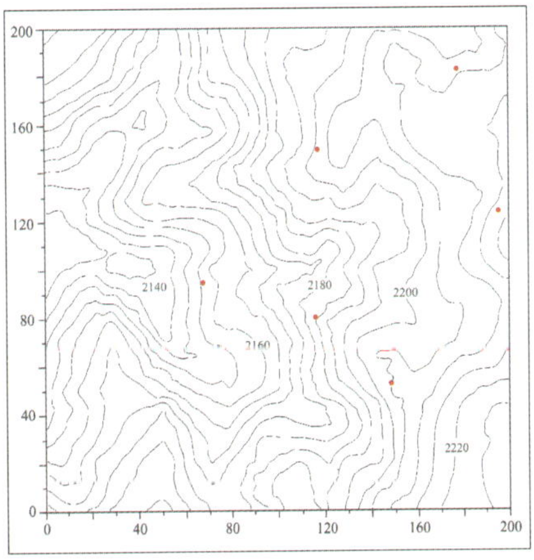

⑥⑨黄丹木姜子 *Litsea elongata*(Wall. ex Nees) Benth.

樟科 Lauraceae 木姜子属 *Litsea*

个体数(含/不含分枝数)= 5 / 9

最大胸径(cm)= 20.8

重要值= 0.09

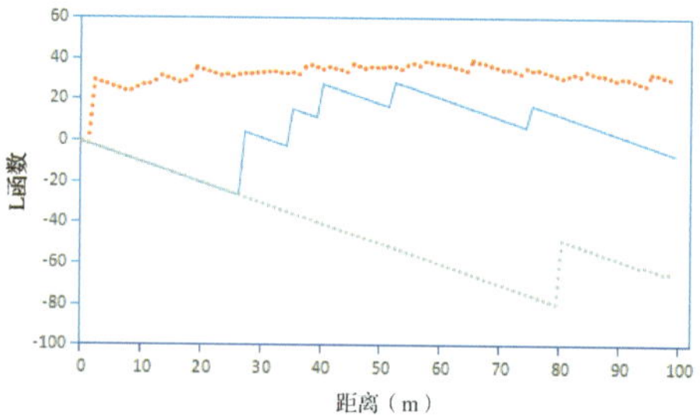

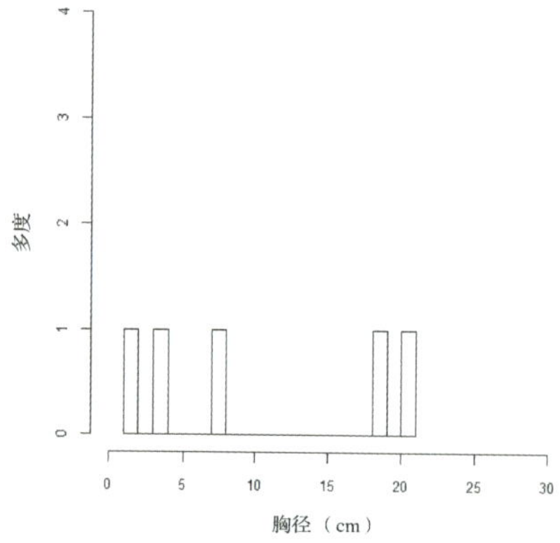

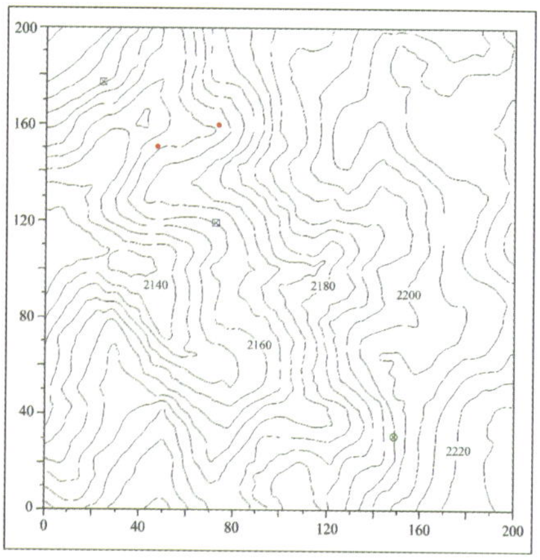

⑩梗花粗叶木 *Lasianthus biermannii* King ex Hook. f.

茜草科 Rubiaceae 粗叶木属 *Lasianthus*

个体数(含/不含分枝数)= 9 / 15

最大胸径(cm)= 3.6

重要值= 0.09

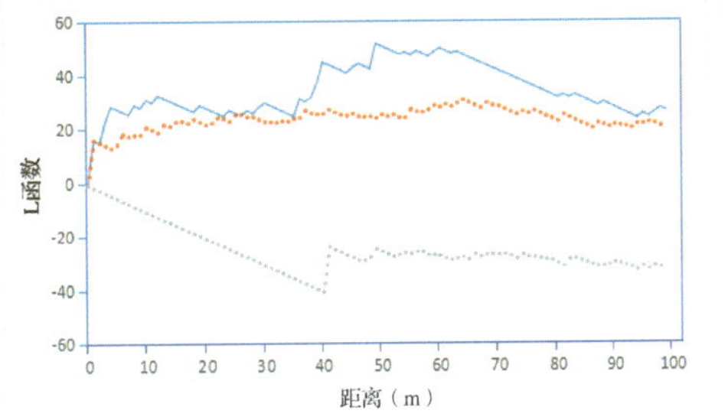

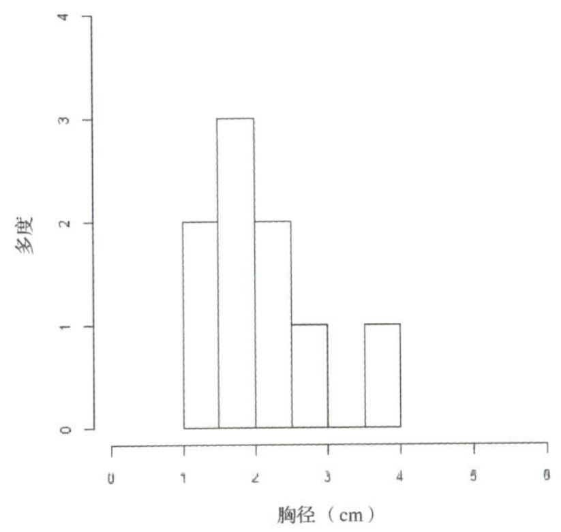

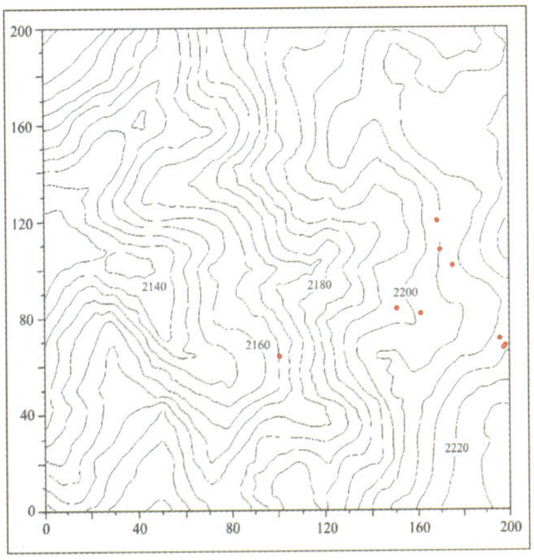

⑺刺通草 *Trevesia palmata* (Roxb.) Vis.

五加科 Araliaceae 刺通草属 *Trevesia*

个体数(含/不含分枝数)= 9 / 9

最大胸径(cm)= 5.5

重要值= 0.09

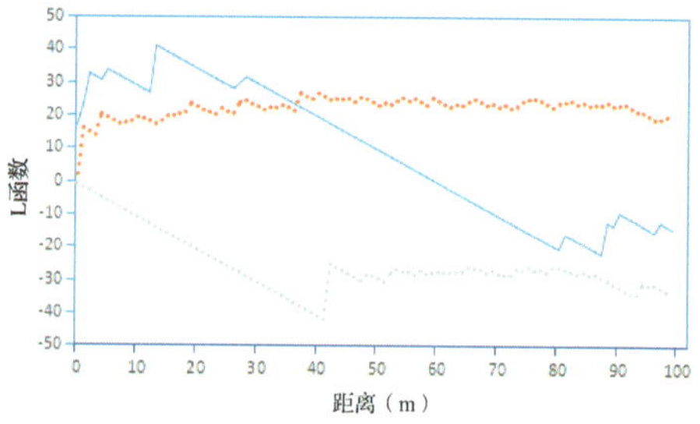

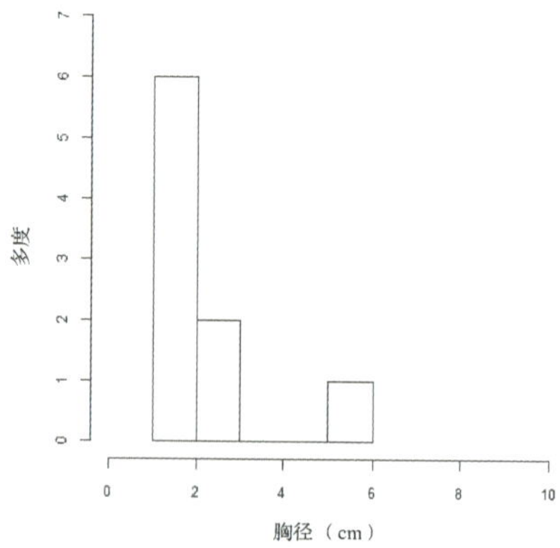

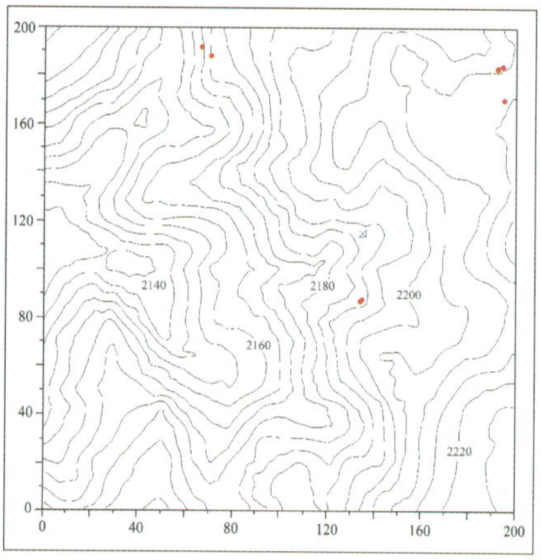

⑫短刺锥(锥栗、短刺栲) *Castanopsis echinocarpa* J. D. Hooker & Thomson ex Miquel

壳斗科 Fagaceae 锥属 *Castanopsis*

个体数(含/不含分枝数)= 2 / 3

最大胸径(cm)= 52.9

重要值= 0.08

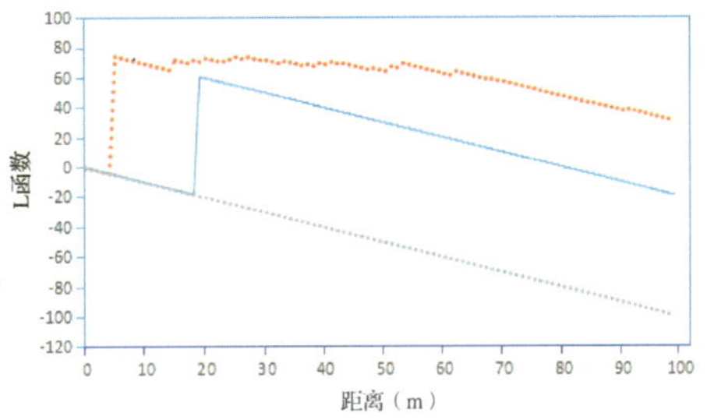

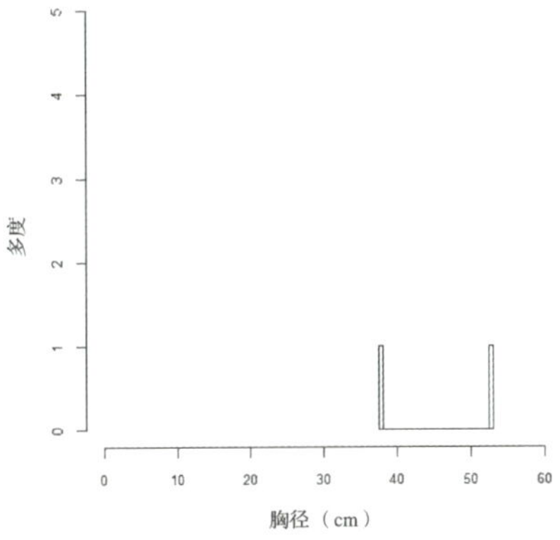

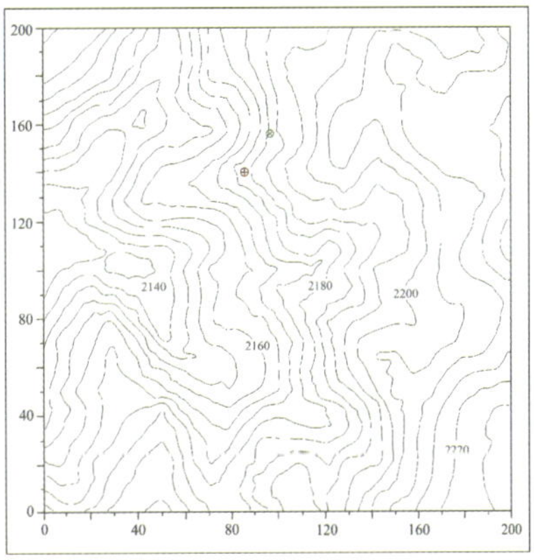

⑦③罗伞(柏那参) ***Brassaiopsis glomerulata*** **(Bl) Regel**

五加科 Araliaceae 罗伞属 *Brassaiopsis*

个体数(含/不含分枝数)= 5 / 5

最大胸径(cm)= 13.9

重要值= 0.08

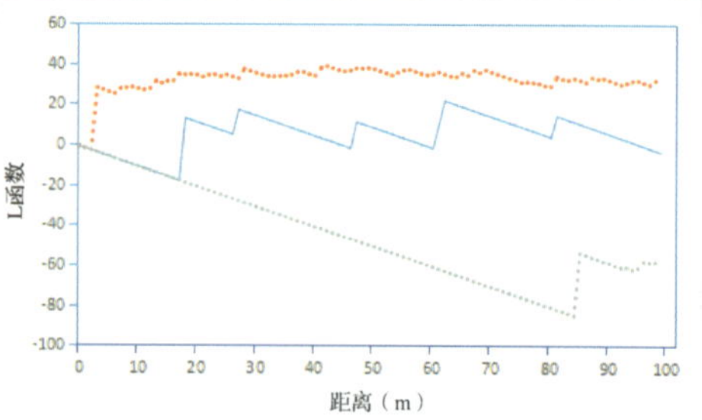

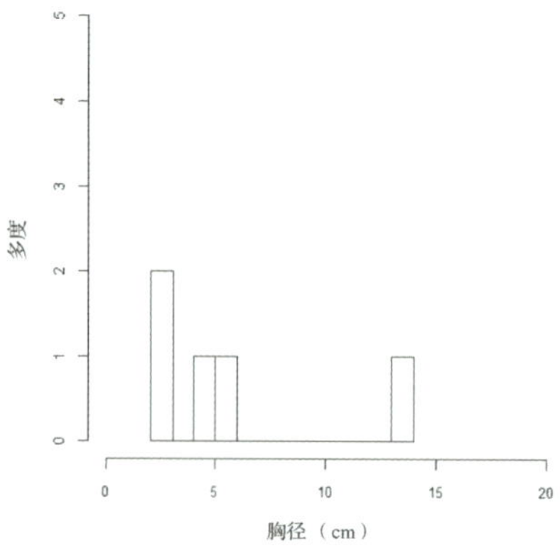

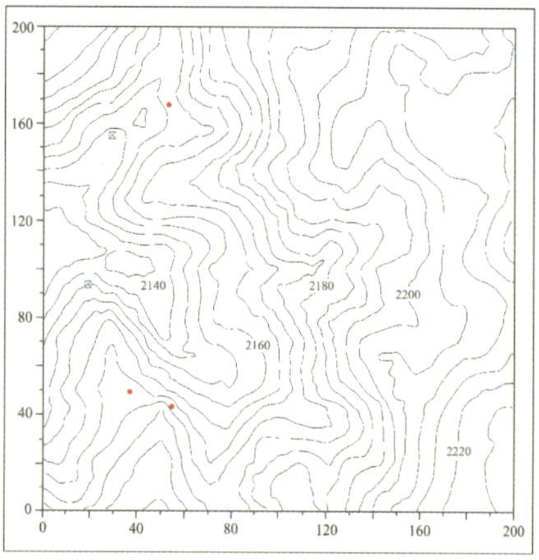

74 纸叶虎皮楠(西藏虎皮楠) *Daphniphyllum chartaceum* Rosenth.

虎皮楠科 Daphniphyllaceae 虎皮楠属 *Daphniphyllum*

个体数(含/不含分枝数)= 5 / 7

最大胸径(cm)= 8.7

重要值= 0.08

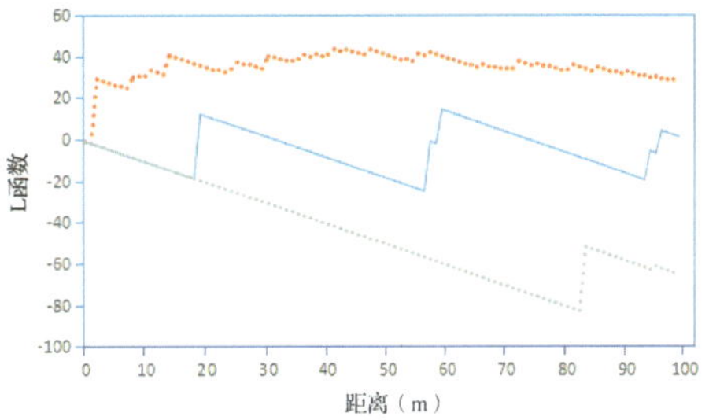

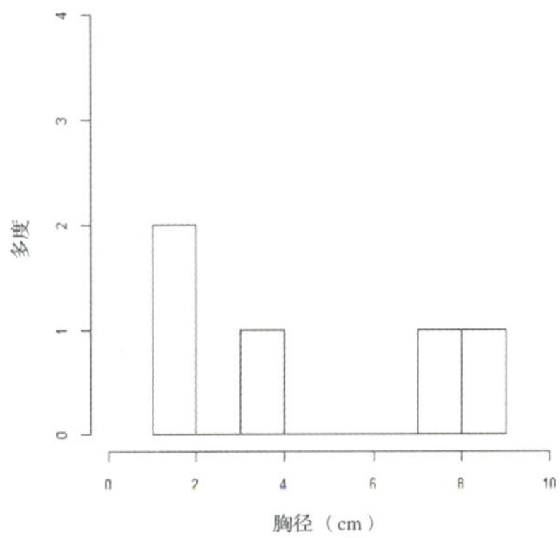

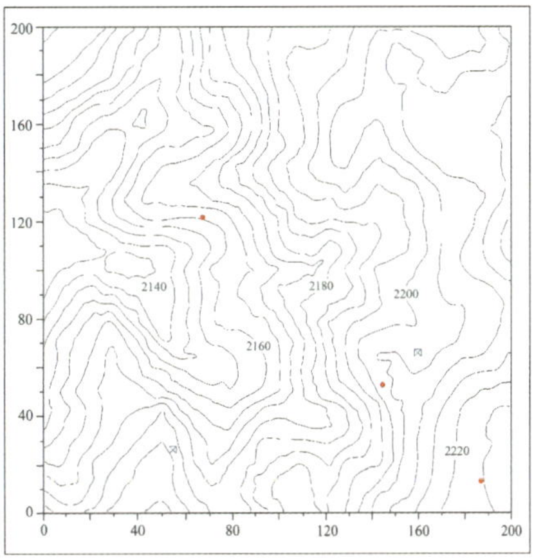

⑦⑤高冬青 *Ilex excelsa* (Wall.) Hook. F.

冬青科 Aquifoliaceae 冬青属 *Ilex*

个体数(含/不含分枝数)= 2 / 2

最大胸径(cm)= 42.9

重要值= 0.08

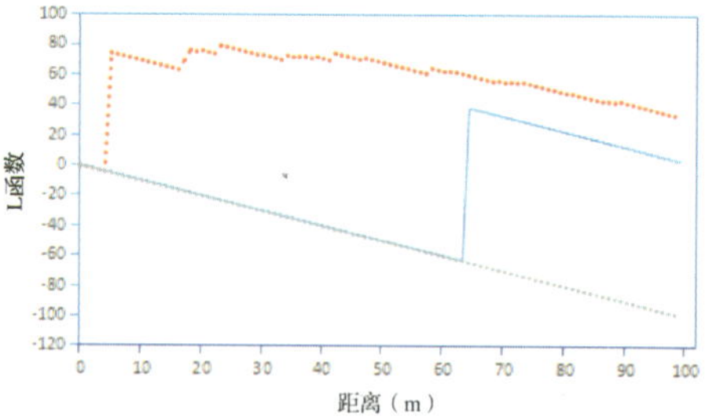

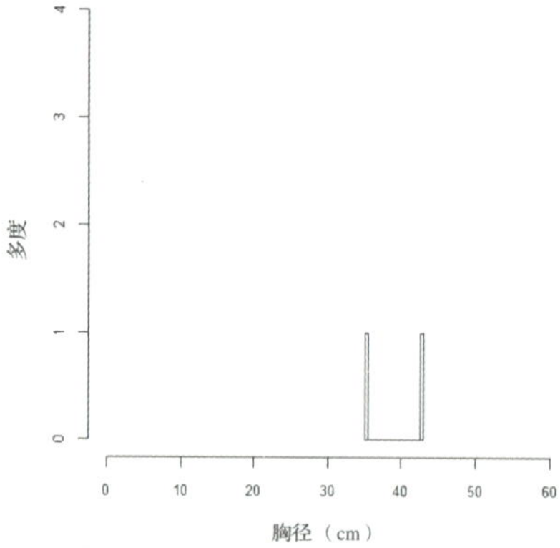

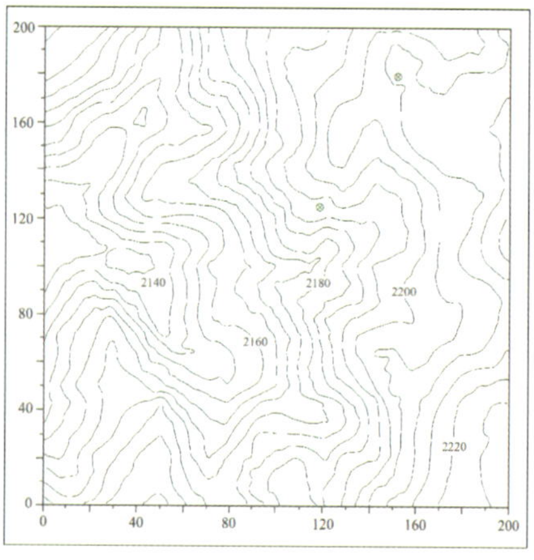

⑯阿里山十大功劳(黄连木、长小叶十大功劳) *Mahonia oiwakensis* Hayata

小檗科 Berberidaceae 十大功劳属 *Mahonia*

个体数(含/不含分枝数)= 9 / 14

最大胸径(cm)= 3.5

重要值= 0.08

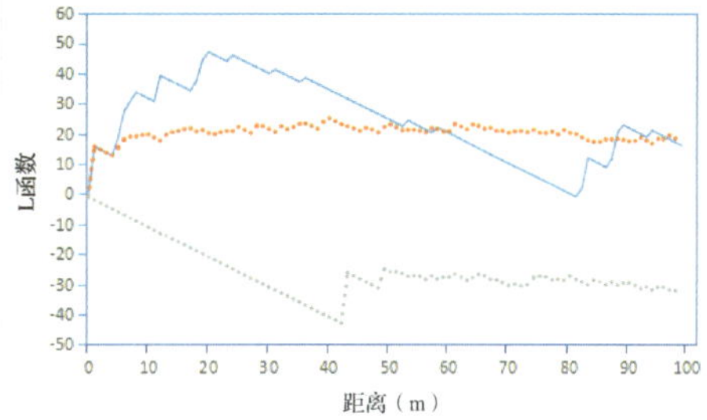

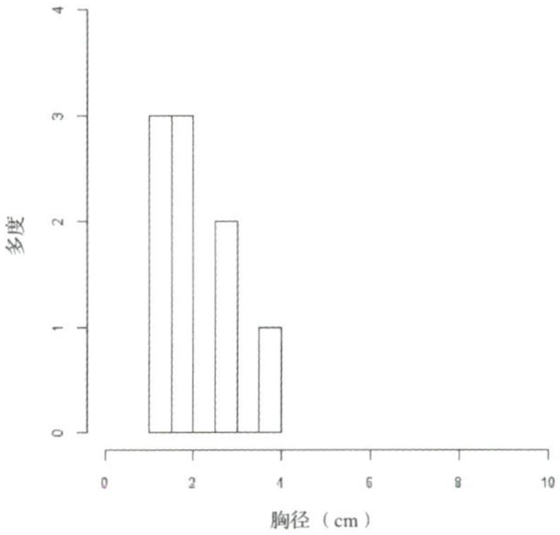

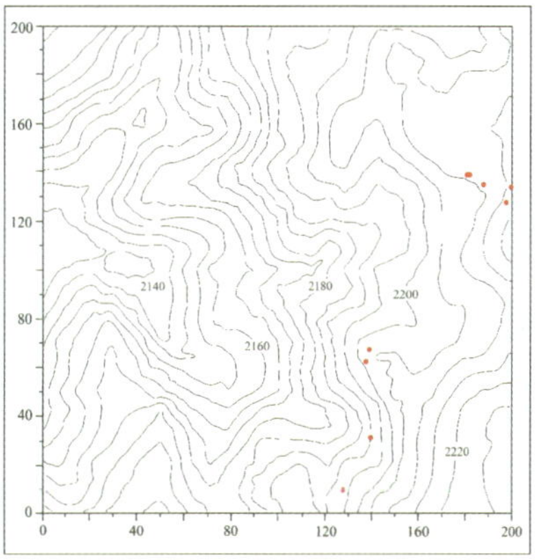

⑦⑦粗梗稠李 ***Padus napaulensis*** **(Ser.) Schneid.**

蔷薇科 Rosaceae 稠李属 *Padus*

个体数(含/不含分枝数)= 6 / 6

最大胸径(cm)= 15.4

重要值= 0.07

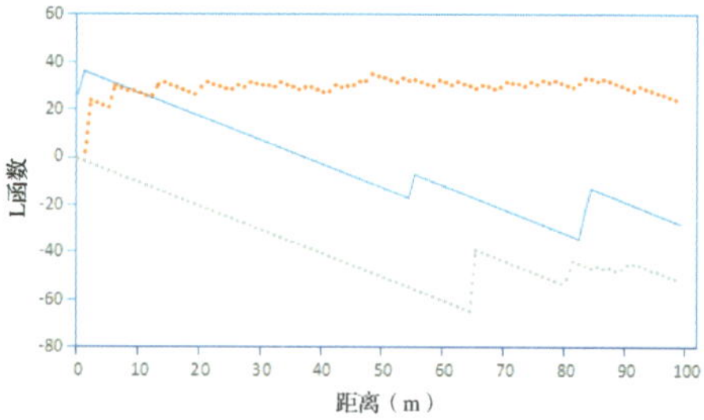

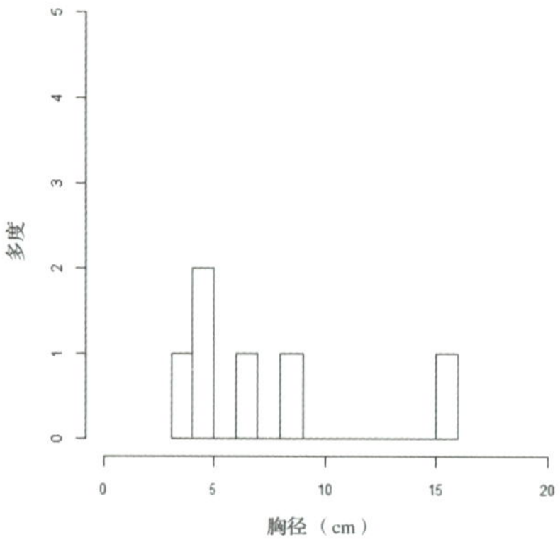

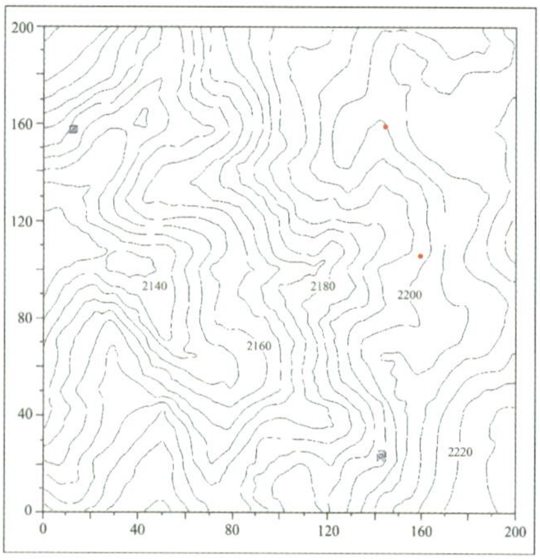

⑦⑧短序鹅掌柴 *Schefflera bodinieri* (Levl.) Rehd.

五加科 Araliaceae 鹅掌柴属 *Schefflera*

个体数(含/不含分枝数)= 7 / 7

最大胸径(cm)= 7.7

重要值= 0.06

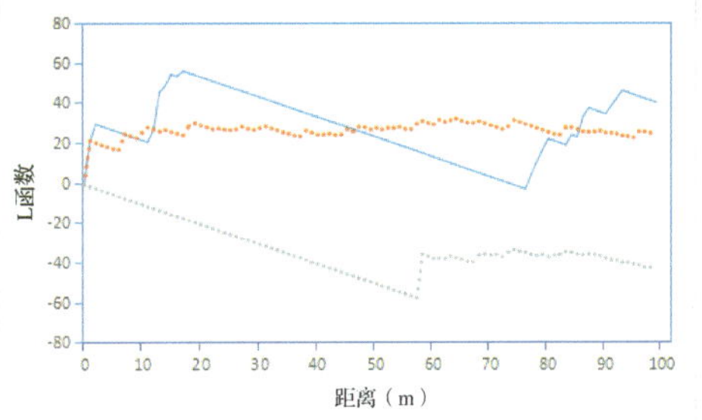

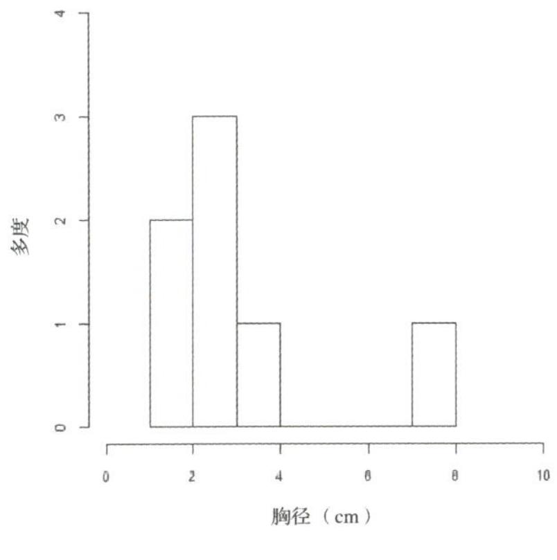

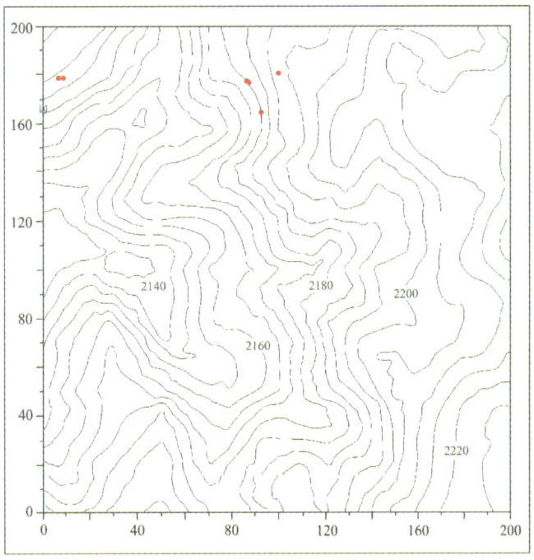

⑲珍珠荚蒾 *Viburnum foetidum* var. *ceanothoides*(C. H. Wright) Hand.-Mazz.

忍冬科 Caprifoliaceae 荚蒾属 *Viburnum*

个体数(含/不含分枝数)= 3 / 3

最大胸径(cm)= 7.2

重要值= 0.05

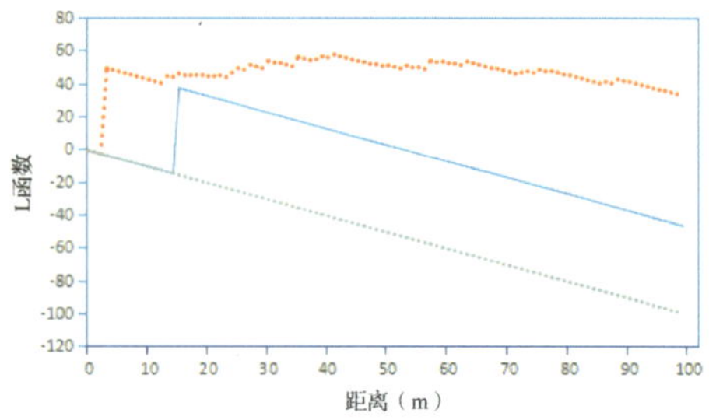

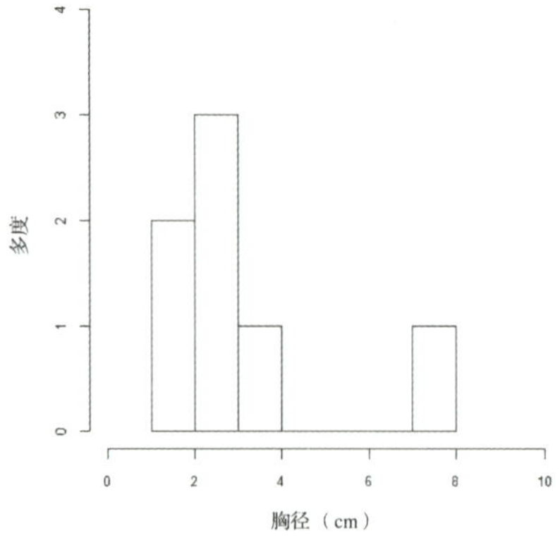

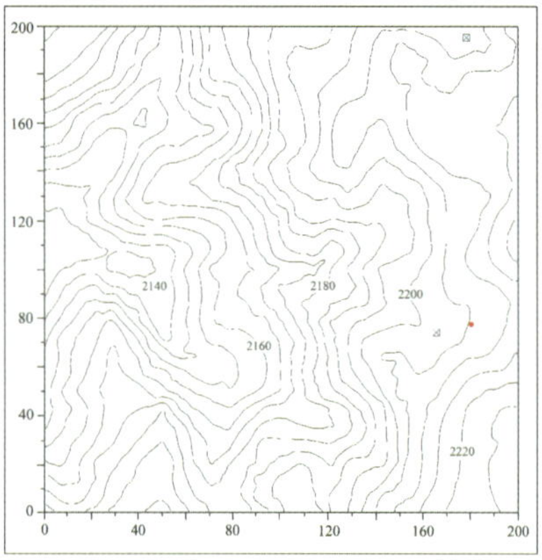

⑧⓪印度木荷(火木树) ***Schima khasiana* Dyer**

山茶科 Theaceae 木荷属 *Schima*

个体数(含/不含分枝数)= 1 / 2

最大胸径(cm)= 33.2

重要值= 0.05

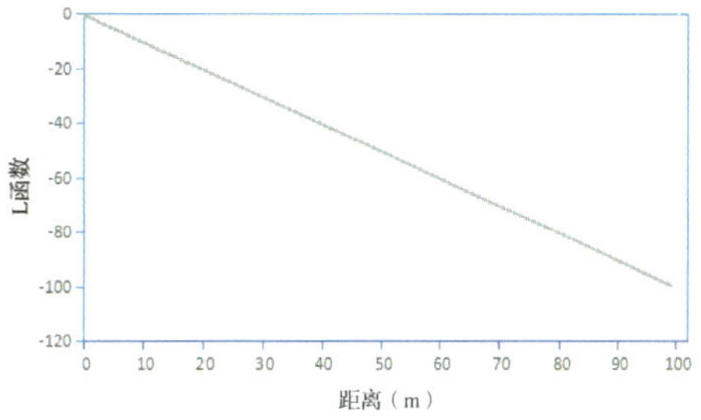

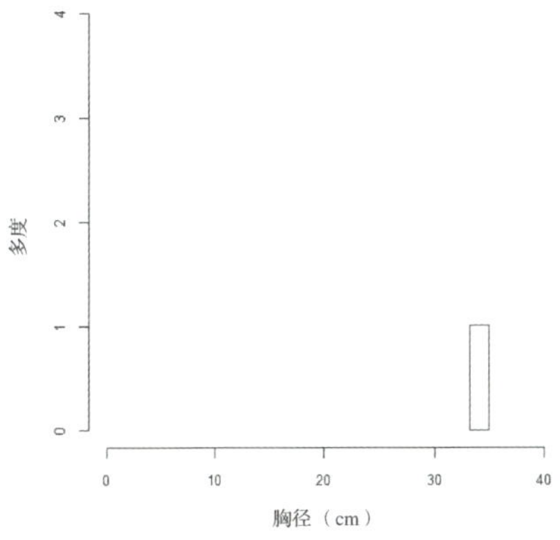

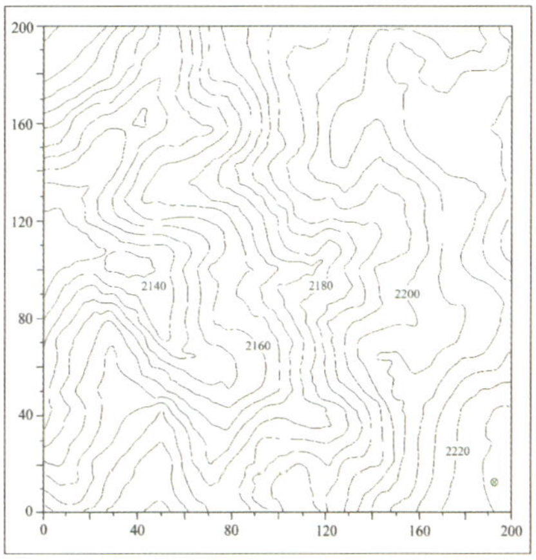

81 中华桫椤 *Alsophila costularis* Bak.

桫椤科 Cyatheaeceae 桫椤属 *Alsophila*

个体数(含/不含分枝数)= 2 / 3

最大胸径(cm)= 15.7

重要值= 0.04

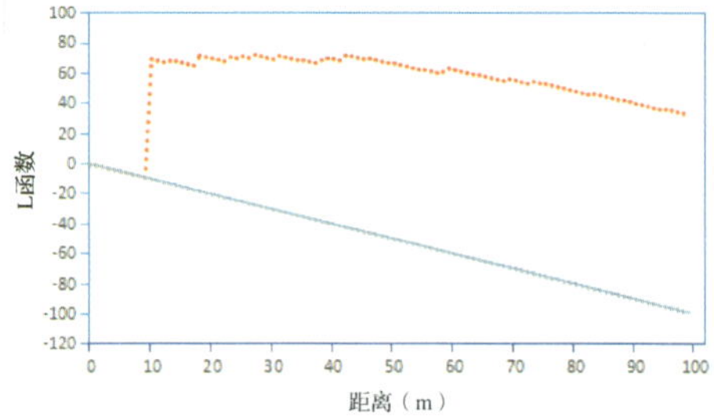

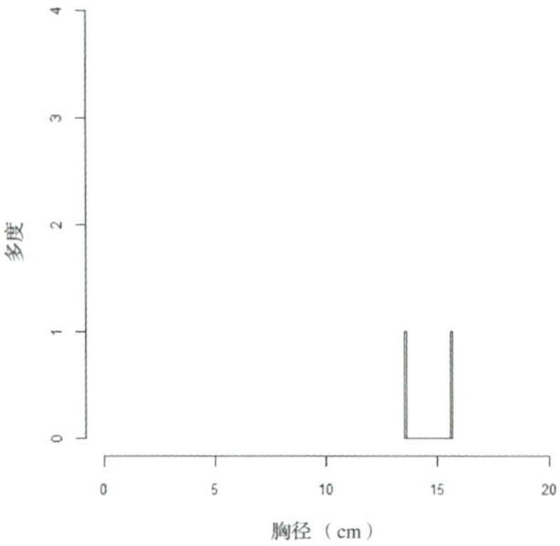

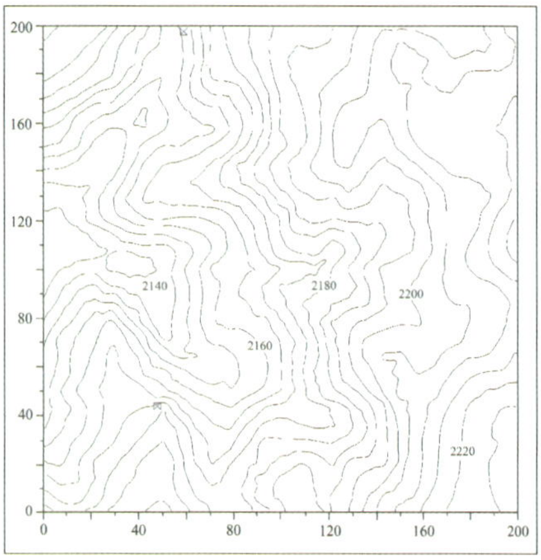

82 马樱杜鹃(马缨花) *Rhododendron delavayi* Franch.

杜鹃花科 Ericaceae 杜鹃属 *Rhododendron*

个体数(含/不含分枝数)= 2 / 3

最大胸径(cm)= 18.4

重要值= 0.04

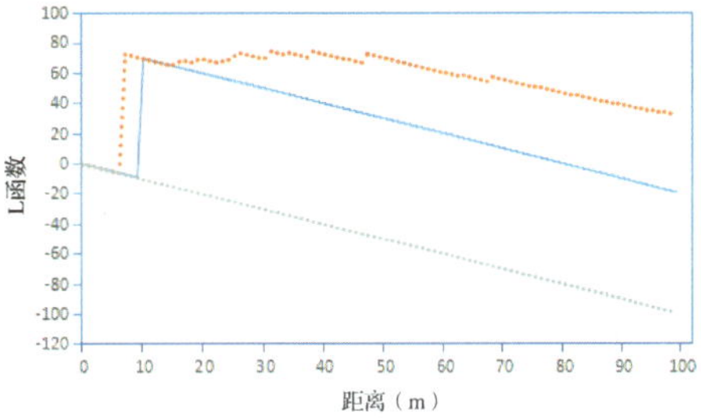

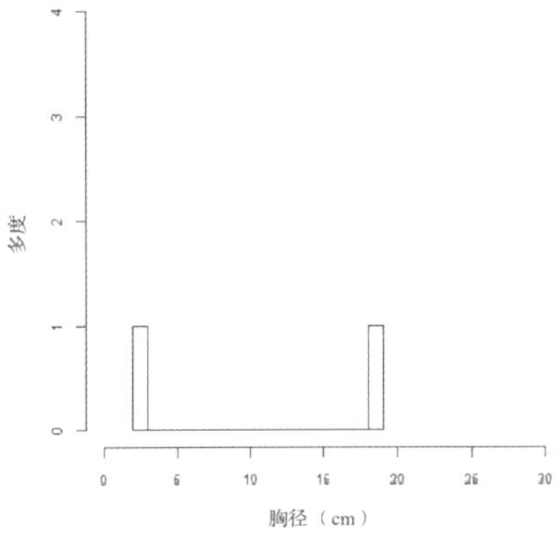

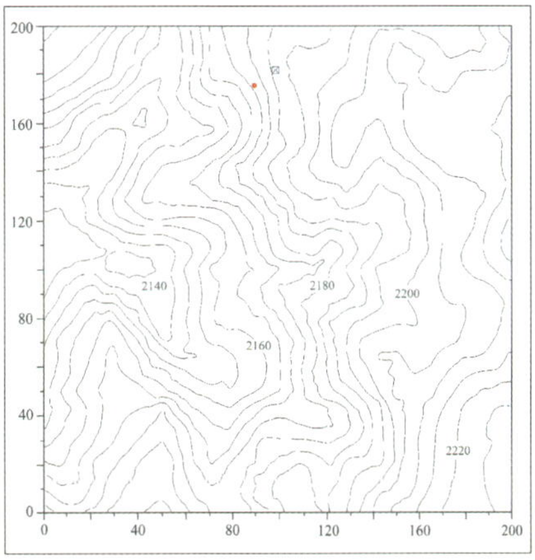

㊸聚果九节 *Psychotria morindoides* Hutch.

茜草科 Rubiaceae 九节属 *Psychotria*

个体数(含/不含分枝数)= 2 / 3

最大胸径(cm)= 2.6

重要值= 0.03

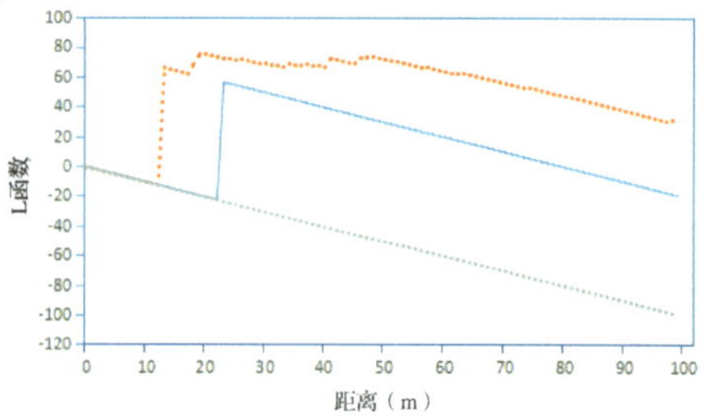

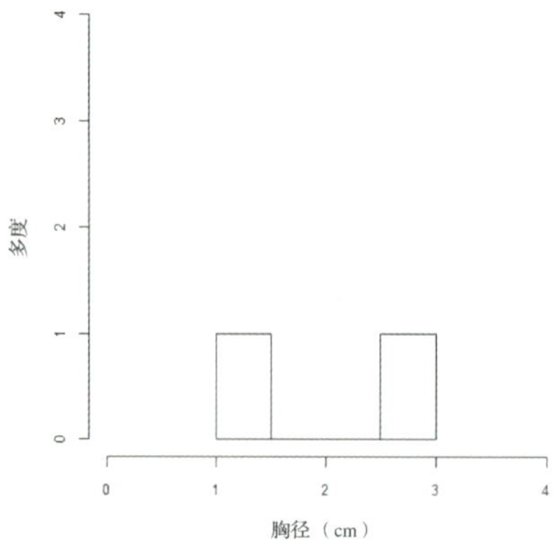

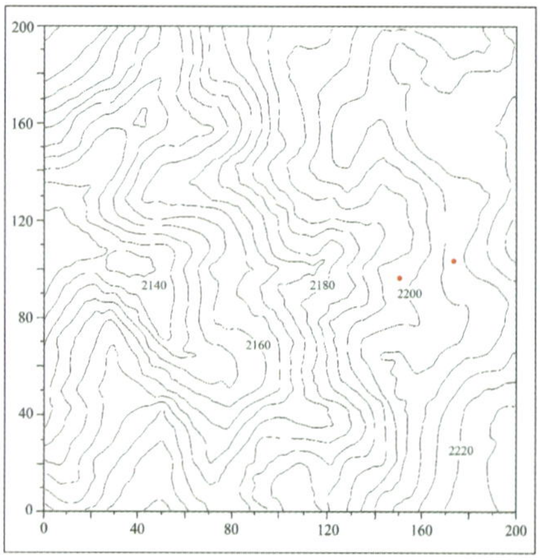

84 香面叶 *Iteadaphne caudata*（Nees）H. W. Li

樟科 Lauraceae 香面叶属 *Lindera*

个体数(含/不含分枝数)= 2 / 2

最大胸径(cm)= 18.6

重要值= 0.03

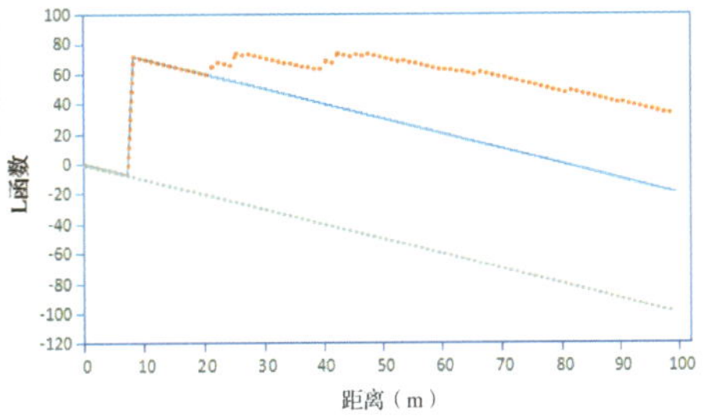

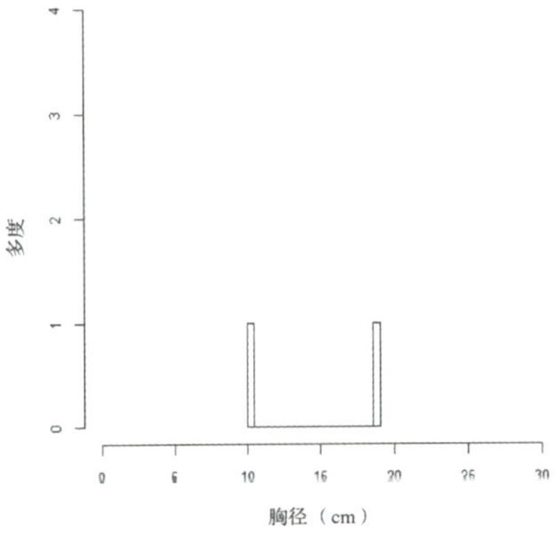

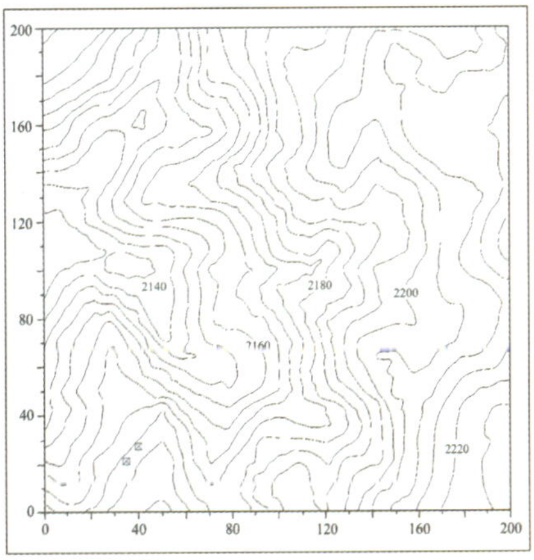

㊽密花树(狗骨头) *Myrsine seguinii* H. Léveillé

紫金牛科 Myrsinaceae 铁仔属 *Myrsine*

个体数(含/不含分枝数)= 3 / 3

最大胸径(cm)= 11.2

重要值= 0.02

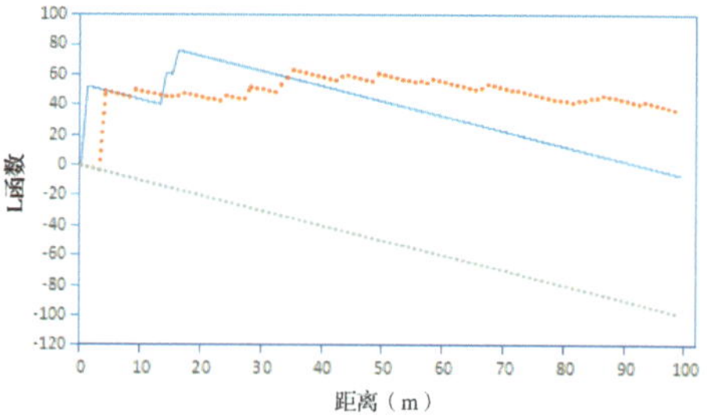

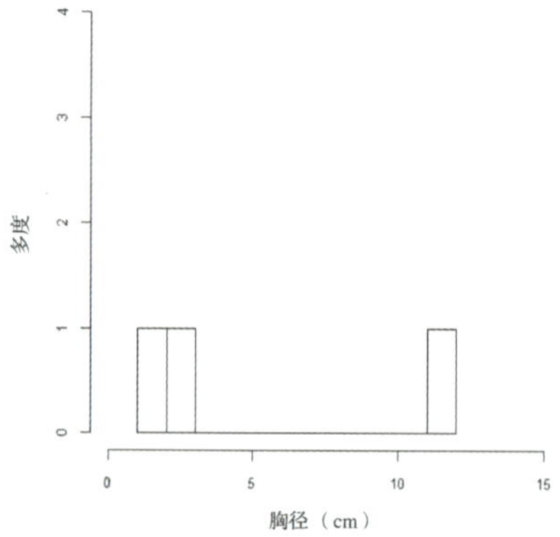

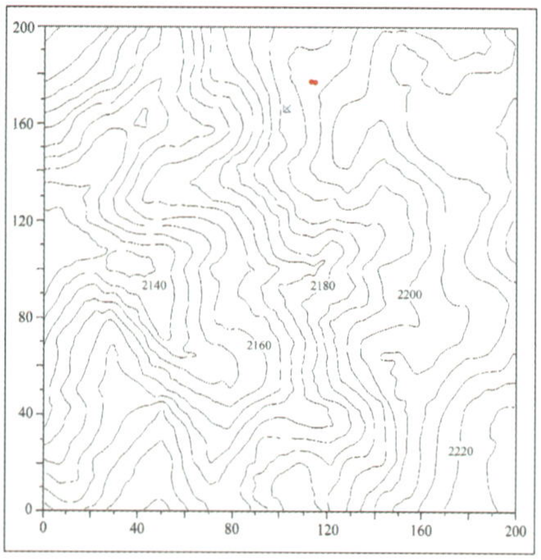

86 梭罗树 *Reevesia pubescens* Masters

梧桐科 Sterculiaceae 梭罗树属 *Sterculia*

个体数(含/不含分枝数)= 1 / 1

最大胸径(cm)= 11.6

重要值= 0.02

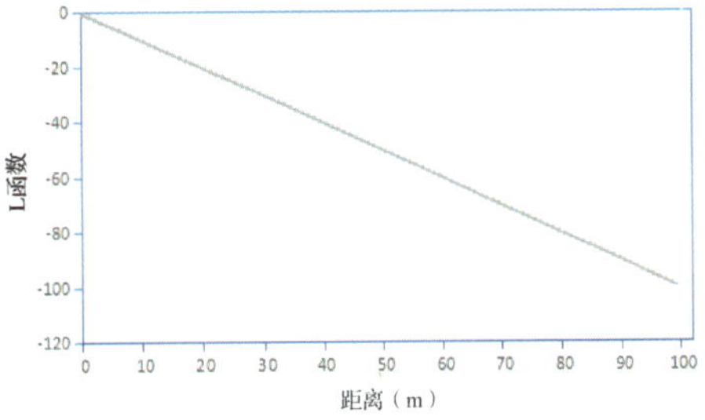

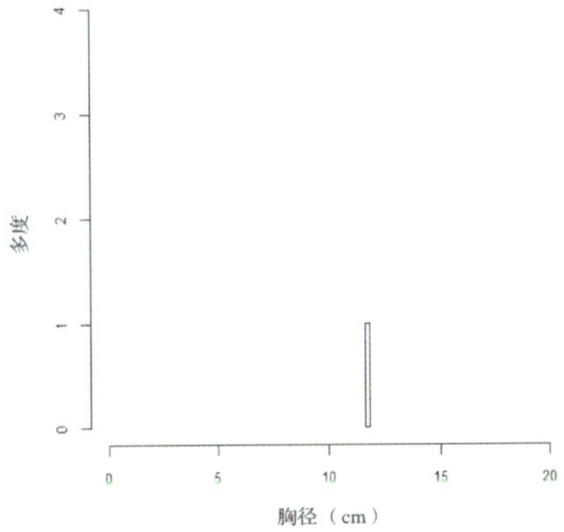

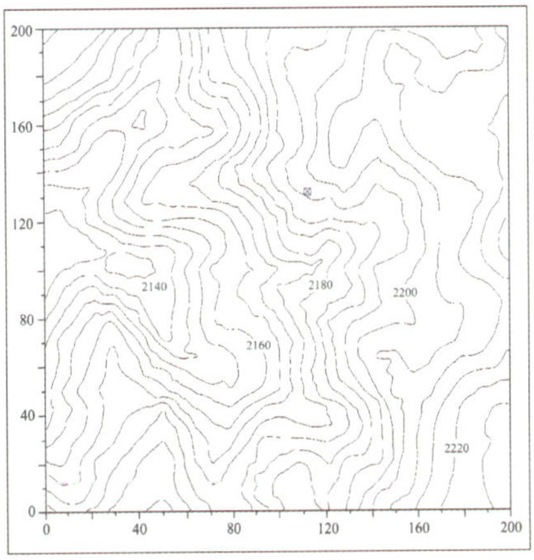

㊇多脉冬青 *Ilex polyneura* (Hand. - Mazz.) S. Y. Hu

冬青科 Aquifoliaceae 冬青属 *Ilex*

个体数(含/不含分枝数)= 1 / 1

最大胸径(cm)= 10.3

重要值= 0.02

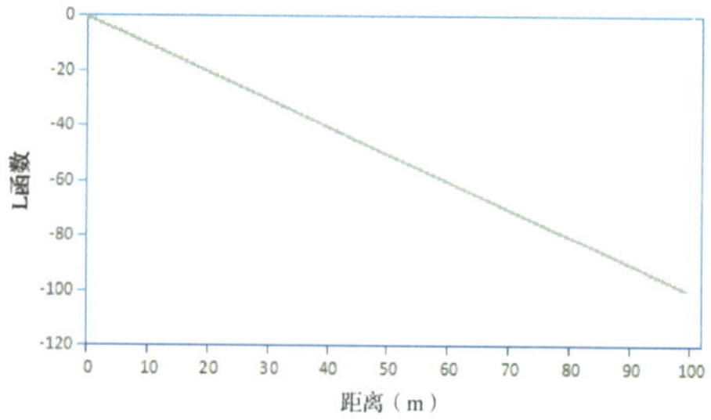

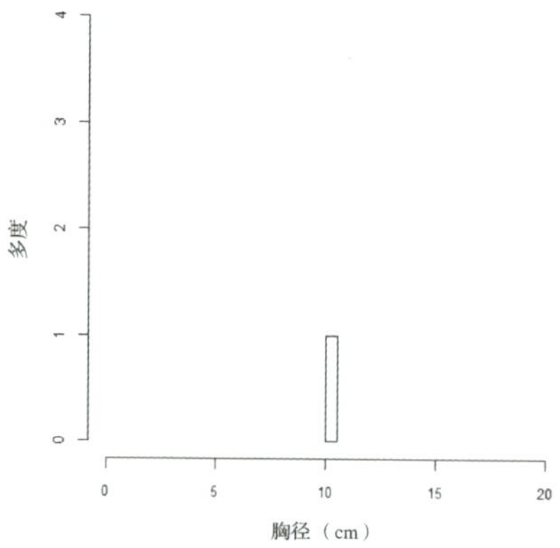

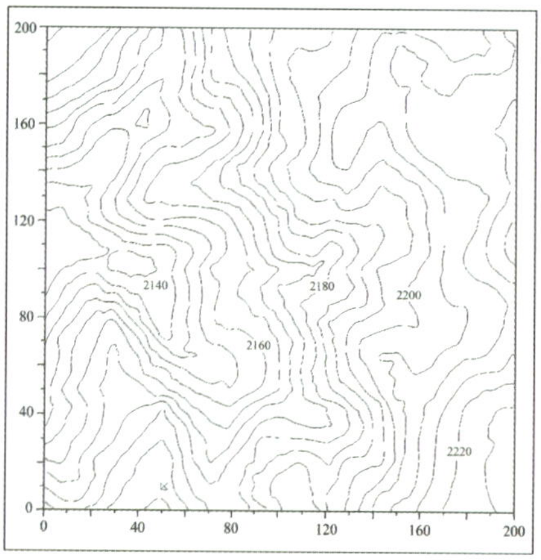

88 浅裂罗伞(掌裂柏那参) *Brassaiopsis hainla* (Ham.) Seem.

五加科 Araliaceae 罗伞属 *Brassaiopsis*

个体数(含/不含分枝数)= 1 / 1

最大胸径(cm)= 8.3

重要值= 0.02

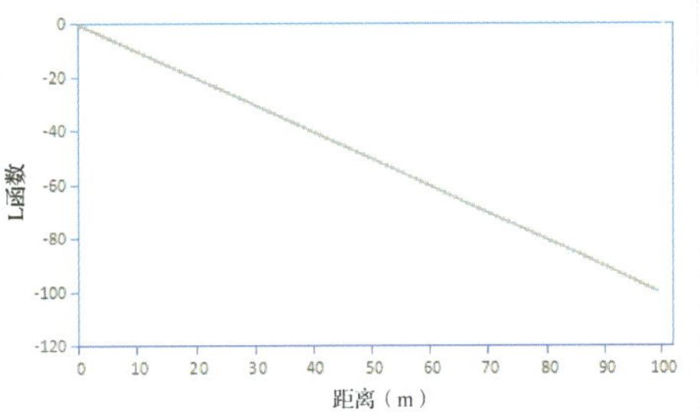

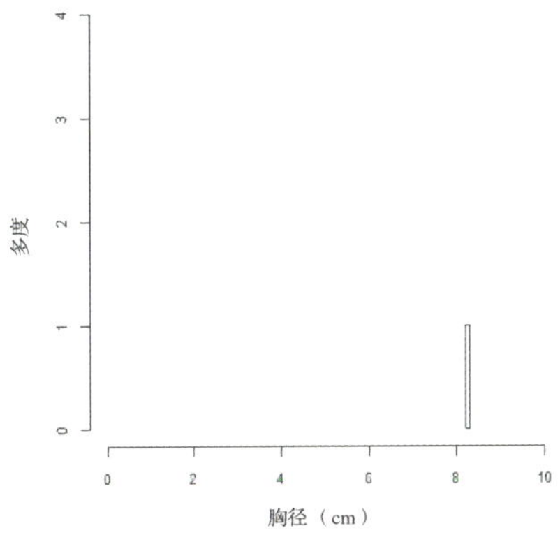

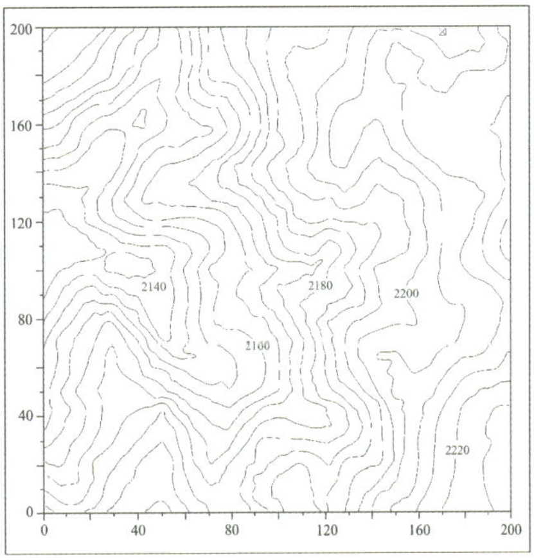

89 长叶水麻 *Debregeasia longifolia* (Burm. f.) Wedd.

荨麻科 Urticaceae 水麻属 *Debregeasia*

个体数(含/不含分枝数)= 1 / 2

最大胸径(cm)= 6.0

重要值= 0.02

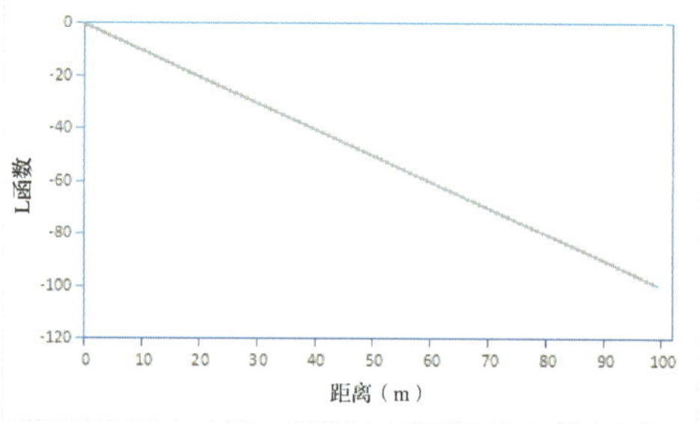

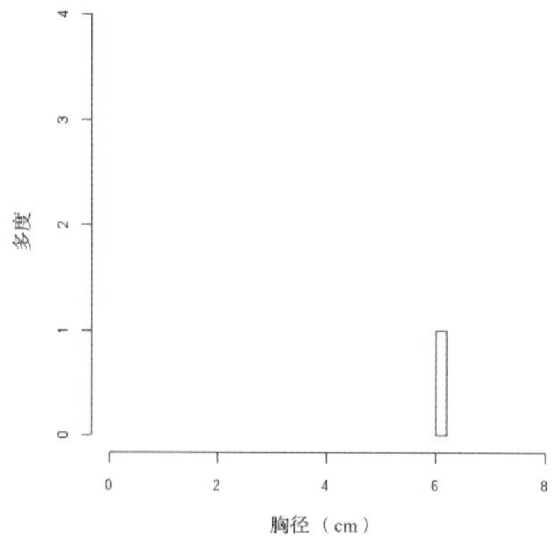

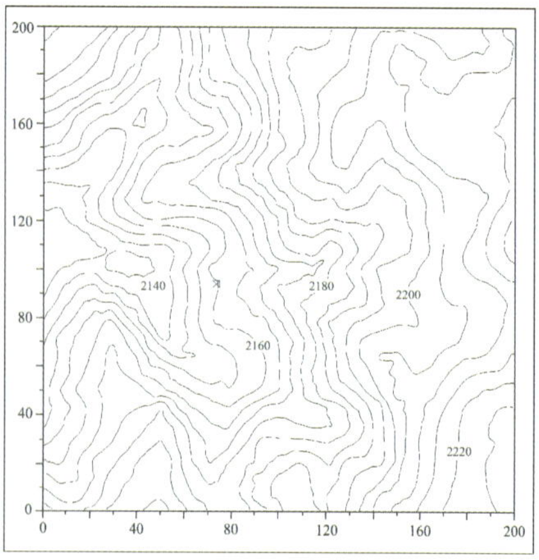

90 云南木姜子 *Litsea yunnanensis* Yang et P. H. Huang

樟科 Lauraceae 木姜子属 *Litsea*

个体数(含/不含分枝数)= 1 / 1

最大胸径(cm)= 5.3

重要值= 0.02

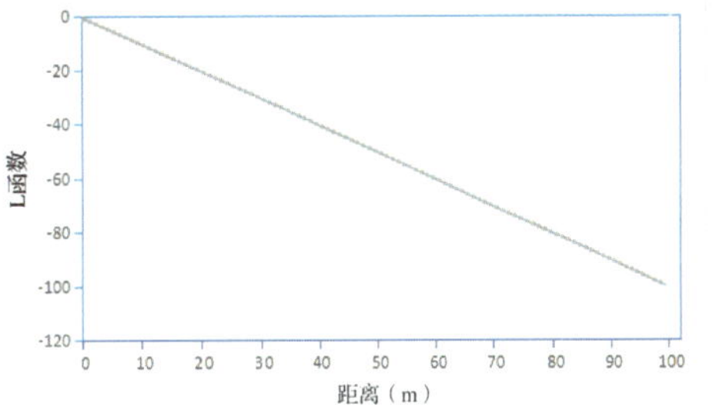

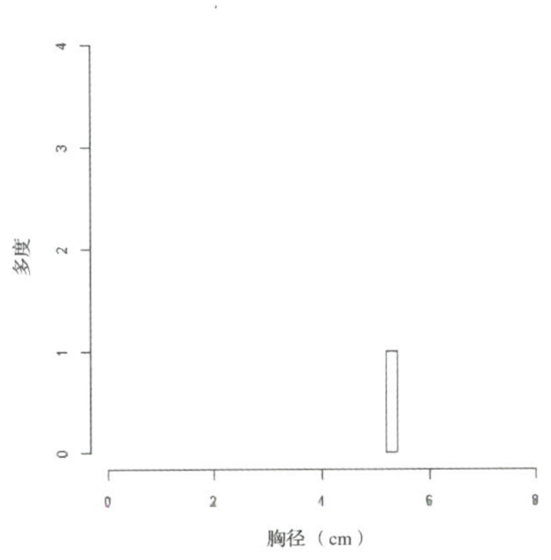

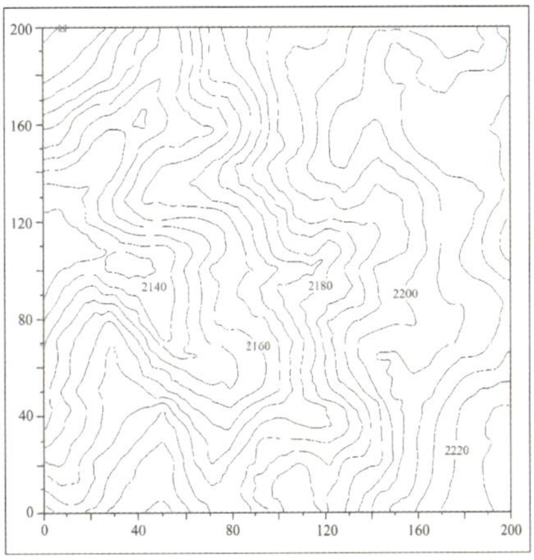

㉑尖叶漆（尖叶野漆）*Toxicodendron acuminatum*（Candolle）C. Y. Wu & T. L. Ming

漆树科 Anacardiaceae 漆属 *Toxicodendron*

个体数（含/不含分枝数）= 1 / 1

最大胸径（cm）= 5.2

重要值 = 0.02

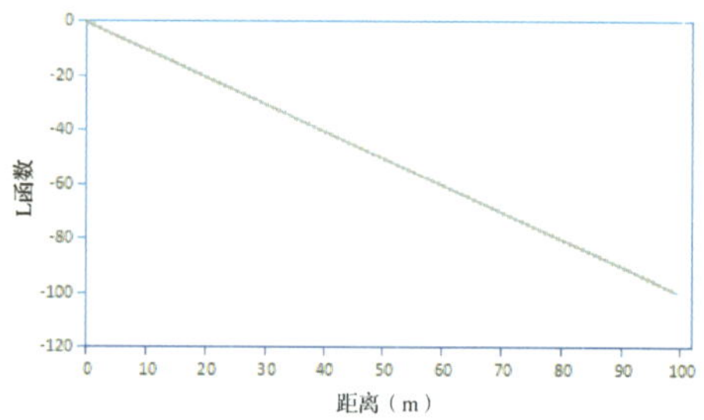

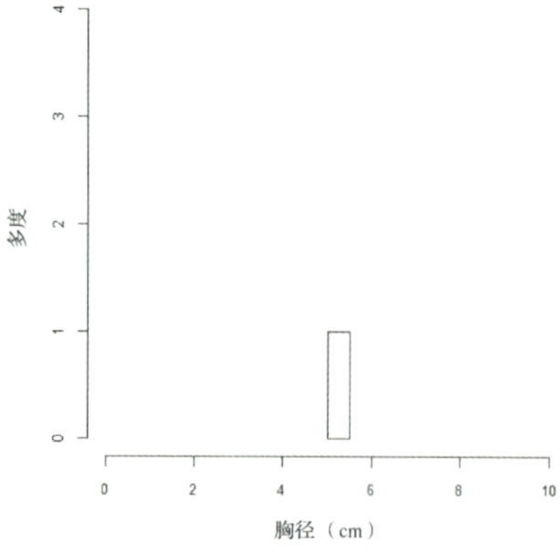

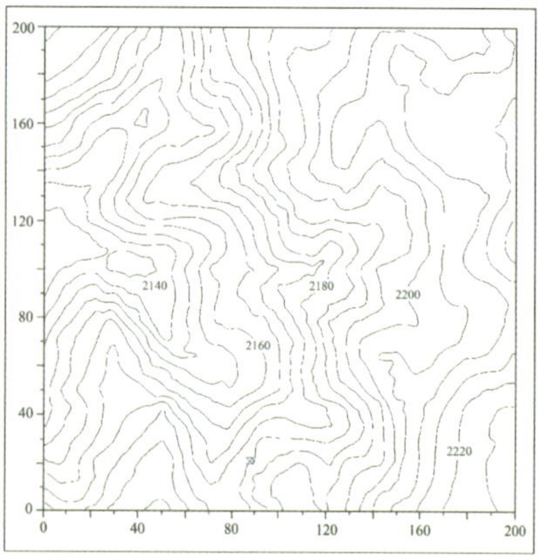

⑨②毛果黄肉楠 *Actinodaphne trichocarpa* Allen

樟科 Lauraceae 黄肉楠属 *Actinodaphne*

个体数(含/不含分枝数)= 1 / 1

最大胸径(cm)= 3.4

重要值= 0.02

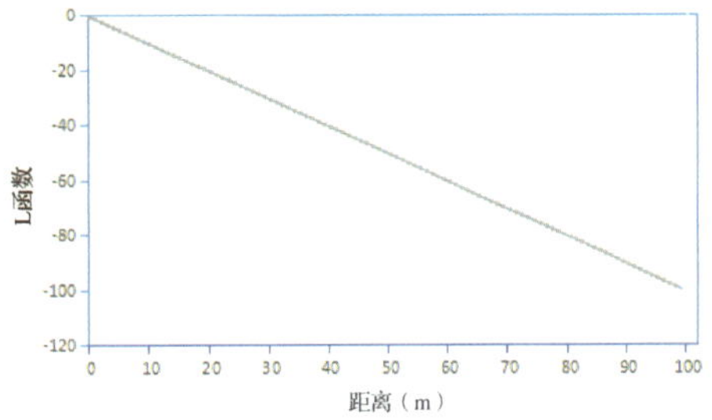

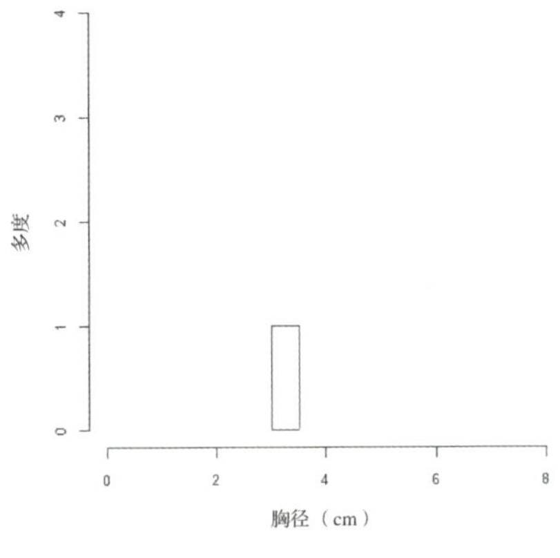

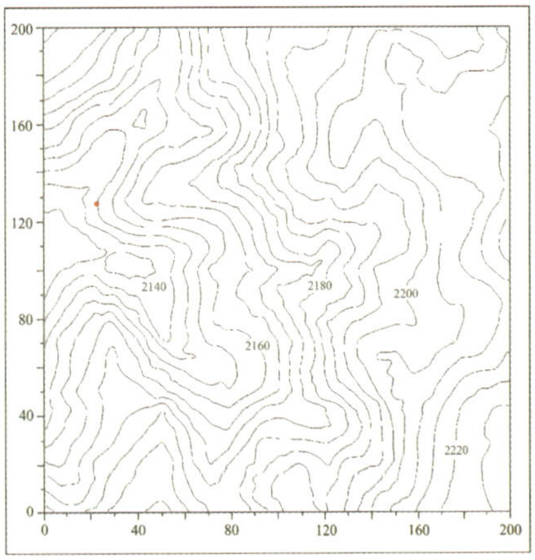

㊈水红木(揉揉白) *Viburnum cylindricum* Buch. -Ham. ex D. Don

忍冬科 Caprifoliaceae 荚蒾属 *Viburnum*

个体数(含/不含分枝数)= 1 / 1

最大胸径(cm)= 1.6

重要值= 0.02

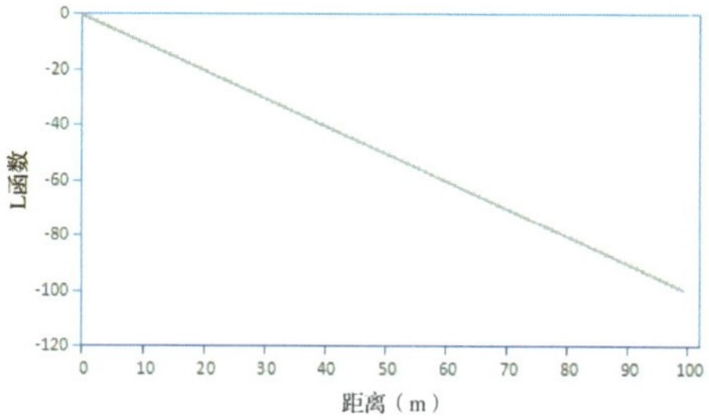

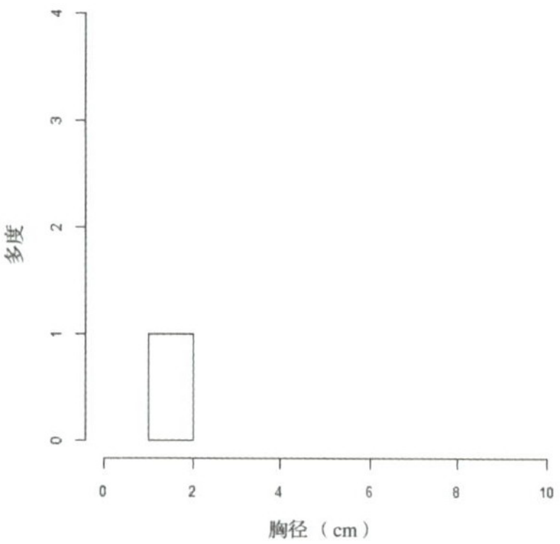

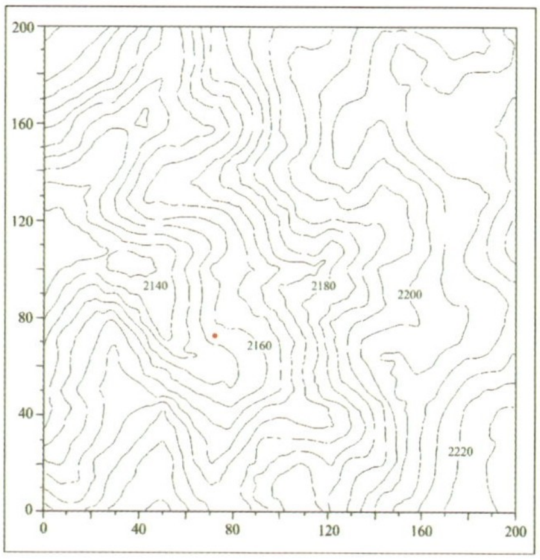

⑨④花椒簕 *Zanthoxylum scandens* Bl.

芸香科 Rutaceae 花椒属 *Zanthoxylum*

个体数(含/不含分枝数)= 1 / 1

最大胸径(cm)= 1.5

重要值= 0.02

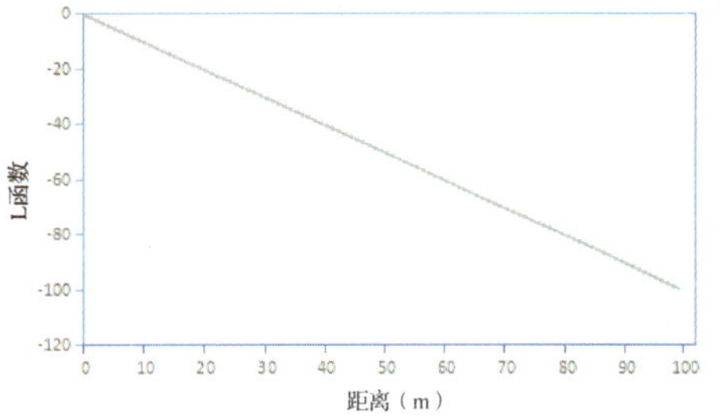

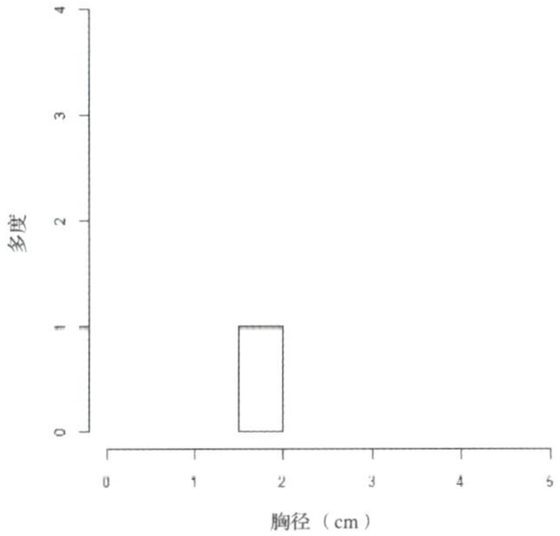

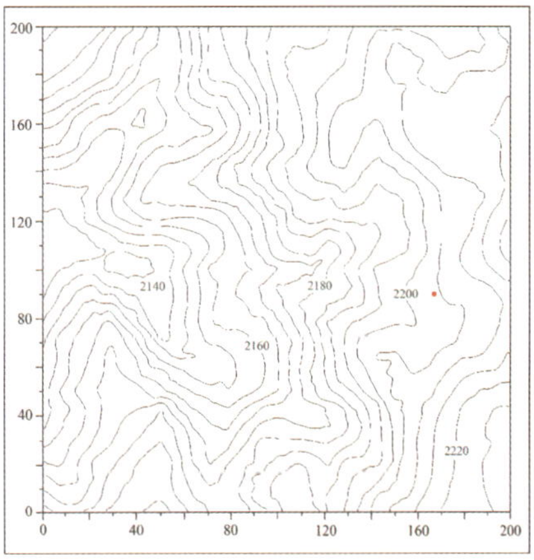

⑨⑤西域青荚叶（叶上花）*Helwingia himalaica* Hook. f. et Thoms. ex C. B. Clarke

青荚叶科 Helwingiaceae 青荚叶属 *Helwingia*

个体数（含/不含分枝数）= 1 / 1

最大胸径（cm）= 1.2

重要值 = 0.02

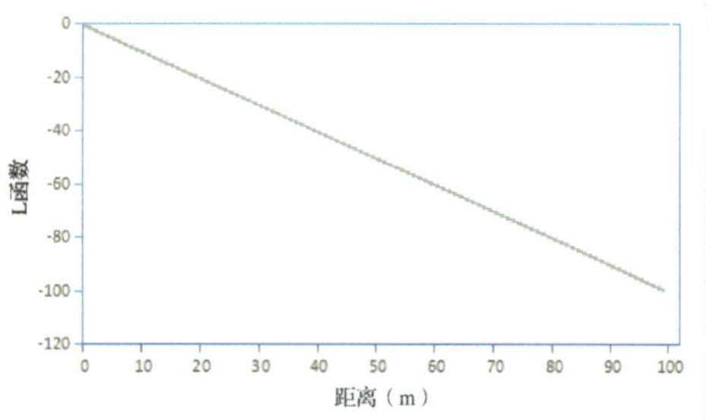

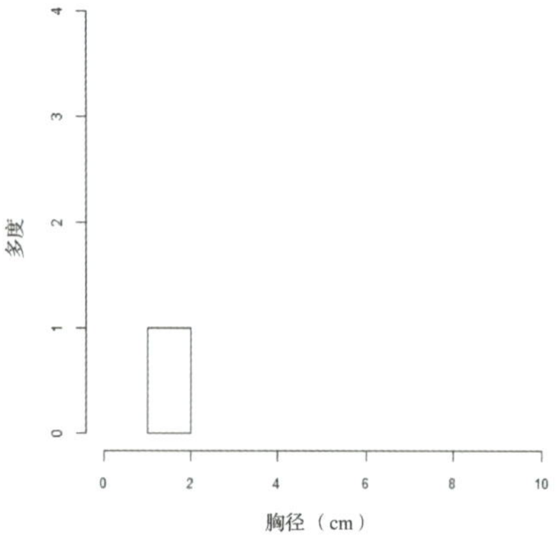

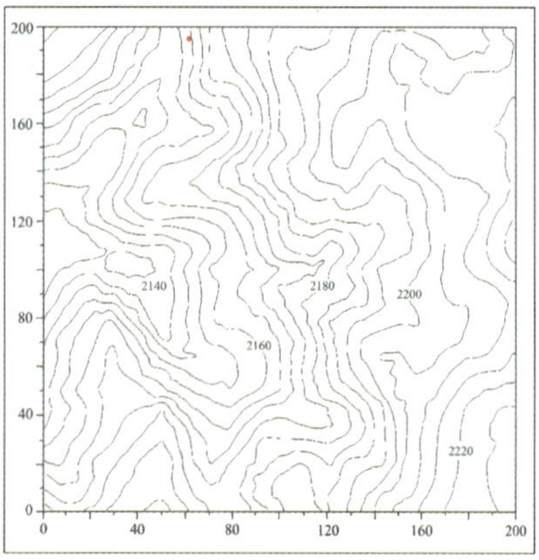

参考文献

鲍士旦，2011. 土壤农化分析[M]. 北京：中国农业出版社.

柴勇，孟广涛，武力，2007. 高黎贡山自然保护区国家重点保护植物的组成特征及其资源保护[J]. 西部林业科学，36(4)：57-63.

陈灵芝，1993. 中国的生物多样性：现状及其保护对策[M]. 北京：科学出版社.

陈沐，房辉，曹敏，2008. 云南哀牢山中山湿性常绿阔叶林树种萌生特征研究[J]. 广西植物，28(5)：627-632.

丁圣彦，宋永昌，2004. 常绿阔叶林植被动态研究进展[J]. 生态学报，24(8)：1765-1775.

丁涛，杜凡，王娟，等，2006. 澜沧江自然保护区中山湿性常绿阔叶林生活型特征研究[J]. 西南林学院学报，26(2)：19-23.

杜道林，刘玉成，1995. 缙云山亚热带栲树林优势种群间联结性研究[J]. 植物生态学报，19(2)：149-157.

方精云，2000. 全球生态学[M]. 北京：高等教育出版社.

冯文婷，邹晓明，沙丽清，等，2008. 哀牢山中山湿性常绿阔叶林土壤呼吸季节和昼夜变化特征及影响因子比较[J]. 植物生态学报，32(1)：31-39.

付必谦，2006. 生态学实验原理与方法[M]. 北京：科学出版社.

高建梅，董丽媛，胡古，等，2011. 哀牢山中山湿性常绿阔叶林土壤氮转化的海拔效应[J]. 生态学杂志，30(10)：2149-2154.

巩合德，杨国平，鲁志云，等，2011. 哀牢山常绿阔叶林树种多样性及空间分布格局[J]. 生物多样性，19(2)：143-150.

郭辉军，龙春林，1998. 云南的生物多样性[M]. 昆明：云南科技出版社 .

郝占庆，李步杭，张健，等，2008. 长白山阔叶红松林样地(CBS)：群落组成与结构[J]. 植物生态学报，32(2)：238-250.

何永涛，李贵才，曹敏，等，2003. 哀牢山中山湿性常绿阔叶林林窗更新研究[J]. 应用生态学报，14(9)：1399-1404.

胡文艳，沙丽清，2010. 哀牢山中山湿性常绿阔叶林 3 种主要树种树干呼吸特征[J]. 云南大学学报(自然科学版)，32(5)：613-620.

黄钰辉，官丽莉，周国逸，等，2007. 西双版纳热带季节雨林和哀牢山中山湿性常绿阔叶林优势植物及地表凋落物层的热值[J]. 植物生态学报，31(3)：457-463.

惠特克，1978. 植物群落分类：优势度类型[M]. 周纪纶等，译. 北京：科学出版社.

姜恕，陈昌笃，1994. 植被生态学研究——纪念著名生态学家侯学煜教授[M]. 北京：科学出版社.

蒋有绪，王伯荪，臧润国，等，2002. 海南岛热带林生物多样性及其形成机制[M]. 北京：科学出版社.

金效华，赵晓东，施晓春，2006. 高黎贡山原生兰科植物[M]//高黎贡山研究文丛(第四卷). 北京：

科学出版社.
拉德维格 J A，蓝诺兹 J F，1990. 统计生态学[M]. 李育中，等，译. 呼和浩特：内蒙古大学出版社，80-93.
兰国玉，胡跃华，曹敏，等，2008. 西双版纳热带森林动态监测样地——树种组成与空间分布格局[J]. 植物生态学报，32(2)：287-298.
雷相东，唐守正，2002. 群落本质多样性排序及运用[J]. 林业科学研究，15：285-290.
李贵才，何永涛，韩兴国，2003. 哀牢山中山湿性常绿阔叶林林窗特征研究[J]. 生态学杂志，22(3)：13-17.
李恒，1994. 掸邦—马来亚板块位移对独龙江植物区系的生物效应[J]. 云南植物研究，增刊Ⅵ：113-120.
李恒，郭辉军，刀志灵，2000. 高黎贡山植物[M]. 北京：科学出版社.
李嵘，刀志灵，纪运恒，等，2007. 高黎贡山北段种子植物区系研究[J]. 云南植物研究，29(6)：601-615.
李嵘，纪运恒，刀志灵，等，2008. 高黎贡山北段东西坡种子植物区系的比较研究[J]. 云南植物研究，30(2)：129-138.
李帅锋，杜凡，王娟，等，2007. 元江自然保护区中山湿性常绿阔叶林植物区系研究[J]. 山东林业科技，6：25-28.
李锡文，1996. 中国种子植物区系统计分析[J]. 云南植物研究，18(4)：363-384.
李小双，刘文耀，陈军文，等，2009. 哀牢山湿性常绿阔叶林及不同类型次生植被的幼苗更新特征[J]. 生态学杂志，28(10)：1921-1927.
李兴东，宋永昌，1993. 浙江东部常绿阔叶林次生演替的随机过程模型[J]. 植物生态学与地植物学学报，17(4)：345-351.
李玉媛，2003. 莱阳河自然保护区定位监测[M]. 昆明：云南大学出版社.
林鹏，1986. 植物群落学[M]. 上海：上海科学技术出版社.
刘恩德，彭华，2007. 永德大雪山中山湿性常绿阔叶林植物区系的初步研究[J]. 云南植物研究，29(2)：129-136.
刘海丰，李亮，桑卫国，2011. 东灵山暖温带落叶阔叶次生林动态监测样地：物种组成与群落结构[J]. 生物多样性，19(2)：232-242 .
刘加珍，陈亚宁，李卫红，等，2004. 塔里木河下游植物群落分布与衰退演替趋势分析[J]. 生态学报，24(2)：379-383.
刘经伦，2003. 高黎贡山植物资源开发[J]. 保山师专学报，22(5)：6-10.
刘文耀，谢寿昌，谢克金，等，1995. 哀牢山中山湿性常绿阔叶林凋落物和粗死木质物的初步研究[J]. 植物学报，37(10)：807-814.
刘振国，李镇清，董明，2005. 植物群落动态模型分析[J]. 生物多样性，13(3)：269-277.
马克明，2003. 物种多度格局研究进展[J]. 植物生态学报，27(3)：412-426.
马克平，1993. 试论生物多样性的概念[J]. 生物多样性，1(1)：20-22.
马文章，刘文耀，杨礼攀，等，2008. 边缘效应对山地湿性常绿阔叶林附生植物的影响 [J]. 生物多样性，16(3)：245-254.
马文章，刘文耀，宋亮，2011. 衷牢山中山湿性常绿阔叶林不同生长基质苔藓植物的组成与分布特征

[J]. 植物分类与资源学报, 33(4): 443-450.
马晓, 2007. 高黎贡山中山湿性常绿阔叶林主要乔木树种生态位研究[J]. 黑龙江生态工程职业学院学报, 20(1): 5-7, 18.
毛子军, 2006. 植被生态学: 历史、现状与发展趋势[J]. 生态科学进展(第二卷): 69-93.
孟广涛, 文毅, 柴勇, 等, 2012. 高黎贡山南段4种典型植被类型枯落物层持水性能研究[J]. 西部林业科学, 41(3): 8-13.
孟广涛, 柴勇, 袁春明, 等, 2013. 云南高黎贡山中山湿性常绿阔叶林的群落特征[J]. 林业科学, 49(3): 144-151.
欧光龙, 彭明春, 和兆荣, 等, 2008. 高黎贡山北段植物群落 TWINSPAN 数量分类研究[J]. 云南植物研究, 30(6): 679-687.
裴男才, 2011. 利用大样地平台研究种子植物区系[J]. 植物分类与资源学报, 33(6): 615-621.
彭华, 吴征镒, 1997. 无量山中山湿性常绿阔叶林及其植物区系的初步研究[J]. 云南植物研究, 20(1): 12-22.
彭少麟, 1996. 南亚热带森林群落动态学[M]. 北京: 科学出版社.
彭少麟, 殷祚云, 海任, 等, 2003. 多物种集合的种-多度关系模型研究进展[J]. 生态学报, 23(8): 1590-1605.
钱迎倩, 马克平, 1994. 生物多样性研究的原理和方法[M]. 北京: 中国科学技术出版社.
钱子刚, 李安华, 2006. 高黎贡山药用植物名录[M]//高黎贡山研究文丛(第五卷). 北京: 科学出版社.
覃林, 余世孝, 2004. 森林群落复杂性: 以广东黑石顶森林为例[J]. 生物多样性, 12(3): 354-360.
覃林, 2008. 统计生态学[M]. 北京: 中国林业出版社.
石翠玉, 杜凡, 王娟, 等, 2007. 高黎贡山生物多样性研究——Ⅰ中山湿性常绿阔叶林最小取样面积研究[J]. 西南林学院学报, 27(1): 11-14, 44.
石天才, 熊汝泰, 1994. 高黎贡山自然保护区药用植物考察[J]. 西南林学院学报, 14(1): 13-21.
宋永昌, 2001. 植被生态学[M]. 上海: 华东师范大学出版社.
汪建云, 2008. 高黎贡山植物研究[M]. 昆明: 云南大学出版社.
汪建云, 母其爱, 蔺如涛, 2008a. 高黎贡山自然保护区南段生物走廊带维管植物名录(1) [J]. 云南师范大学学报, 28(3): 57-63.
汪建云, 母其爱, 蔺如涛, 2008b. 高黎贡山自然保护区南段生物走廊带维管植物名录(2) [J]. 云南师范大学学报, 28(4): 52-59.
汪建云, 刘经伦, 母其爱, 等, 2010. 高黎贡山云南黄连形态和种群个体分布格局研究[J]. 亚热带植物科学, 39(4): 36-39.
王本洋, 余世孝, 2005. 种群分布格局的多尺度分析[J]. 植物生态学报, 29(2): 235-241.
王伯荪, 1987. 植物群落学[M]. 北京: 高等教育出版社.
王伯荪, 彭少麟, 1985. 南亚热带常绿阔叶林种间联结测定技术研究Ⅰ——种间联结测式的探讨与修正[J]. 植物生态学与地植物学丛刊, 9(4): 274-285.
王伯荪, 彭少麟, 1997. 植被生态学——群落与生态系统[M]. 北京: 中国环境科学出版社.
王高升, 刘文耀, 付昀, 等, 2008. 哀牢山湿性常绿阔叶林林冠和林地腐殖质理化特性、微生物量及酶活性比较[J]. 生态学报, 28(3): 1328-1336.

王纪军，裴铁璠，2004. 气候变化对森林演替的影响[J]. 应用生态学报，15(10)：1722-1730.
王文采，2011. 云南高黎贡山荨麻科楼梯草属六新种[J]. 植物分类与资源学报，33(2)：145-156.
王献溥，刘玉凯，1994. 生物多样性的理论与实践[M]. 北京：中国环境出版社.
王志恒，陈安平，朴世龙，等，2004. 高黎贡山种子植物物种丰富度沿海拔梯度的变化[J]. 生物多样性，12(1)：82-88.
吴邦兴，范家瑞，1990. 哀牢山徐家坝中山湿性常绿阔叶林区系结构[J]. 林业科学，26(5)：396-401.
吴承桢，洪伟，谢金寿袁，等，2000. 珍稀濒危植物长苞铁杉种群生命表分析[J]. 应用生态学报，11(3)：333-336.
吴冬秀，2007. 陆地生态系统生物观测规范[M]. 北京：中国环境科学出版社.
吴宁，2008. 云南小黑山自然保护区中山湿性常绿阔叶林主要植物群落调查[J]. 林业调查规划，33(2)：92-96.
吴征镒，朱彦丞主编，1987. 云南植被[M]. 北京：科学出版社.
吴征镒，1991. 中国种子植物属的分布区类型[J]. 云南植物研究，(增刊Ⅳ)：1-139.
吴征镒，1993. 云南生物多样性学术讨论会论文集[M]. 昆明：云南科技出版社.
吴征镒，周浙昆，李德铢，等，2003. 世界种子植物科的分布区类型系统[J]. 云南植物研究，25(3)：245-257.
吴征镒，2003. 世界种子植物科的分布区类型系统的修订[J]. 云南植物研究，25 (5)：535-538.
武传胜，沙丽清，张一平，2012. 哀牢山中山湿性常绿阔叶林凋落物对土壤呼吸及其温度敏感性的影响[J]. 东北林业大学学报，40(6)：37-40.
武传胜，沙丽清，高建梅，等，2012. 哀牢山中山湿性常绿阔叶林与人工茶园土壤呼吸的季节变化[J]. 南京林业大学学报(自然科学版)，36(3)：64-68.
谢寿昌，盛才余，李寿昌，1997. 哀牢山中山湿性常绿阔叶林主要树种的物候研究[J]. 生态学报，17(1)：51-60.
熊清华，艾怀森，2006a. 高黎贡山自然与生物多样性研究[M]//高黎贡山研究文丛(第一卷). 北京：科学出版社.
熊清华，施晓春，2006b. 高黎贡山民族与生物多样性保护研究[M]//高黎贡山研究文丛(第二卷). 北京：科学出版社.
徐成东，冯建孟，王襄平，等，2008. 云南高黎贡山北段植物物种多样性的垂直分布格局[J]. 生态学杂志，27(3)：323-327.
徐海清，刘文耀，2005. 云南哀牢山山地湿性常绿阔叶林附生植物的多样性和分布[J]. 生物多样性，13 (2) ：137-147.
徐志辉，1998. 怒江自然保护区[M]. 昆明：云南美术出版社.
薛纪如，1995. 高黎贡山国家级自然保护区[M]. 北京：中国林业出版社.
杨持，郝敦元，杨在中，1984. 羊草草原群落水平格局研究Ⅱ：二维网函数插值法[J]. 生态学报，4(4)：345-353.
杨持，宝荣，1986. 羊草草原种群分布格局的最适取样面积[J]. 生态学报，6(4)：324-329.
杨国平，郑征，张一平，等，2010. 哀牢山中山湿性常绿阔叶林群落生态学特征[J]. 东北林业大学学报，38(9)：16-19 .

杨洪晓，卢琦，吴波，等，2004. 高寒沙区植被人工修复与种子植物物种多样性的变化[J]. 林业科学，40（5）：45-49.
杨礼攀，刘文耀，杨国平，等，2007. 哀牢山湿性常绿阔叶林和次生林木质物残体的组成与碳贮量[J]. 应用生态学报，18(10)：2153-2159.
杨廉雁，郑征，张树斌，2010. 哀牢山中山湿性常绿阔叶林树洞数量的初步研究[J]. 云南大学学报(自然科学版)，32(S1)：399-404 .
杨庆松，马遵平，谢玉彬，等，2011. 浙江天童 20ha 常绿阔叶林动态监测样地的群落特征[J]. 生物多样性，19(2)：215-223.
杨宇明，王娟，王建皓等，2008. 云南生物多样性及其保护研究[M]. 北京：科学出版社.
叶万辉，曹洪麟，黄忠良，等，2008. 鼎湖山南亚热带常绿阔叶林 20 hm^2 样地群落特征研究[J]. 植物生态学报，32(2)：274-286.
尹五元，1994. 高黎贡山自然保护区珍稀保护植物[J]. 西南林学院学报，14(1)：6-12.
余作岳，1994. 广东热带沿海侵蚀地的植被恢复生态学研究[M]//姜恕，陈昌笃，等. 植被生态学研究. 北京：科学出版社，364-374.
余作岳，彭少麟，1996. 热带亚热带退化生态系统植被恢复生态学研究[M]. 广州：广东科学技术出版社.
袁春明，刘文耀，杨国平，等，2008. 哀牢山湿性常绿阔叶林林窗木质藤本植物的物种组成与多样性[J]. 山地学报，26(1)：29-35.
袁春明，刘文耀，李小双，等，2009. 哀牢山湿性常绿阔叶林木质藤本植物地上部分生物量及其对人为干扰的响应 [J]. 植物生态学报，33(5)：852-859.
袁春明，刘文耀，杨国平，等，2010a. 哀牢山湿性常绿阔叶林木质藤本植物的物种多样性及其与支柱木的关系[J]. 林业科学，46(1)：15-22.
袁春明，刘文耀，李小双，等，2010b. 哀牢山西坡季风常绿阔叶林和湿性常绿阔叶林木质藤本植物的多样性与分布[J]. 山地学报，28(6)：687-694.
臧润国，1998. 林隙更新动态研究进展[J]. 生态学杂志，17(2)：50-58.
臧润国，杨彦承，刘静，等，1999. 海南岛热带山地雨林林隙及其自然干扰特征[J]. 林业科学，35(1)：2-8.
张洪波，管东生，郑淑颖，2001. 热带雨林的碳循环及其意义[J]. 热带地理，21：127-136.
张健，郝占庆，宋波，等，2007. 长白山阔叶红松林红松与紫椴的空间分布格局及其关联性[J]. 应用生态学报，18(8)：1681-1687.
张金屯，1998. 植物种群空间分布的点格局分析[J]. 植物生态学报，22(4)：344-349.
张金屯，2004. 数量生态学[M]. 北京：科学出版社.
张树斌，郑征，2008. 哀牢山中山湿性常绿阔叶林空心树木质残体呼吸作用初步研究[J]. 山地学报，26(3)：300-307.
张树斌，郑征，2009. 哀牢山中山湿性常绿阔叶林枯立木数量及分配规律[J]. 东北林业大学学报，37(2)：3-5，13.
张文辉，1998. 裂叶沙参种群生态学研究[M]. 哈尔滨：东北林业大学出版社.
张雯婷，2013. 高黎贡山杜鹃属植物资源保护与合理利用策略[J]. 广东科技，16：190，178.
张知彬，王祖望，李曲谟，1998. 生态复杂性研究：综述与展望[J]. 生态学报，18(4)：433-441.

赵士洞，2001. 国际长期生态研究网络(ILTER)——背景、现状和前景[J]. 植物生态学报，25(4)：510-512.

中国科学院昆明分院生态研究室，1983. 云南哀牢山森林生态系统研究[M]. 昆明：云南科技出版社.

中国科学院南京土壤研究所，1978. 土壤理化分析[M]. 上海：上海科学技术出版社，109-210..

中国科学院生物多样性委员会，1995. 生物多样性研究进展——首届全国生物多样性保护与持续利用研讨会论文集[M]. 北京：科学出版社.

周先叶，王伯荪，2000. 广东黑石顶自然保护区森林次生演替过程中种群的种间分析[J]. 植物生态学报，24(3)：332-339.

朱华，2000. 西双版纳龙脑香热带雨林生态学与生物地理学研究[M]. 昆明：云南科技出版社.

祝燕，赵谷风，张俪文，等，2008. 古田山中亚热带常绿阔叶林动态监测样地——群落组成与结构[J]. 植物生态学报，32(2)：262-273.

祝燕，米湘成，马克平，2009. 植物群落物种共存机制：负密度制约假说[J]. 生物多样性，17(6)：594-604.

朱振华，毋其爱，杨礼攀，2003. 高黎贡山自然保护区野生动植物资源现状及保护[J]. 林业科技，28(6)：63-65.

Agudo-Santacruz GA, Garcia-Moya E, Creque J A, et al., 2002. Envirnmental factors and community dynamics at the southern most part of the North American Graminetum [J]. Plant Ecology, 158: 46-63.

Allen T F H, Wyleto E P, 1983. A hierarchical model for the complexity of plant communities [J]. Journal of Theoretical Biology, 101: 529-540.

Anand M, Orloci L, 1996. Complexity in plant communities: the notion and quantification [J]. Journal of Theoretical Biology, 179: 179-186.

Archibald E E A, 1949. The specific character of plant communities: a quantitative approach [J]. Journal of Ecology, 37: 360-274.

Augspurge C K, 1984. Seedling survival of tropical tree species: interactions of dispersal distance, light gaps, and pathogens [J]. Ecology, 65: 1705-1712.

Baer S G, Blair J M, Collins S L, et al., 2004. Plant community reponses to resource availability and heterogeneity during restoration [J]. Oecologia, 139: 617-629.

Barbour M G, Burk J H, Pitts W D, 1980. Terrestrial Plant Ecology. California: The Benjamin/Cummings Publishing Company, Inc., P604.

Barbour M G, Billings W D, 1988. North American Terrstrial Vegetation. Combridge University Press.

Botkin D B, Janak J F, Wallis J R, 1972. Some ecological consequences of a computer model of forest growth [J]. Journal of Ecology, 60: 849-872.

Braun-Blanquet J, 1921. Prinzipien einer sysematik der Pflanzengesellschaften auf floristischer Grundage[J]. Jahrb. St. Gallischen Natuewiss. Ges, 57(2): 305-351. St. Gallen..

Braun-Blanquet J, 1928. Pflanzensozilogie. Grundzuge der Vegetationskunde. 1. Aufl. Berlin: Springer, Biologische Studienbucher (7), 330S,; (2. Aufl. 1951, 631S.); (3. Aufl. 1964, 865 S.) (In English Trans. by Fuller G D et al.: 1932. Plant Sociology-The Study of Plant Communities. New York: McGrawhill. P439.

Braun-Blanquet J, 1933. Phytosociological nomenclature[J]. Ecology, 14: 315-317.

Brose U, Tielborger K, 2005. Subtle differences in environmental stress along a flooding gradient affect the importance of interspecific competition in an annual plant community [J]. Plant Ecology, 178: 51-59.

Bunyavejchewin S, LaFrankie J V, Baker P J, et al., 2003. Spatial distribution patterns of the dominant canopy dipterocarp species in a seasonal dry evergreen forest in western Thailand [J]. Forest Ecology and Management, 175: 87-101.

Burkholder P R, 1952. Cooperation and conflict among primitive organisms[J]. American. Scientist., 40: 601-631.

Buys M H, Maritz J S, Boucher C, et al., 1994. A model for species-area relationships in plant communities [J]. Journal of Vegetation Science, 5: 63-66.

Cain S A, 1938. The species-area curve [J]. Amer. Midl. Nat., 19: 573-581.

Cao M, Zhu H, Wang H, et al., 2008. Xishuangbabna tropical seasonal rainforest dymamics plot: Tree distribution maps, disameter tables and species documentation [M]. Kunming: Yunnan Science and Technology Press.

Casanova M T, Brock M A, 2000. How to depth, duration and frequency of flooding influence the establishment of wetland plant communities? [J]. Plant Ecology, 147: 237-250 .

Clapham M R, 1936. Over-dispersion in grassland communities and the use of statistical methods on plant ecology [J]. Journal of Ecology, 24: 232-251.

Culements F E, 1905. Research Methods in Ecology[M]. Lincoln: Univ. Pub. Com., P334.

Clements F E, 1916. Plant succuession: an analysis of the development of vegetation[M]. Washtington, Carnegie Inst. : P512.

Coffin D P, Lauenroth W K, 1989. Disturbance and gap dynamics in a semiarid grassland: a landscape approach[J]. Landscape Ecology, 3: 19-27.

Coffin D P, Lauenroth W K, 1990. A gap dynamic simulation model of succession in asewmiarid grassland [J]. Ecology Model, 49: 229-236.

Coley P D, Barone J A, 1996. Herbivory and plant defenses in tropical forests [J]. Annual Reviews of Ecology and Systematics, 27: 305-335.

Condit R, 1998. Tropical forest census plots: methods and results from Barro Colorado Island, Panama and a comparison with other plots[M]. Springer, Berlin.

Condit R, Aston P S, Baker P, et al., 2000. Spatial patterns in the distribution of tropical tree species[J]. Science, 288: 1414-1818.

Connell J H, 1971. On the role of natural enemies in preventing competitive exclusion in some marine animals and in rain forest trees[M]. Dynamics of populations. Wageningen, The Netherlands: Centre for Agicultural Publishing and Documentation..

Connell J H, Statyer R O, 1977. Mechanisms of succession in natural communities and their role in community stability and organization [J]. American Naturalist, 111: 1119-1144.

Connor E F, McCoy E D, 1979. The statistics and biology of the species-area relationship [J]. American Naturalist, 113: 791-833.

Dansereau P, 1957. Biogeography, An Ecologyical Perspective[J]. New York: The Ronald Press, p394.

Davis M A, Curran C, Tietmeyer A, 2005. Dynamic tree aggregation patterns in a species-poor temperate woodland disturbed by fire [J]. Journal of Vegetation Science, 16: 167-174.

Deevey E, 1947. Life tables for natural populations of animals [J]. Quart Rev Biol, 22: 283-314.

Denslow J S, 1987. Tropical rain forest gaps and tree species diversity [J]. Annual Review of Ecology and Systematics. 18: 431-451.

Denslow J S, 1995. Disturbance and diversity in tropical rain forest: The density effect [J]. Ecological. Applicationa. 5(4): 962-968.

Ellenberg H, Mueller- Dombois D, 1967. A key to Raunkiaer plant life forms witt revisted subdivisions [J]. Ber. Geobot. Int. ETH. Zurich 37: 56-73.

Everham Ⅲ, E M. N V L Brokaw, 1996. Forest damage and recovery from catastrophic wind [J]. The botanical review, 62(2): 113-185.

Fisher RA, Corbet AS, Williams CB, 1943. The relationship between the number of species and the number of individuals in a random sample of an animal population [J]. Journal of Animal Ecology, 12: 42-58.

Fosberg F R, 1961. A classification of vegetation for general purpose [J]. Trop. Ecol., 2: 1-28.

Fosberg F R, 1967. A classification of vegetation for general purposes[M]. In: Peterken G F (ed.). Guide to the check sheet for IBP areas. IBP Handbook 4: 73-120. Oxford, Edinburgh.

Gauch H G, 1982. Multivariate analysis in community ecology [M]. London: Cambridge Unversity Press..

Gitay H, Roxburgh S H, Wilson J B, 1991. Species-area relations in a new Zealand tussock grassland, with implications for nature reserve design and for community structure. Journal of Vegetation Science, 2: 113-118.

Gittins R, 1985. Canonnica analysis, a review with applications in ecology [M]. Berlin: Sprinter Verlag.

Gleason H A, 1926. The individualistic concept of the plant association[J]. Bull. Torrey Bot. Club, 44: 463-481.

Gleason H A, 1939. The individualstic concept of the plant association[J]. Am. Midland Naturalist, 21: 92-110.

Gove J H, Patil G P, Taillie C A, 1995. Mathematical programming model for maintaining structural diversity in unevenaged forest stands with implications to other formulations [J]. Ecological Modelling, 79: 11-19.

Gower J C, 1967. A comparison of some methods of cluster analysis [J]. Biometrics, 23: 623-637.

Greg-Smith P, 1983. Quantitative plant ecology [M]. 3nd ed. Oxford: Blackwell Scientific Publications.

Grime J P, 1977. Evidence for the existence of three primary stragegies in plants and its relevance to ecological and evolutionary theory [J]. American Naturalist, 111: 1169-1194.

Grime J P, 1985. Towards a functional desctiption of vegetation. In: White J. (ed.). The Population Structure of Vegetation. 503-514. Dordrecht etc.: Junk.

Grime J P, Hodgeson J G, Hunt R, 1988. Comparative plant ecology [M]. Boston: Unwin-Hyman.

Harms K E, Wright S J, Calderon O, et al., 2000. Pervasive density-dependent recruitment enhances seedling diversity in a tropical forest [J]. Nature, 404: 493-495.

He F, Legendre P, 1996. On species-area relations [J]. American Naturalist, 148: 719-737.

He F, Legendre P, LaFrankie J V, 1997. Distribution patterns of tree species in a Malaysian tropical forests [J]. Journal of Applied Ecology, 35: 458-460.

Horn H S, 1975. Forest succession[J]. Scientific American, 232: 89-98.

Horn H S, 1981. Some causes of variety in patterns of secondary succession[M]. In: West D C, Shugart H H, Botkin D R(eds.). Forest Succession, Concepts and Application. Berlin: Springer-Verlag..

Hubbell SP, Foster RB, 1986. Commonness and rarity in aneotropical forest: implications for tropical tree conservation[M]. Sinauer Associates, Sunderland..

Jaccard P, 1901. Distribution de la flore alpine dans le Bassin des. Dranses et dans quelques regions voisines [J]. Bull Soc Vaud Sci Nat, 37: 241-272.

Janzen D H, 1970. Herbivores and the number of tree species in tropical forests [J]. American Naturalist, 104: 501-528.

Jiang Y, Kang M, Liu S, et al., 2000. A study on the vegetation in the east side of Helan Mountain [J]. Plant Ecology, 149: 119-130.

Kempton RA, Taylor LR, 1974. Log-series and log-normal parameters as diversity discriminants for the Lepidoptera [J]. Journal of Animal Ecology, 43: 381- 399.

Kershaw K A, Looney H H, 1985. Qualitative and Dynamic Plant Ecology (3rd)[M]. Scoland: Thomson Litho Ltd, East Kilbridge, p282.

Kilburn P D, 1963. Exponential values for the species-area relations[J]. Science, 141: 1276.

Kolasa J, Pickett S T A, 1991. Ecological heterogeneity[M]. New York: Springer-Verlag.

Kucher A W, 1967. Vegetation Mapping[M]. New York: Ronald, p472.

Lance G N, Williams W T, 1967. A general theory of classificatory sorting strategies: I. Hierarchical Systems [J]. Compute Journal, 9: 373-380.

Leadley P W, Niklaus P A, Stocker R, et al., 1999. A field study of the effects of elevated CO_2 on plant biomass and community structure in a calcareous grasslanf [J]. Oecologia, 118: 39-49.

Leigh E G, 1968. Ecological role of Volterra's equations. In: Some mathematical problems in Biology (ed. Gerstenhaber M)[M]. American Mathematical Society, Providence.

MacMahon J A, 1980. Ecosystem over time: succession and other types of change. In: Waring R H (ed.). Forests: Fresh Perspective from Ecosystem Analysis[M]. Cambridge: Cambridge University Press.

MacMahon J A, 1981. Successional processes: comparsons among biome with species reference to probable role of and influences on animals[M]. In: West D C, Shugart H H, Botkin D B (eds.). Forest Succession: Concepts and Application, 207-304. New York: Springer Verlag.

Margalef R, 1968. Perspecitves in Ecological theory[M]. Chicago: The University of Chicago Press.

May RM. 1975. Patterns of species abundance and diversity[J]. In: May RM. ed. Ecology and evolution of communities[J]. Oxford: Blackwell Scientific, 197-227. Ecology, 48: 392-404.

McIntosh R P, 1967. An index of diversity and the relation of certain concepts to diversity.

Moloney K, S A Levin. 1996. The effects of disturbance architecture on landscape-level population dynamics [J]. Ecology, 77(2): 375-394.

Motomura I, 1932. On the statistical treatment of communities[J]. Zoological Magazine, 44: 379~ 383. (inJapanese).

Mueller-Dombois D, Ellenberg H, 1974. Aims and methods of vegetation ecology [J]. New York: John Wiely & Sons.

Nakashizuka T, 2001. Species coexistence in temperate, mixed deciduous forests [J]. Trends in Ecology & Evolution, 16: 205-210.

Neuhausl R, Dierschke H, Barkman J J, 1985. Chorological Phenomena in Plant Communities. Proceed. 26th Internat. Sysmpos[J]. Int. Ass. Veg. Sci. Prag, Dordrecht etc. : Junk. , 270.

Norris I II J L, Pollock K H, 1998. Non-parametric MLE for poisson species abundance models allowing for heterogeneity between species[J]. Environmental and Ecological Statistics, 5: 391-402.

Odum E P, 1969. The strategy of ecosystem development [J]. Science, 164: 262-270.

Ohsawa M, 1984. Diffetentiation of vegetation zones and species strategies in the sub-alpine region of Mt. Fuji [J]. Vegetatio, 57: 15-52.

Oosting H J, 1942. An ecological analysis of the plant communities of Piedmont, North Carolina [J]. American Midland Naturalist, 28: 1-126.

Orloci L, 1967. An agglomerative method for the classification of communities [J]. Journal of Ecology, 55: 193-206.

Orloci L, 1978. Multivariate analysis in vegetation research [M]. 2nd ed. Junk: The Hague. .

Orloci L, 1993. Complexities and scenarios of ecosystem analysis[M] //Patil G P, Rao C R. Multivariate environmental statistics. Amsterdam: Elsevier Publishers. .

Palmer M W, White P S, 1994. Scale dependence and the species-area relationship[J]. American Naturalist, 144: 717-740.

Patil G P, Taillie C, 1982. Diversity as a concept and its measurement [J]. Journal of American Statistical Association, 77: 548-561.

Peters H A, 2003. Neighbour-regulated mortality: the influence of positive and negative density dependence on tree populations in species-rich tropical forests [J]. Ecology Letters, 6: 757-765.

Phillips J D, 1985. Measuring complexity of environmental gradients [J]. Vegetatio, 64: 95-102.

Pickett S T A, P SWhite, 1985. The ecology of natural disturbanace and patch dynamics[M]. New York: Academic Press.

Pielou E G, 1966. Species diversity and pattern diversity in the study of ecologyical succession [J]. J. Theor. Biol. , 10: 370-383.

Pielou E G, 1975. Ecological diversity[M]. New York: Wiely.

PielouE G, 1977. Mathematical Ecology [M]. John Wiley and Sons. New York, USA.

Piovesan G, Filippo D A, Alessandrini A, et al. , 2005. Structure, dynamics and dendroecology of an old-groth Fagus forest in the Apennines [J]. Jounal of Vegetation Science, 16: 13-28.

Plotkin J B, Chave J, Ashton P S, 2002. Cluster analysis of spatial patterns in Malaysian tree species [J]. The American Naturalist, 160: 629-644.

Preston FW, 1948. The commonness and rarity of species [J]. Ecology, 29: 254-283.

Raunkiaer C, 1934. The life forms of plants and statistical plant geography, being the collected papers of C. Raunkieaer. Oxford England: Glarendon Press.

Renyi A, 1961. On measure of entropy and imformation [M] //Neymam J. Proceeding of the 4the Berkeley Sympossium on Mathematical Stastistic and Probability. Berkeley: University of California Press.

Rodwell J S, 1991. British Plant Community. 5volumes, Combridge University Press, Vol. Ⅰ: Woodland

and Scrub[M]. Combridge University Press.

Seath P H, Sokal R R, 1973. Numerical Taxonomy[M]. San Francisco, USA. W. H. Freeman.

Shang Y C, Cai X M, 1992. General ecology upper volume[M]. Beijing University Press, Beijing.

Shannon C E, 1948. A mathematical theory of communication [J]. Bell System Technology, 27, 397-423.

Shannon C E, Wiener W, 1949. The mathematics theory of communication[M]. Unknown Distance Function. Urbana: Illinois Press..

Shugart H H, Nobel I R, 1981. A computer model of succession and fire response to the high altitude *Ecalyptus* forest of the Brindabella Range, Australian Capital Territory [J]. Austral. J. Ecol., 6: 149-164.

Shugart H H, Leemans R, Bonan G B, 1992. A system analysis of the global boreal forest[M]. Cambridge: Cambridge University Press.

Simpsom E H, 1949. Measurement of diversity [J]. Nature, 163: 668.

Silvertown J, Charlesworth D, 2001. Introduction to Plant population biology [M]. Oxford: Blackwell Science.

Silvertown J, 2004. Plant coexistence and the niche [J]. Trends in Ecology and Evolution, 19: 605-611.

Sokal R R, Michener C D, 1958. A statistical method for evaluating systematics relationships [J]. Univ. Kansas Sci. Bull., 38: 1409-1438.

Stemberg M, Brown V K, Masters G J, et al., 1999. Plant community dynamics in a calcareous grassland under climate change manipulations [J]. Plant Ecology, 143: 29-37 .

Stewart G H, Rose A B, 1990. The significance of life history stragies in the developmental history of mixed beech forests, New Zewland [J]. Vegetio, 87: 589-600.

Straede S, Nebel G, Rijal A, 2002. Structure and floristic composition of community forests and their compatibility with villagers' tradional needs for forest products [J]. Biodiversity and Conservation, 11: 487-508.

Sugihara G, 1980. Minimal community structure: an explanation of species abundance patterns [J]. American Naturalis, 116: 459-494.

Svedberg T, 1922. Ett bidrag till de staiska metodernas anvandning inom vaxtbiologien [J]. Svensk Bot. Tidskr., 16: 1-8.

Tansley A G, 1920. The classification of vegetation and the concept of development[J]. J. Ecol., 8: 118-149.

Tansley A G, 1935. The use and abuse of vegetation concepts and terns[J]. Ecology, 16: 284-307.

Taylor LR, Kempton RA, Woiwood IP, 1976. Diversity statistics and the log-series model [J]. Journal of Animal Ecology, 45: 255- 272.

Valverde T, J Silvertown, 1997. Canopy closure rate and forest structure [J]. Ecology, 78(5): 1555-1562.

Volkov I, Banavar J R, Hubbell S P, Maritan A, 2005. Neutral theory and relative species abundandance in ecology[J]. Nature, 424; 1035-1037.

Ward G H, 1963. Hierarchical grouping to optimize an objective function [J]. American Statistial Association Journal, 58: 236-244.

Whitmore T C, 1989. Changes over twenty-one years in the Kolombangara rain forest [J]. Journal of Ecology,

77: 469-483.

Whittaker R H, 1951. A criticism of plant association and climax concepts [J]. NW. Sc, 25: 17-31.

Whittaker R H, 1953. A consideration of climax theory: the climax as a population and pattern [J]. Ecol. Mon, 23: 41-78.

Whittaker R H, 1962. Classification of natural communities[J]. Botanical Review, 28: 1-239.

Whittaker R H, 1975. Communities and ecosystems [M]. 2nd ed . New York: MacMillan.

Williams C B, 1943. Area and number of species[J]. Nature, 152: 264-267.

Willams W T, Dale M B, 1965. Fundamental problems in numerical taxonomy [J]. Adv. Bot. Res., 2: 35-68.

Wills C, Condit R, Foster R B, Hubbell S P, 1997. Strong density-and-diversity related effects help to maintain trss species diversity in a neotropical forest[J]. Proceedings of the National Academy of Sciences of the United States of America, 94: 1252.

Wilson E O, 1988. The current state of biological diversity. In: Wilson E O, et al., (ed.) Biodiversity [M]. Washington D. C.: National Academy Press..

Wishart D, 1969. An algorithm for hierarchical classification [J]. Biometrics, 25: 165-170.

Witman J D, 1987. Subtidal coexistence: storms, grazing, mutualism, and the zonation of kelps and mussels [J]. Ecological onographs, 57: 167-187.

Woodwell G M, Whittaker R H, Reiners W, et al., 1978. The biota and the world carbon budget [J]. Science, 199: 141-146.

Wright S J, 1992. Seasonal drought, soil fertility and the species density of tropical forest plant communities [J]. Trends in Ecology & Evolution, 7: 260-263.

Zhao Z M, Guo Y Q, 1990. Principal and methods of community ecology [M]. Publishing House of Scientific and Technical Documentation, Chongqing Branch, Chongqing.